ENGINYERIES
DE LA
TELECOMUNICACIÓ

→ UPCGRAU

Fundamentos de diseño y gestión de sistemas de comunicaciones móviles celulares

Oriol Sallent Roig
Jordi Pérez Romero

Primera edición: septiembre de 2014

Diseño y dibujo de la cubierta: Jordi Soldevila
Diseño maqueta interior: Jordi Soldevila

Oficina de Publicacions Acadèmiques Digitals de la UPC
Jordi Girona 31,
Edifici Torre Girona, Plant 1, 08034 Barcelona
Tel.: 934 015 885
www.upc.edu/idp
E-mail: info.idp@upc.edu

Producción: LIGHTNING SOURCE

DL: B-15922-2014
ISBN:978-84-9880-481-2

Índice

Introducción

En lo que llevamos de siglo XXI, se están produciendo grandes transformaciones en la sociedad. Aspectos políticos y económicos aparte, muchas de estas transformaciones han sido desencadenadas por la generalización del acceso a cualquier tipo de información. De manera continua y gradual, vamos entendiendo y apreciando qué significa vivir en una sociedad cada vez más hipertecnológica. Miles de millones de ciudadanos en todo el mundo hacen uso de los teléfonos móviles inteligentes, Internet y otras tecnologías innovadoras, que ofrecen un amplio abanico de servicios y de opciones para los usuarios, con un grado de interactividad y capacidad de elección nunca visto. Las empresas utilizan las tecnologías de la información y las comunicaciones para reestructurar sus procedimientos operativos y mejorar su competitividad en el mercado global. Los emprendedores identifican nuevas posibilidades de negocio derivadas de la incorporación de las nuevas tecnologías. El ámbito de la investigación aprovecha las nuevas aplicaciones incorporando dichas tecnologías para resolver problemas científicos complejos que en otro caso serían inabordables, como por ejemplo la determinación del genoma humano. Además, todo ello facilita que la información y el conocimiento sean más accesibles para todos. La tecnología afecta a nuestras formas de vivir, de trabajar, de disfrutar de los tiempos de ocio y de relacionarnos. Aunque no puede predecirse el futuro con certeza, parece que estamos solo al principio de los desarrollos que están por venir, como resultado de la convergencia entre computación, comunicación y contenidos.

En este marco, el sector de las comunicaciones móviles celulares ha sido uno de los principales catalizadores en el camino que nos ha llevado, a lo largo de las dos últimas décadas, a la sociedad hipertecnológica actual. Los primeros años de la década de los 1990 se vieron marcados por el crecimiento exponencial del número de usuarios de voz, al amparo de un entorno cada vez más competitivo y con predominancia de la tecnología de segunda generación GSM (*Global System for Mobile communications*) como estándar *de facto* a escala mundial. Posteriormente, y en contra de lo que pronosticaban muchos estudios de mercado, la madurez alcanzada en el servicio de voz no se vio sustituida por los servicios de datos en los primeros años del siglo XXI, con el cambio tecnológico asociado a la implantación del sistema de tercera generación (3G) UMTS (*Universal Mobile Telecommunication System*), estandarizado en el foro 3GPP

(*Third Generation Partnership Project*) o su equivalente americano, cdma2000 (*code division multiple access 2000*), emanado del 3GPP2. La necesidad clara de disponer de una mayor velocidad para la transmisión de datos para el eventual despegue de estos servicios encuentra respuesta en la tecnología HSPA (*High Speed Packet Access*) y su equivalente EV-DO (*EVolution - Data Optimized*) en el contexto 3GPP2, elementos que han facilitado el crecimiento exponencial del tráfico de datos observado desde 2007, junto con la generalización de las tarifas planas para el acceso a Internet móvil y la llegada de los terminales inteligentes o *smartphones*.

El camino apuntado por el 3GPP para cubrir las necesidades tecnológicas en el horizonte 2010-2020 tiene el sistema LTE (*Long Term Evolution*) como su máximo exponente. La predominancia de LTE supone el fin del camino paralelo del 3GPP2, que abandonó el desarrollo de UMB (*Ultra Mobile Broadband*), equivalente a LTE. Con LTE *Release 8*, arranca una transición suave hacia el acceso por radio de cuarta generación (4G), que propiamente se corresponde con el sistema LTE-*Advanced*, evolución de LTE que deberá soportar velocidades de pico de hasta 1 Gbit/s.

Esta evolución tecnológica refleja, sin duda, la existencia de un mercado altamente dinámico, que requiere una gran capacidad de adaptación y de anticipación para satisfacer las necesidades de los usuarios, y para hacer frente a los competidores, en un entorno marcado también por la evolución de los modelos de negocio, la aparición de nuevos agentes o la modificación del papel que han jugado los agentes ya presentes. En este sentido, en los últimos años hemos presenciado grandes transformaciones, desde el modelo inicial de operador de red móvil nacido al amparo del operador fijo clásico operando en monopolio, hasta la aparición de los operadores móviles virtuales y la evolución hacia operadores móviles globales con presencia en casi todos los mercados del mundo, la integración de los operadores fijos y móviles, tras una década inicial en que se tendía a desacoplar el operador móvil del operador fijo, etc. Por su parte, los fabricantes de equipos han experimentado también grandes cambios, derivados de la aparición y la rápida consolidación de los fabricantes asiáticos, con una gran capacidad de innovación y desarrollo, que a la postre está llevando a la consolidación de la industria europea mediante fusiones y adquisiciones para hacer frente a esta fuerte competencia. Finalmente, la eclosión de las aplicaciones móviles está comportando también modificaciones significativas en la cadena de valor, siendo el extremo de las aplicaciones dentro de dicha cadena el que está consiguiendo monetizar en mayor medida el gasto que efectúan los usuarios finales en servicios y aplicaciones móviles.

Pese a la complejidad del mercado de las comunicaciones móviles, la proposición de valor de un sistema de comunicaciones móviles puede formularse de forma bien simple: desde la perspectiva del usuario, este contrata el acceso a una serie de servicios, con capacidad de movilidad y para una cierta extensión geográfica, a los que asocia un determinado nivel de calidad a escala cualitativa y/o cuantitativa. No obstante, desde la perspectiva del operador de la red, proporcionar una solución a esta proposición entraña numerosos aspectos técnicos, muchos de ellos interrelacionados, que requieren ejercicios de ingeniería complejos en cuanto al análisis, el diseño, la implantación y la operación. El objetivo de este libro es precisamente proporcionar los fundamentos de ingeniería asociados a la red de acceso por radio en un sistema de comunicaciones móviles. Solo después de comprender y asimilar los conceptos básicos sobre los cuales se sustenta un sistema de comunicaciones móviles, en general, se puede abordar el estudio de los sistemas móviles implementados en la práctica y entender las motivaciones que impulsan el diseño de los sistemas futuros.

Sobre la base de este objetivo, en la Fig. 1.1 se presenta la estructura de este libro, que refleja que los contenidos se abordan desde una perspectiva progresiva. Así pues, en el capítulo 2 se caracteriza el canal de radio sobre el cual se sustenta la comunicación entre un transmisor y un receptor en un entorno de comunicaciones móviles. En concreto, se analizan los efectos que el canal de radio produce sobre la señal enviada, como son la atenuación debida a la propagación, la distorsión, el ruido o las interferencias.

A partir de la caracterización del canal de radio, en el capítulo 3 se presentan los mecanismos que permiten compensar los efectos del canal de radio móvil para lograr la comunicación entre el transmisor y el receptor bajo unos determinados requisitos de calidad. En concreto, se estudia el balance del enlace para determinar la potencia de transmisión apropiada del terminal móvil y de la estación de base y se presentan diferentes técnicas de ingeniería que permiten hacer frente al canal móvil para mejorar la eficiencia de la comunicación.

Tras estudiar el enlace entre un transmisor y un receptor, en el capítulo 4 se plantea la situación en que múltiples terminales móviles han de compartir el medio radio conectándose a una misma estación de base. Para ello, se presentan las técnicas de acceso múltiple, que permiten separar, en un receptor, las señales provenientes de múltiples transmisores, y las técnicas de duplexado, que permiten establecer una comunicación bidireccional entre un terminal móvil y una estación de base.

Finalmente, en el capítulo 5 se plantean las comunicaciones móviles desde el punto de vista del sistema, que incluye no únicamente el enlace por radio entre el móvil y la base, sino también todo un conjunto de elementos de red para poder proporcionar un servicio de extremo a extremo en una región geográfica extensa. Para ello, es preciso desplegar múltiples estaciones de base, lo cual da lugar a los denominados *sistemas celulares*. En este capítulo, se presentan los mecanismos de gestión de dichos sistemas, así como los principios de diseño que permiten dimensionarlos, siempre sobre la base de los conceptos presentados en los capítulos anteriores.

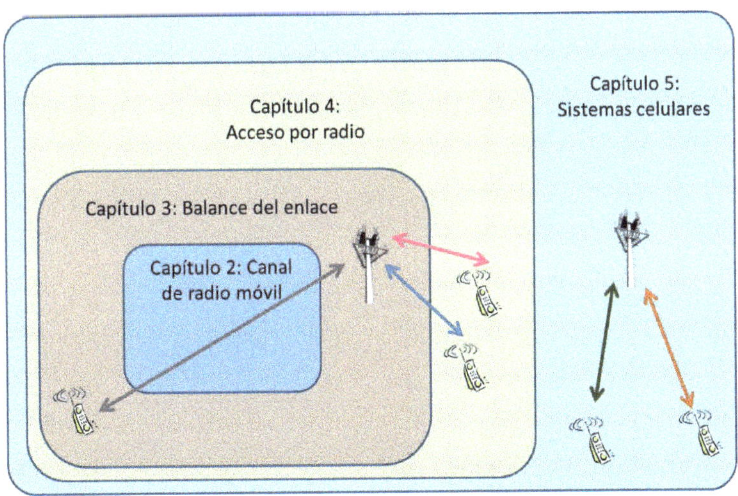

Fig. 1.1
Organización del libro

→2

Caracterización del canal de radio móvil

2.1 Introducción

Tal como muestra la Fig. 2.1, el sistema de comunicaciones por radio tiene por objeto enviar información procedente de una fuente para hacerla llegar hasta un destino remoto. El emisor se encarga de acondicionar la información para que pueda inyectarse al canal de radio, que es el medio radioeléctrico a través del cual la señal transmitida se propaga hasta llegar al receptor, que se encarga de recuperar la información y entregarla al destino. El canal de radio introduce toda una serie de efectos indeseados que dificultan la recuperación de la información, como el ruido, las interferencias, la distorsión y la atenuación, que se estudian a lo largo de este capítulo.

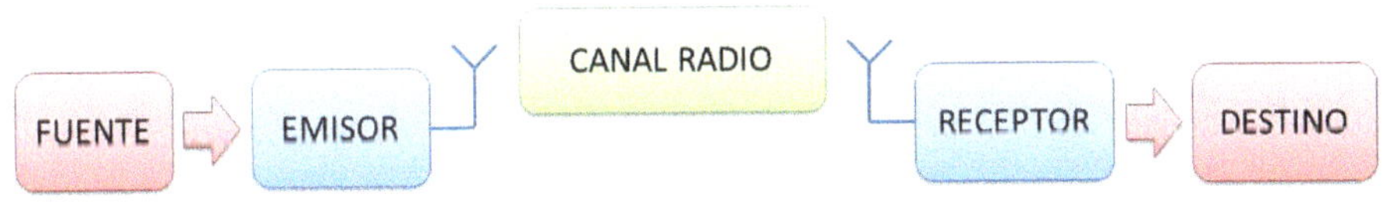

Fig. 2.1
Modelo de comunicación por radio

La Fig. 2.2 muestra la estructura típica del emisor por radio, que incluye los componentes y las funciones asociadas siguientes:

- *Procesado en banda base.* Son diferentes procesos que adaptan los bits de información según las técnicas de transmisión empleadas (p. ej., la codificación de canal, el mapeo de bits a símbolos, la conformación del pulso, etc.) para generar la señal en banda base. Usualmente, se ejecutan en el dominio digital mediante el procesado de muestras de señal, de modo que después se efectúa un proceso de conversión de digital a analógico (D/A) para obtener la señal analógica. Este proceso de conversión D/A puede ser previo o posterior a la modulación, según la implementación considerada.
- *Modulador.* Superpone la señal de banda base que contiene la información a transmitir sobre una onda radioeléctrica portadora de soporte a la frecuencia portadora sobre la que se efectuará la transmisión a través del canal de radio.

- *Cabezal de RF*. Amplifica la señal modulada para que disponga del nivel de potencia suficiente que le permita ser radiada y alcanzar el receptor. En esta etapa, se efectúa también el filtrado de las señales indeseadas fuera de banda, que podrían ocasionar interferencias sobre otros sistemas.

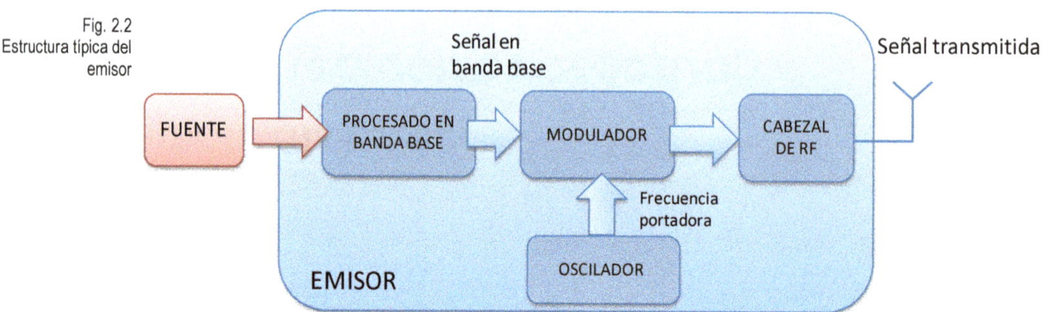

Fig. 2.2
Estructura típica del emisor

Por su parte, la Fig. 2.3 muestra la estructura típica del receptor de radio, que incluye los componentes y las funciones asociadas siguientes:

- *Cabezal de RF*. Efectúa diferentes procesos sobre la señal recibida, tales como la sintonización a la frecuencia portadora, la amplificación de la señal recibida para compensar la atenuación del canal, el filtrado para eliminar señales interferentes y ruido, etc.
- *Demodulador*. Extrae la señal en banda base a partir de la señal modulada. En el contexto de este libro, lo consideramos únicamente como un proceso de traslado de frecuencia hasta la banda base. La señal a su salida es, pues, una señal compleja, formada por las componentes en fase y cuadratura (I/Q) de la señal recibida.
- *Procesado en banda base*. Está constituido por diferentes procesos que recuperan los bits de información a partir de la señal en banda base (p. ej., la detección de los símbolos recibidos, la decodificación de canal, etc.). Usualmente, se efectúan en el dominio digital sobre muestras de la señal recibida, tras un proceso de conversión de analógico a digital (A/D) que puede ser previo o posterior a la demodulación, según la implementación.

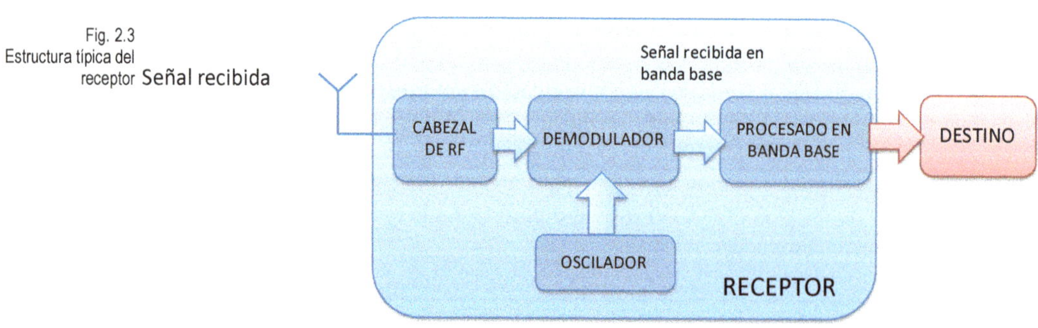

Fig. 2.3
Estructura típica del receptor

El diseño de un sistema de comunicaciones por radio ha de procurar que el proceso de transferencia de información desde la fuente hasta el destino se lleve a cabo de la manera más eficiente posible, incorporando las técnicas de ingeniería de radio más apropiadas a las condiciones de la comunicación. Puesto que el medio de transmisión en los sistemas de comunicaciones por radio son las ondas radioeléctricas, es fundamental estudiar el comportamiento de los niveles de señal y de los fenómenos que intervienen en la propagación de dichas ondas. Estas ondas se comportan según el modelo establecido por las leyes de Maxwell [1]. Sin embargo, la aplicación de las ecuaciones que describen la teoría electromagnética según estas leyes, que nos proporcionaría de forma exacta las diferentes magnitudes de interés (intensidad de campo electromagnético, potencia recibida, niveles de tensión o niveles de corriente), requiere conocer exactamente las condiciones de contorno (posición, forma y composición de todos los objetos situados en el campo de acción de las ondas para cualquier instante de tiempo). Este conocimiento es materialmente imposible y, aunque se tuviera, las ecuaciones resultantes solo podrían resolverse mediante complejas técnicas de simulación iterativa, por lo que hay que buscar una caracterización alternativa, suficientemente precisa para proporcionar una buena estimación de la realidad y, a la vez, suficientemente sencilla para que su tratamiento matemático sea práctico. El estudio empírico ha proporcionado una serie de modelos, más o menos complejos, que describen el comportamiento de las magnitudes necesarias para describir el medio de transmisión y poder aplicar las técnicas necesarias para una transmisión fiable de la información. Así pues, el resto del capítulo se dedica a la caracterización del canal de radio móvil, con el fin de disponer de las herramientas necesarias para acometer posteriormente los ejercicios de ingeniería y el desarrollo de técnicas de ingeniería que conduzcan al diseño de un sistema de comunicaciones capaz de combatir los efectos no deseados del canal de radio de la mejor manera posible.

2.2 La propagación en el entorno móvil

Si monitorizamos el nivel de potencia recibido en un terminal móvil a medida que se aleja radialmente de la antena transmisora, podemos observar una variación similar a la que se ilustra en la Fig. 2.4. Puede verse que existen diversas componentes provocadas por distintas causas que afectan el nivel de la señal. Las variaciones del nivel de la señal dependen de los cambios en la posición del terminal móvil, de las difracciones de los objetos interpuestos, de las atenuaciones debidas a los objetos situados entre las antenas (vegetación, paredes, etc.), de la refracción atmosférica y de las reflexiones producidas por los objetos próximos y lejanos. Los efectos de estos fenómenos físicos pueden ser tratados de forma simplificada mediante una caracterización que considere por separado los diferentes aspectos identificados. En particular, en la Fig. 2.4 se observan tres componentes diferenciadas –las pérdidas de propagación (*path loss*), los desvanecimientos lentos (*shadowing*) y los desvanecimientos rápidos–, que se desarrollan a continuación.

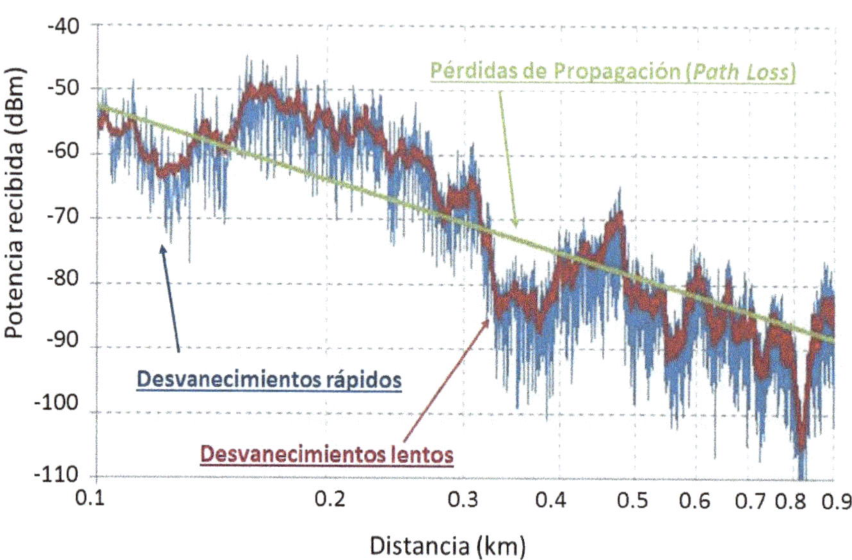

Fig. 2.4
Potencia recibida en un terminal que se aleja radialmente del transmisor

2.2.1 Las pérdidas de propagación

La componente de pérdidas de propagación ilustrada en la Fig. 2.4 muestra claramente la tendencia a recibir una señal cada vez más débil a medida que la distancia d entre el emisor y el receptor aumenta, lo cual refleja la mayor atenuación que experimenta una onda electromagnética cuando se propaga en el aire a una mayor distancia. En general, la potencia recibida P_R a una distancia d puede expresarse como:

$$P_R = \frac{P_T G_T G_R}{k\left(h_m, h_b, f\right) d^{\alpha}} = \frac{P_T G_T G_R}{L} \tag{2.1}$$

donde P_T es la potencia transmitida; G_T y G_R, las ganancias de las antenas transmisora y receptora, respectivamente; α, el coeficiente de atenuación con la distancia, y k, una constante de proporcionalidad, que depende de las alturas h_b y h_m a que están situadas las antenas de la base y el móvil, respectivamente, así como de la frecuencia de operación f. Habitualmente, se utiliza el término *pérdidas de propagación*, L, definido en escala logarítmica como:

$$L(dB) = 10 \log k\left(h_m, h_b, f\right) + 10\alpha \log d \tag{2.2}$$

En caso de producirse propagación en el espacio libre, es decir, cuando emisor y receptor están idealmente aislados de cualquier otro objeto que pueda afectar la propagación, las ecuaciones de Maxwell permiten predecir la potencia recibida como:

$$P_R = P_T G_T G_R \left(\frac{\lambda}{4\pi d}\right)^2 \tag{2.3}$$

donde λ es la longitud de onda de la señal que se relaciona con la frecuencia f a través de la velocidad de la luz $c = 3 \cdot 10^8$ m/s como $\lambda = c/f$. Se observa en (2.3) que, en el espacio libre, la diferencia entre la potencia recibida y la potencia trasmitida depende del inverso del cuadrado de la distancia, lo que corresponde a un coeficiente de atenuación $\alpha = 2$. De esta forma, cada vez que se duplica la distancia se produce una atenuación de 6 dB. También cabe resaltar que, a frecuencias mayores, la atenuación aumenta también en la misma proporción de 6 dB cada vez que se duplica la frecuencia. Por tanto, a igual potencia transmitida, y utilizando antenas de igual ganancia, los sistemas que empleen frecuencias portadoras mayores tendrán menor alcance.

Sin embargo, en un entorno móvil caracterizado por la baja altitud de las antenas respecto al terreno, la interposición de objetos (edificios, vehículos, paredes, vegetación etc.) entre las antenas provoca que, en general, la hipótesis de propagación en el espacio libre no pueda considerarse válida y, por tanto, que las pérdidas de propagación no se ajusten a las proporcionadas por (2.3). Así, otro posible modelo es el denominado *modelo de la Tierra plana* [2], que prevé un componente de reflexión en el suelo de una Tierra idealmente sin curvatura, que viene dado por:

$$P_R = P_T G_T G_R \frac{(h_b h_m)^2}{d^4} \tag{2.4}$$

Según este modelo, más próximo a la realidad que el modelo del espacio libre, la señal se atenúa mucho más rápidamente con la distancia, ya que $\alpha = 4$, frente a $\alpha = 2$ en condiciones de espacio libre. El modelo también indica que doblar la altura de la antena transmisora o receptora representa un incremento de 6 dB en la potencia recibida. Sin embargo, el modelo no considera dependencia con la frecuencia, lo que constituye una limitación, ya que la práctica demuestra que, a medida que se emplean frecuencias más elevadas, las ondas se propagan con más dificultad.

Las simplificaciones asociadas a los modelos anteriores hacen necesario recurrir a modelos empíricos para caracterizar, de manera más precisa, los contextos más complejos que se presentarán habitualmente. Estos modelos se basan en generar grandes conjuntos de medidas, realizadas en distintas zonas con características de propagación similares como ciudades, zonas rurales, zonas montañosas, etc. Estas medidas son analizadas estadísticamente, de forma que se crean curvas o tablas que permiten estimar los niveles de señal en condiciones similares.

Existen múltiples modelos empíricos que describen las pérdidas de propagación en exteriores [3][4][5]. Uno de los más conocidos y ampliamente aceptados es el modelo de Okumura-Hata [6]. Este modelo se basa en un conjunto de medidas efectuadas en el Japón, que proporcionaron una serie de curvas de intensidad de campo parametrizadas. A pesar de basarse en medidas efectuadas en el Japón, los análisis efectuados en Europa han demostrado que, gracias a los múltiples aspectos que se tienen en cuenta en el modelo, sus predicciones se ajustan muy bien a las ciudades europeas. A partir de estas medidas, se crearon ecuaciones que proporcionan expresiones sencillas para predecir las pérdidas de propagación. Así, la expresión básica de las pérdidas de propagación en un entorno urbano es:

$$L(dB) = 69{,}55 + 26{,}16 \log f - 13{,}82 \log h_b - a(h_m) + (44{,}9 - 6{,}55 \log h_b) \cdot \log d \tag{2.5}$$

con

$$a(h_m)=\begin{cases}(1,1\log f-0,7)h_m-(1,56\log f-0,8) & \text{ciudad media-pequeña}\\ 8,29(\log 1,54h_m)^2-1,1 & \text{ciudad grande} \quad f\leq 200MHz\\ 3,2(\log 11,75h_m)^2-4,97 & \text{ciudad grande} \quad f\geq 400MHz\end{cases} \quad (2.6)$$

En las expresiones (2.5) y (2.6), la distancia se expresa en km; la frecuencia, en MHz, y la altura de las antenas, en m. Los márgenes de validez del modelo en que este proporciona una buena precisión en la predicción de la potencia recibida son 150 MHz $\leq f \leq$ 1.500 MHz, 30 m $\leq h_b \leq$ 200 m, 1 m $\leq h_m \leq$ 10 m, y la distancia entre el transmisor y el receptor, 1 km $\leq d \leq$ 20 km. Para entornos suburbanos o rurales, se aplican correcciones sobre el mismo modelo.

Cabe remarcar que el modelo de Okumura-Hata es de cálculo sencillo y no precisa una caracterización demasiado exhaustiva del entorno, más allá de conocer el tipo de ciudad donde se aplica. En este sentido, si se dispone de una caracterización más detallada del entorno, existen otros modelos que pueden resultar más precisos. A modo de ejemplo, el modelo de COST-Walfisch-Ikegami [5] resulta apropiado en entornos urbanos si se conocen las anchuras de las calles y las alturas de los edificios. Usualmente, la aplicación de modelos de propagación de este tipo requiere emplear herramientas informáticas soportadas por bases de datos del terreno donde se pretende efectuar el cálculo.

2.2.2 Los desvanecimientos lentos

A partir de los modelos de pérdidas por propagación, es posible determinar cuál es el valor esperado de la potencia en función de la distancia, la frecuencia, el tipo de terreno, etc. Sin embargo, si un terminal móvil describiera una circunferencia alrededor de una antena transmisora omnidireccional, el valor medio de la potencia observado variaría en función de los distintos perfiles a medida que cambiara de posición. Esta variación se denomina *desvanecimiento lento* y se produce por la ondulación del terreno y la interposición de objetos entre las antenas transmisora y receptora.

En efecto, situándonos a una distancia d del transmisor en que los modelos de pérdidas de propagación nos predicen una potencia recibida P_R, que denominamos *potencia recibida nominal*, el nivel medio de potencia recibida en las distintas ubicaciones del móvil que gira alrededor de la antena (v. Fig. 2.5), denotado por P_r, tendría típicamente la evolución que se ilustra en la Fig. 2.6. Puede observarse que la señal experimenta una variación en su nivel de potencia en función del perfil de terreno que existe en cada posición. Cuando, en su movimiento, el terminal móvil se oculta detrás de una montaña o pasa por detrás de un edificio en un entorno urbano, las condiciones de propagación son adversas y el nivel de potencia experimenta una atenuación adicional, que provoca lo que se conoce como una *zona de sombra*. Este tipo de fluctuaciones se denominan *desvanecimientos lentos*, entendiendo por ello que la escala temporal de dichas fluctuaciones, que viene dada, en realidad, por el tiempo que tarda el terminal móvil a una cierta velocidad en superar el obstáculo de una cierta dimensión, puede ser típicamente del orden de magnitud de varios segundos.

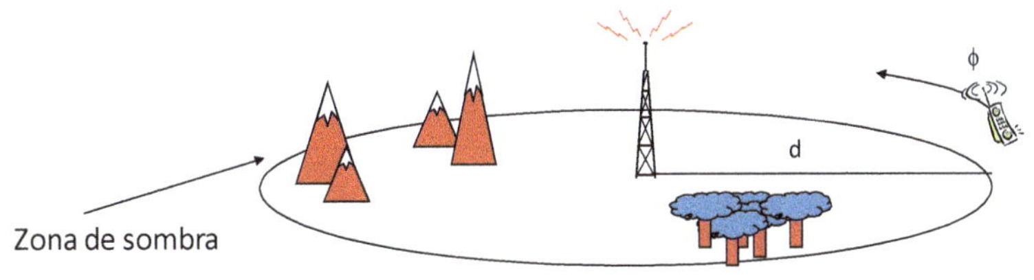

Fig. 2.5
Terminal móvil que gira alrededor de una antena transmisora omnidireccional

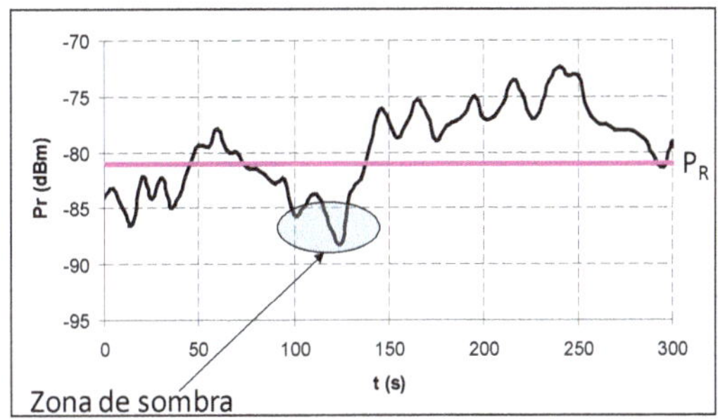

Fig. 2.6
Ejemplo del nivel de potencia recibida media en las distintas ubicaciones del terminal a una distancia *d* de la antena transmisora.

A partir de las numerosas medidas efectuadas, se ha establecido un modelo estadístico que representa la función densidad de probabilidad de la potencia recibida media afectada por desvanecimientos lentos. Según este modelo, la potencia recibida medida en W sigue una distribución de probabilidad *log-normal*. De forma equivalente, al considerar la potencia recibida medida en unidades logarítmicas (dBm), la distribución de probabilidad correspondiente es gaussiana, de modo que su función de densidad de probabilidad es:

$$f_{P_r}(P_r) = \frac{1}{\sqrt{2\pi}\sigma} e^{-\frac{(P_r - P_R)^2}{2\sigma^2}} \tag{2.7}$$

donde P_R es el valor medio correspondiente a la potencia recibida nominal según el modelo de pérdidas de propagación y σ es la desviación estándar. Ambos valores están expresados en unidades logarítmicas. El valor de σ está asociado al tipo de entorno. Los valores típicos se sitúan entre 6 y 12 dB. En entornos con muchos edificios o zonas muy montañosas, los valores de la desviación estándar serán próximos a los valores más elevados. Por el contrario, los valores de la desviación más reducidos se producirán en terrenos con una variación suave del perfil, como es el caso de un transmisor situado en la cima de una montaña con valles a su alrededor.

La disponibilidad de un modelo estadístico permite cuantificar probabilísticamente el comportamiento esperado de los niveles de potencia medios recibidos localmente. De esta manera, y según la función de densidad de probabilidad de la ecuación (2.7), la probabilidad de que se reciba un nivel de potencia superior a un determinado umbral P_S vendría dada por:

$$P\left(P_r \geq P_S\right) = \frac{1}{\sqrt{2\pi}\sigma} \int_{P_s}^{\infty} e^{-\frac{(P_r - P_R)^2}{2\sigma^2}} dP_r = \frac{1}{2} + \frac{1}{2} erf\left(\frac{P_R - P_S}{\sqrt{2}\sigma}\right) = \frac{1}{2} erfc\left(\frac{P_S - P_R}{\sqrt{2}\sigma}\right) \tag{2.8}$$

2.2.3 La propagación multicamino

Una característica inherente a la propagación en entornos móviles es la aparición de múltiples trayectos indirectos de propagación con reflexiones especulares o difusas y difracciones. En estas condiciones, la señal recibida es la suma de todas las trayectorias del frente de onda, que incluyen reflexiones en los objetos lejanos y en los objetos próximos al receptor, tal como se refleja en la Fig. 2.7. Este fenómeno se denomina *propagación multicamino* y provoca diversos efectos, como se describe a continuación.

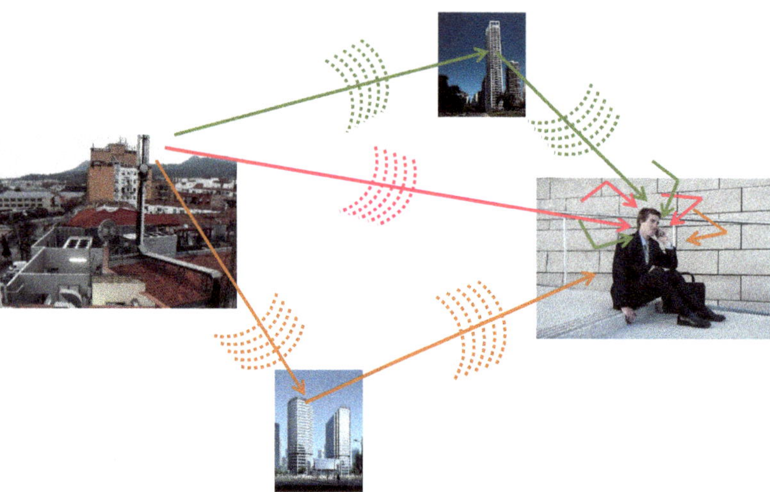

Fig. 2.7 Ilustración de la propagación multicamino, típica de los entornos móviles

Debido a que las diferencias en el retardo de propagación de los diferentes frentes de onda que constituyen la propagación multicamino son muy pequeñas, los efectos de esta última se ponen de manifiesto en escalas temporales también muy pequeñas. Por este motivo, el análisis de la propagación multicamino sobre la señal recibida ha de partir de un modelo de señal que tenga en cuenta las variaciones de la señal transmitida de forma instantánea. En este sentido, considérese la señal transmitida *s(t)*, formada por un conjunto de símbolos s_k de duración T_S, con pulso conformador *p(t)* y modulados sobre una portadora a frecuencia $\omega_o=2\pi f_o$. En general, los símbolos s_k son complejos, esto es, tienen una componente en fase y otra en cuadratura. La señal en banda base, denotada como $s_x(t)$, y la señal s(*t*) finalmente transmitida por la antena con potencia P_T se expresan, respectivamente, como:

$$s_x(t)=\sum_k s_k p(t-kT_S) \tag{2.9}$$

$$s(t)=\sqrt{2P_T}\,\mathrm{Re}\left[s_x(t)e^{j2\pi f_o t}\right] \tag{2.10}$$

La señal recibida *r(t)*, resultado de la propagación multicamino, puede expresarse como la suma de múltiples contribuciones: M frentes de onda asociados a las reflexiones en los objetos lejanos y donde cada frente de onda m ocasiona, a su vez, N_m reflexiones en el entorno próximo del receptor. Cada reflexión (eco) n del frente de onda m viene caracterizada por su amplitud $h_{m,n}$ y por su retardo de propagación $\tau_{m,n}$. Así, la señal recibida puede expresarse como:

$$r(t)=\sum_{n=0}^{N_0-1}h_{0,n}s\left(t-\tau_{0,n}\right)+\sum_{n=0}^{N_1-1}h_{1,n}s\left(t-\tau_{1,n}\right)+\ldots+\sum_{n=0}^{N_{M-1}-1}h_{M-1,n}s\left(t-\tau_{M-1,n}\right) \quad (2.11)$$

Esta última relación puede expresarse como la convolución de *s(t)*, con una respuesta impulsional del canal *h(τ)* dada por:

$$r(t)=s(t)*h(\tau) \quad (2.12)$$

$$h(\tau)=\sum_{m=0}^{M-1}\sum_{n=0}^{N_m-1}h_{m,n}\delta\left(\tau-\tau_{m,n}\right) \quad (2.13)$$

De este modo, la respuesta impulsional del canal móvil afectado por una propagación multicamino puede visualizarse tal como se refleja en la Fig. 2.8. Por un lado, se distinguen un conjunto de ecos asociados a reflexiones en objetos lejanos entre sí (por ejemplo, diferentes edificios en el caso de un entorno urbano) y que, por tanto, presentan unas diferencias de retardo de propagación entre sí significativas. Por otro lado, cada frente de onda asociado a cada eco lejano origina una serie de reflexiones cuando se presenta en el entorno próximo del receptor (por ejemplo, reflexiones en paredes, postes, etc., si el receptor se encuentra en una acera a pie de calle), las cuales presentan diferencias de retardo de propagación entre sí muy pequeñas.

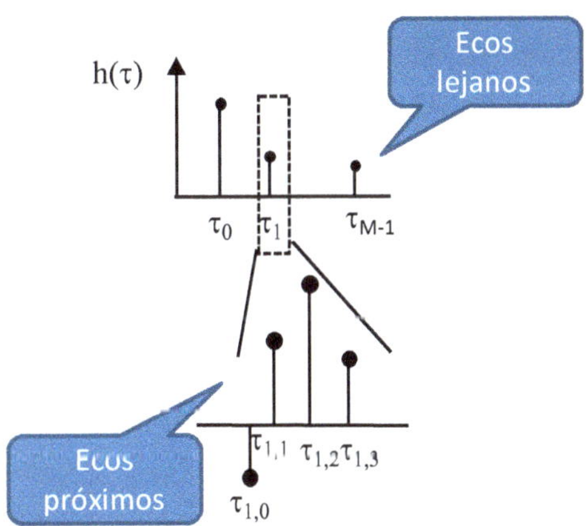

Fig. 2.8
Ilustración de la respuesta impulsional de un canal con propagación multicamino

2.2.3.1 Ecos próximos: desvanecimientos rápidos

Con el fin de analizar el impacto de los ecos próximos, consideremos un único frente de ondas $M = 1$, $m = 0$ en las ecuaciones (2.11) y (2.13). En este caso, la señal recibida se reduce a:

$$r(t)=\sqrt{2P_T}\,\mathrm{Re}\left[\sum_{n=0}^{N_0-1}h_{0,n}e^{-j\omega_0\tau_{0,n}}s_x\left(t-\tau_{0,n}\right)e^{j\omega_0 t}\right] \quad (2.14)$$

En la práctica, el número de reflexiones próximas N_0 será muy grande, y las fases $\omega_0\tau_{0,0}$, $\omega_0\tau_{0,1}$ ..., $\omega_0\tau_{0,N_0-1}$ serán variables aleatorias independientes. Por otra parte, las diferentes reflexiones próximas se reciben virtualmente en el mismo instante de tiempo, por lo que puede considerarse que:

$$s_x\left(t-\tau_{0,n}\right)\approx s_x\left(t-\tau_0\right) \tag{2.15}$$

Con ello, la señal recibida puede formularse como:

$$r(t)\approx\sqrt{2P_T}\,\mathrm{Re}\left[\sum_{n=0}^{N_0-1}h_{0,n}e^{-j\omega_0\tau_{0,n}}s_x\left(t-\tau_0\right)e^{j\omega_0 t}\right]=\sqrt{2P_T}\,\mathrm{Re}\left[h_0 s_x\left(t-\tau_0\right)e^{j\omega_0 t}\right] \tag{2.16}$$

Así pues, el efecto de los ecos próximos se traduce en que la señal recibida queda afectada por la variable aleatoria h_0, que puede expresarse tanto en forma de componentes en fase y cuadratura como de envolvente y fase, de la manera siguiente:

$$h_0=\sum_{n=0}^{N_0-1}h_{0,n}e^{-j\omega_0\tau_{0,n}}\approx i_0+jq_0=\left|h_0\right|e^{j\phi_0} \tag{2.17}$$

$$\left|h_0\right|=\sqrt{i_0^2+q_0^2} \tag{2.18}$$

$$\phi_0=arctg\frac{q_0}{i_0} \tag{2.19}$$

El valor de la envolvente $|h_0|$ en cada momento dependerá de si las múltiples contribuciones de los N_0 ecos se suman de forma constructiva o destructiva, en función de sus diferencias de fase. Suponiendo, como se ha dicho antes, que N_0 será muy grande, puede aplicarse el teorema central del límite, que dice que las componentes i_0, q_0 seguirán distribuciones independientes gaussianas de media 0. Con ello, resulta que la envolvente $|h_0|$ sigue una distribución de probabilidad de Rayleigh y la fase φ_0 sigue una distribución de probabilidad uniforme entre 0 y 2π.

Empleando la notación con envolvente y fase, podemos formular:

$$r(t)=\sqrt{2P_T}\left|h_0\right|\mathrm{Re}\left[s_x\left(t-\tau_0\right)e^{j\left(\omega_0 t+\phi_0\right)}\right] \tag{2.20}$$

Tomando también notación de módulo y argumento para la señal en banda base:

$$s_x\left(t-\tau_0\right)=\left|s_x\left(t-\tau_0\right)\right|e^{j\varphi_s\left(t-\tau_0\right)} \tag{2.21}$$

se tiene:

$$r(t)=\sqrt{2P_T}\left|h_0\right|\left|s_x\left(t-\tau_0\right)\right|\cos\left(\omega_0 t+\varphi_s\left(t-\tau_0\right)+\phi_0\right) \tag{2.22}$$

Así, suponiendo normalizada a la unidad la envolvente de la señal en banda base ($|s_x(t)|=1$), resulta que la envolvente V de la señal recibida $r(t)$ viene dada por:

$$V = \sqrt{2P_T}\,|h_0| \tag{2.23}$$

Fundamentado en la aplicación del teorema central del límite anteriormente citado, se proporciona un modelo bien aceptado para la caracterización de los efectos generados por los ecos próximos, en que la envolvente de la señal recibida V se caracteriza mediante una variable aleatoria con distribución de probabilidad de Rayleigh dada por la siguiente función densidad de probabilidad:

$$f_V(V) = \frac{V}{P_r} e^{-\frac{V^2}{2P_r}} \qquad V \geq 0 \tag{2.24}$$

La Fig. 2.9 muestra la función de densidad de probabilidad de la envolvente de señal que se observaría como resultado de las múltiples reflexiones que experimentaría un frente de onda en el entorno local de un receptor situado en una determinada ubicación en que la potencia recibida media, resultado de las pérdidas de propagación y de la componente de desvanecimiento lento, viniera dada por P_r. Como puede observarse, la señal recibida puede presentar valores de la envolvente muy pequeños, en los cuales los múltiples ecos próximos tienden a sumarse destructivamente y ocasionan un desvanecimiento profundo en el nivel de la señal, así como valores de la envolvente más grandes, en que los múltiples ecos próximos tienden a sumarse constructivamente y, en consecuencia, refuerzan el nivel de la señal recibida.

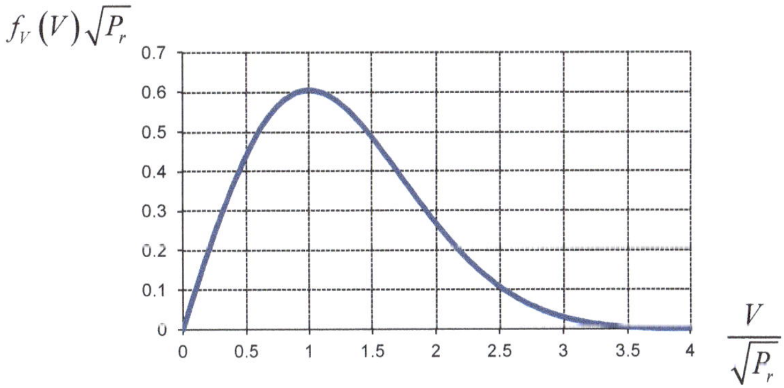

Fig. 2.9
Función de densidad de probabilidad de la envolvente de la señal recibida

De forma equivalente a capturar el efecto de los ecos próximos en términos de la envolvente de la señal recibida, puede realizarse el mismo ejercicio en términos de la potencia de la señal. En efecto, recordando que la potencia instantánea, medida en vatios y suponiendo resistencia unitaria, viene dada por:

$$P = \frac{V^2}{2} = P_T\,|h_0|^2 \tag{2.25}$$

basta con realizar una transformación de variables aleatorias combinando la función densidad de probabilidad de (2.24) con la relación (2.25) para comprobar que, si la envolvente de la señal presenta una distribución de probabilidad de Rayleigh, la potencia instantánea presenta una distribución de probabilidad exponencial de media P_r que se ilustra en la Fig. 2.10 y viene dada por:

$$f_P(P) = \frac{1}{P_r} e^{-\frac{P}{P_r}} \qquad P \geq 0 \tag{2.26}$$

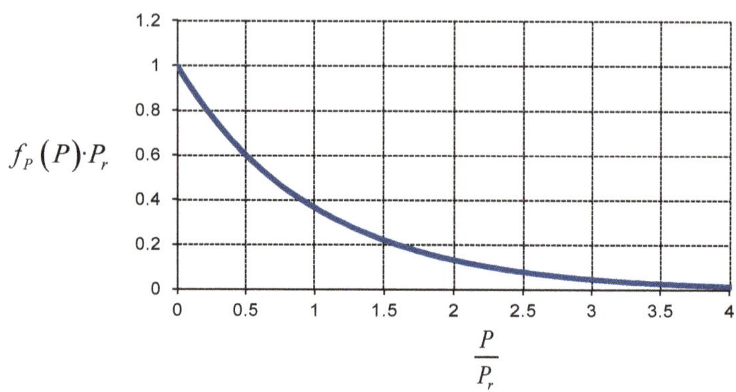

Fig. 2.10 Función de densidad de probabilidad de la potencia de la señal recibida

El efecto de los ecos próximos, que ha quedado caracterizado a través de una distribución de probabilidad de Rayleigh sobre la envolvente de la señal, o exponencial si se considera en términos de la potencia recibida, se conoce habitualmente como *desvanecimiento rápido*. Si bien la función densidad de probabilidad refleja únicamente que la potencia de la señal experimentará fuertes variaciones, esta no dice nada con respecto al ritmo al que se producirán cambios en los niveles de potencia observados, ya que esto está asociado a la estadística de segundo orden de la señal –tal como se verá más tarde en este mismo capítulo (v. sección 2.2.4). En cualquier caso, la rapidez con que pueden producirse cambios en el nivel de la señal puede entenderse intuitivamente al considerar, por ejemplo, que un pequeño desplazamiento en la ubicación del receptor puede provocar una situación completamente diferente en cuanto a las reflexiones que se producen en el entorno próximo y ocasionar cambios radicales de las amplitudes y fases de los ecos próximos en unos pocos milisegundos. Nótese que la distinción entre desvanecimientos lentos y desvanecimientos rápidos señala no solo que en el canal móvil se producen efectos distintos, derivados de fenómenos diferentes, tales como la interposición de obstáculos entre el emisor y el receptor en el primer caso y las reflexiones próximas en el entorno del receptor en el segundo, sino también que las fluctuaciones observadas en el nivel de la señal varían a escalas temporales muy diferentes en ambos casos, tal como se ilustra en la Fig. 2.1.

2.2.3.2 Ecos lejanos: distorsión

Visto el efecto que provocan los ecos próximos, la respuesta impulsional del canal puede aproximarse como:

$$h(\tau) = \sum_{m=0}^{M-1} \sum_{n=0}^{N_m-1} h_{m,n} \delta(\tau - \tau_{m,n}) \approx \sum_{m=0}^{M-1} h_m \delta(\tau - \tau_m) \tag{2.27}$$

donde h_m es una variable aleatoria compleja cuyo módulo sigue una distribución de probabilidad de Rayleigh y su fase, una distribución de probabilidad uniforme entre 0 y 2π. Integrado, pues, el efecto de los ecos próximos en forma de una fluctuación aleatoria, la expresión (2.27) refleja la dispersión temporal del canal asociada a las reflexiones que se producen en objetos lejanos, y se mide habitualmente con el parámetro denominado *delay spread* [2], D_s, cuya interpretación se ilustra en la Fig. 2.11. El *delay spread* mide la duración típica de la respuesta impulsional del canal, y toma distintos valores según las características del entorno. Por ejemplo, en entornos exteriores urbanos, la distancia entre la antena transmisora y la receptora suele ser de hasta algunos centenares de metros, y las diferencias de retardo entre las distintas reflexiones en los edificios pueden ser del orden de algún microsegundo. En escenarios de exteriores rurales llanos, la distancia entre la antena transmisora y la receptora puede llegar a ser de decenas de kilómetros, pero se producen pocas reflexiones lejanas, al haber pocos obstáculos, de manera que el D_s se sitúa típicamente un orden de magnitud por debajo del microsegundo. Sin embargo, si el entorno es montañoso, puede observarse en el receptor la presencia de reflexiones, que llegan hasta con 20 microsegundos de retardo con respecto a la llegada del rayo principal, de modo que el D_s toma valores incluso mayores que en un entorno urbano o suburbano.

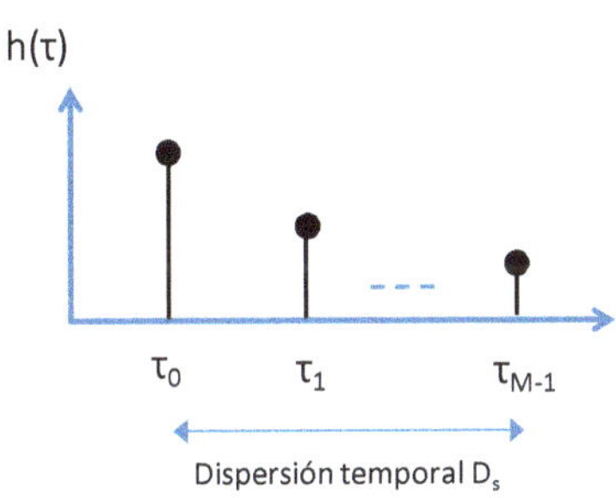

Fig. 2.11
Ilustración del concepto dispersión temporal a partir de la respuesta impulsional del canal

El efecto que provocan los ecos lejanos depende del grado de dispersividad del canal en relación con la duración de los símbolos que inyecta el transmisor, T_S. Cuando el entorno es poco dispersivo en relación con el ritmo con que se inyectan símbolos al canal (esto es, $D_s << T_S$, tal como se ilustra en la Fig. 2.12), la señal resultante experimenta una pequeña superposición de diferentes símbolos entre las señales que llegan por distintos caminos pero que solo afectan una pequeña parte del tiempo que el sistema ha destinado a transmitir un símbolo determinado, por lo que el efecto de la dispersión del canal es despreciable. Por el contrario, si la dispersión del entorno es significativa en relación con la duración de un símbolo de canal (esto es, D_s similar o incluso superior a T_S, tal como ilustra la Fig. 2.13), se produce el efecto de interferencia intersimbólica (*inter-symbol interference* o ISI), que supone que, durante el tiempo que llega un símbolo por el camino principal, se produce la superposición con la llegada de símbolos anteriores asociados a reflexiones más lejanas, que han tardado más tiempo en presentarse en el receptor. En estas condiciones, la recuperación correcta de los símbolos es más difícil a causa de la distorsión que experimenta la señal, y es preciso incorporar un ecualizador [7] para mejorar las condiciones de recuperación de la información transmitida.

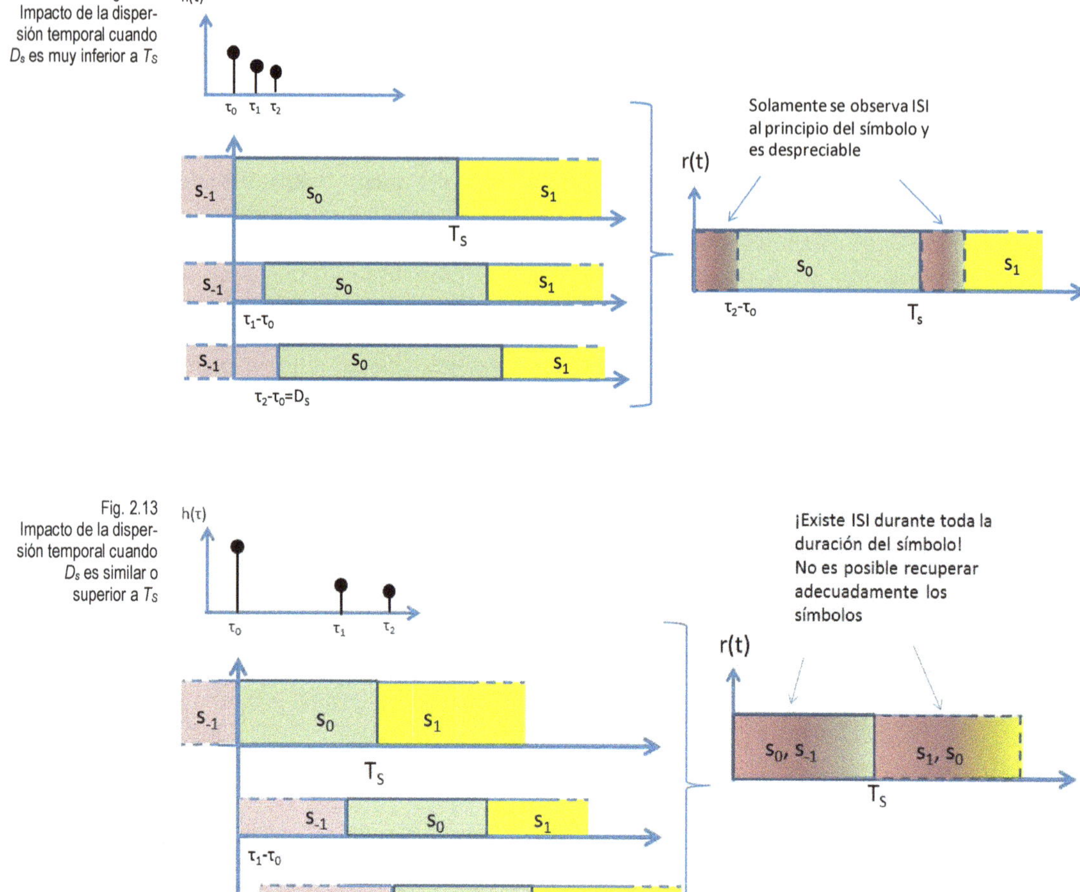

Fig. 2.12
Impacto de la dispersión temporal cuando D_s es muy inferior a T_s

Fig. 2.13
Impacto de la dispersión temporal cuando D_s es similar o superior a T_s

Es conveniente puntualizar que, si bien en los ejemplos anteriores el concepto de *delay spread* se ha presentado para respuestas impulsionales específicas, en la práctica la respuesta impulsional del canal que define los instantes de llegada y las amplitudes y fases de los diferentes ecos es un proceso estocástico que varía con el tiempo. Por este motivo, la estimación del *delay spread* en un entorno determinado se efectúa a partir de la distribución probabilística del retardo de los diferentes ecos. En este contexto, un modelo de distribución comúnmente aceptado es asumir que los retardos de los diferentes ecos siguen una distribución de probabilidad exponencial [2], según la cual la mayor parte de ecos se concentran en los retardos más pequeños y cada vez es menos probable tener ecos con retardos mayores. El *delay spread* será la desviación típica calculada a partir de esta función de distribución de probabilidad.

Por otra parte, y de acuerdo con la conocida dualidad existente entre el dominio temporal y el dominio de la frecuencia, el efecto de la dispersión temporal del canal sobre la señal transmitida también puede interpretarse desde una perspectiva frecuencial. Para ilustrar este concepto, la Fig. 2.14 muestra algunos ejemplos de respuesta frecuencial del canal *H(f)* para diferentes tipos de respuesta impulsional. En la parte superior de la figura, se muestra el caso de un canal con un único rayo, que corresponde a una respuesta frecuencial del canal plana, esto es, que atenúa por igual todas las frecuencias. En la parte intermedia de la figura, en cambio, se ilustra un ejemplo de canal con poca dispersión, es decir, con un *delay spread* (D_s) reducido. Como se aprecia, en este caso la respuesta frecuencial ya no es totalmente plana sino que varía suavemente, por lo que el canal será poco selectivo en frecuencia. Por último, en la parte inferior de la Fig. 2.14, se ilustra un ejemplo de canal con mucha dispersión, es decir, con un *delay spread* (D_s) elevado. Como se aprecia, la respuesta frecuencial presenta ahora muchas variaciones, por lo que el canal es más selectivo en frecuencia. El hecho de que las distintas componentes espectrales de la señal se vean afectadas de distinta manera por el canal es la manifestación de la distorsión en el dominio de la frecuencia. Por consiguiente, cuanto mayor sea la longitud de la respuesta impulsional, es decir, el *delay spread*, mayor será el grado de selectividad en frecuencia introducido por el canal y, por tanto, menor será el ancho de banda de señal que podrá transmitirse sin distorsión.

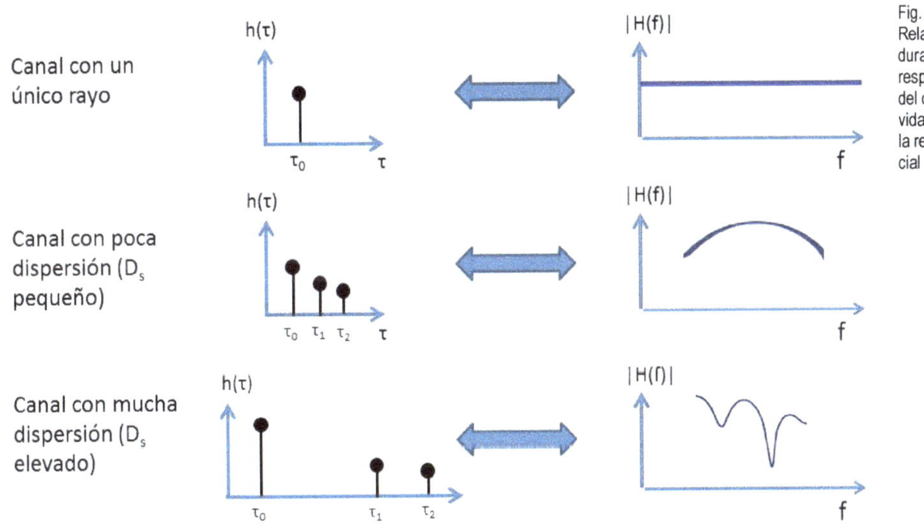

Fig. 2.14
Relación entre la duración de la respuesta impulsional del canal y la selectividad en frecuencia de la respuesta frecuencial

Para cuantificar, como orden de magnitud, el máximo ancho de banda de transmisión que permite asegurar que el canal no introduce distorsión sobre la señal o, equivalentemente, que la respuesta del canal es aproximadamente plana a lo largo de todo el ancho de banda de la señal transmitida, se utiliza el denominado *ancho de banda de coherencia*, B_{coh}. Teniendo en cuenta la variabilidad estadística del canal, es decir, que la respuesta impulsional y, por consiguiente, la respuesta frecuencial son procesos estocásticos, el ancho de banda de coherencia se determina, desde el punto de vista estadístico, a partir de la función de autocorrelación de la respuesta frecuencial del canal a dos frecuencias distintas, de modo que dos frecuencias separadas menos que el ancho de banda de coherencia perciben, aproximadamente, la misma respuesta frecuencial. Por el contrario, frecuencias separadas más que el ancho de banda de coherencia percibirán respuestas frecuenciales del canal independientes entre sí. El lector interesado en los desarrollos matemáticos realizados para determinar el ancho de banda de coherencia puede consultar [2][7][8][9].

Una relación comúnmente aceptada entre el ancho de banda de coherencia y el *delay spread*, que asume una distribución probabilística exponencial para los retardos de los diferentes ecos, es la siguiente [2][8]:

$$B_{coh} \approx \frac{1}{2\pi D_s} \tag{2.28}$$

A partir de la relación entre el ancho de banda de coherencia B_{coh} y el ancho de banda de la señal transmitida B, se puede determinar si el canal introducirá distorsión o no. Para ilustrar este concepto, la Fig. 2.15 presenta el ejemplo de la transmisión de una señal con ancho de banda $B=1/T_S$ inferior al ancho de banda de coherencia B_{coh}, lo que, en términos temporales, equivale a decir que el período de símbolo T_S será muy superior al *delay spread* (D_s). En la parte izquierda de la figura, se muestra el espectro de la señal transmitida, $S(f)$, conjuntamente con la respuesta frecuencial del canal $H(f)$, mientras que, en la parte derecha, se presenta el espectro de la señal recibida tras pasar por el canal, esto es, $R(f)=S(f)\cdot H(f)$. Como puede apreciarse, la respuesta frecuencial del canal es aproximadamente la misma en todo el ancho de banda B y, por consiguiente, el espectro de la señal recibida mantiene aproximadamente la misma forma que el de la señal transmitida, ya que todas las componentes frecuenciales se atenúan aproximadamente por igual, por lo que el canal no introduce distorsión. Así, pues, es una situación equivalente a la presentada en la Fig. 2.12, en términos temporales.

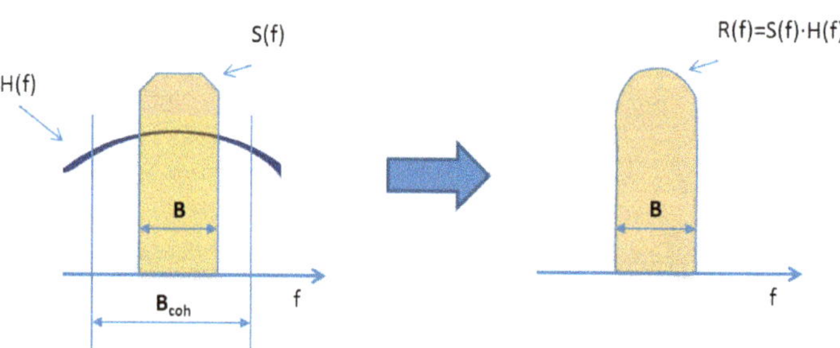

Fig. 2.15 Comportamiento frecuencial del canal cuando la banda B de la señal transmitida es inferior a la banda de coherencia B_{coh} o, equivalentemente, cuando D_s es muy inferior a T_S

Por el contrario, la Fig. 2.16 ilustra la transmisión de una señal a través de un canal con banda de coherencia B_{coh} inferior al ancho de banda de la señal transmitida $B=1/T_S$, lo que, en términos temporales, equivale a decir que el *delay spread* (D_s) es similar o superior al período de símbolo T_S. Como se aprecia en la parte izquierda de la figura, ahora la respuesta frecuencial del canal ya no es plana a lo largo de la banda B. Por consiguiente, el canal no atenúa por igual todas las componentes frecuenciales de la señal transmitida y esto ocasiona que el espectro de la señal recibida ya no preserve la forma original del espectro de la señal transmitida, como se aprecia en la parte derecha de la figura, lo cual refleja que el canal ha introducido distorsión. Así pues, esta situación es equivalente a la que se muestra en la Fig. 2.13, en el dominio temporal.

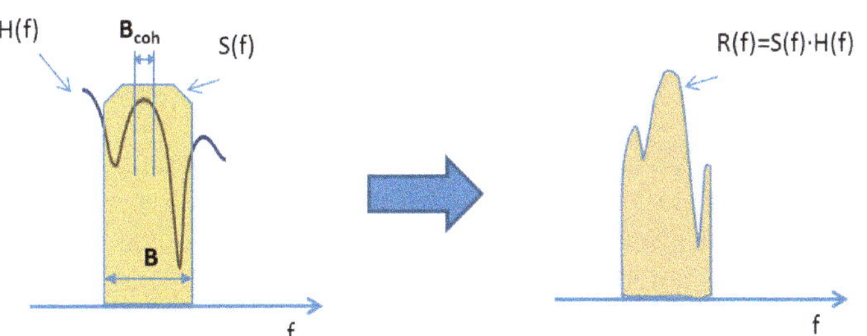

Fig. 2.16
Comportamiento frecuencial del canal cuando la banda B de la señal transmitida es superior a la banda de coherencia B_{coh} o, equivalentemente, cuando D_s es similar o superior a T_S

Es importante insistir en que el hecho de que un canal introduzca distorsión no solo depende de su banda de coherencia (B_{coh}), sino de la banda de la señal transmitida B. Para ilustrar este concepto, considérese el ejemplo de la Fig. 2.17, en cuya parte superior se muestra la respuesta frecuencial de un canal con una cierta banda de coherencia. En la parte inferior izquierda, se presenta el caso de transmitir, a través de este canal, una señal con un ancho de banda B inferior a B_{coh}. Como se observa, la respuesta frecuencial del canal es la misma a lo largo de todo el ancho de banda de la señal, por lo que no existe distorsión. Por el contrario, en la parte inferior derecha, se ilustra el caso de la transmisión de una señal con ancho de banda B superior a B_{coh} a través del mismo canal. Como se aprecia, ahora sí existe distorsión, ya que la respuesta frecuencial no es la misma en todo el ancho de banda de la señal.

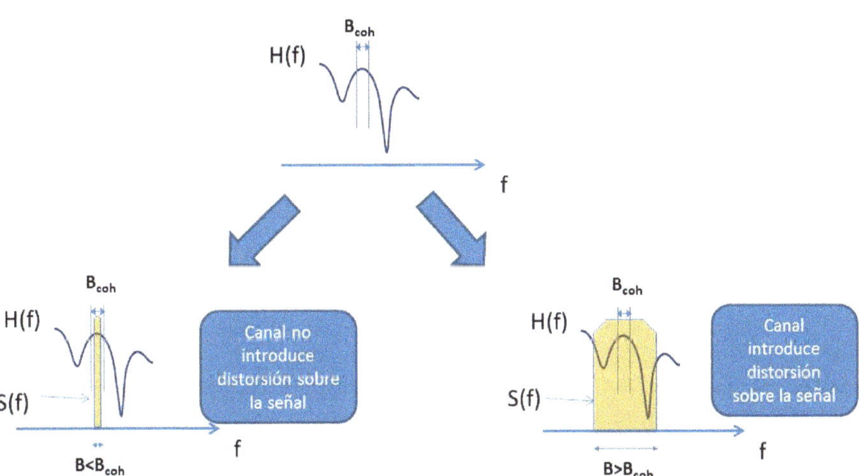

Fig. 2.17
Ilustración del comportamiento de un canal en función del ancho de banda de la señal transmitida

2.2.4 Estadísticas de segundo orden

Una característica intrínseca al entorno de propagación móvil es la variabilidad con el tiempo, ya sea por el movimiento del receptor y/o por el movimiento de los objetos cercanos al mismo. Así, aunque aún no se haya explicitado, la respuesta impulsional del canal corresponde en realidad a la de un sistema variante en que el número de ecos, su amplitud y su retardo van cambiando a lo largo del tiempo:

$$h(\tau,t)=\sum_{m=0}^{M(t)-1} h_m(t)\delta(\tau-\tau_m(t)) \tag{2.29}$$

Mientras que la estadística de la señal recibida en términos de una función de densidad de probabilidad (por ejemplo, la distribución de Rayleigh para la envolvente de la señal) es una estadística de primer orden que explica qué valores de la envolvente se observarán y con qué probabilidad aparecerán, la evolución temporal de la envolvente de la señal está asociada a la estadística de segundo orden. En particular, la función de autocorrelación de la envolvente de la señal para una diferencia temporal Δt proporciona una idea de la similitud que tiene la envolvente en un instante dado con la envolvente que presenta al cabo de Δt segundos y, en consecuencia, muestra el ritmo a que se producen los cambios en la señal observada. En particular, si $V(t)$ es la envolvente de la señal recibida, la función de autocorrelación se define como:

$$R(\Delta t)=E\left[V^*(t)V(t+\Delta t)\right] \tag{2.30}$$

Si consideramos, tal como se refleja en la Fig. 2.18, la transmisión de una señal pulsada a frecuencia f_o y observamos la autocorrelación de la señal a medida que el móvil se desplaza a una cierta velocidad v (m/s), suponiendo que recibe réplicas de la señal en todas las direcciones del espacio, se obtiene una evolución como la que se muestra en la Fig. 2.19 [9], donde el eje horizontal puede entenderse tanto en términos espaciales (similitud de la envolvente entre dos puntos separados d m) como en términos temporales (similitud entre la envolvente observada en un momento dado y la observada Δt s más tarde, después de recorrer d m). Nótese que la escala espacial se refleja en términos de longitud de onda (λ) y la escala temporal, en términos de la frecuencia Doppler (f_d), que se define como:

$$f_d=\frac{v}{\lambda} \tag{2.31}$$

De la lectura de la Fig. 2.19 pueden extraerse diversas observaciones. Por un lado, la función de autocorrelación tiende claramente a 0, lo que indica que dos puntos alejados entre sí diversas longitudes de onda λ se encuentran con un entorno de reflexiones próximas distintas, por lo que las envolventes asociadas a estos dos puntos están incorreladas entre sí. A partir de aquí, se define el denominado *tiempo de coherencia* τ_c como el tiempo que debe transcurrir para que la envolvente de la señal cambie significativamente. En concreto, si adoptáramos, por ejemplo, el criterio de considerar que, cuando la función de autocorrelación normalizada se reduce a la mitad –$R(\Delta t)=0{,}5$ frente a $R(\Delta t)=1$ en el origen–, puede asumirse que la envolvente de la señal ya ha cambiado significativamente, el tiempo de coherencia τ_c resultaría, aproximadamente:

$$\tau_c\cong\frac{9}{16\pi f_d}=\frac{1}{5{,}58 f_d} \tag{2.32}$$

A modo de ejemplo, en caso de operar a una frecuencia $f=900$ MHz y desplazarse a $v=90$ km/h, resultaría un tiempo de coherencia de 2,4 ms, lo que se interpreta como el tiempo necesario para que varíen significativamente las condiciones de propagación. Así pues, si, en un momento dado, un terminal está afectado por un fuerte desvanecimiento rápido (Rayleigh), podemos esperar que el entorno próximo de reflexión haya cambiado ya suficientemente en el orden de magnitud de algún ms y se observen unas condiciones estadísticamente independientes, de manera que sea posible que la envolvente de la señal se haya ya recuperado, como también es posible que la señal se encuentre, de nuevo, en un fuerte desvanecimiento.

Por otro lado, si realizamos una lectura de la Fig. 2.19 en términos espaciales y consideramos que, por ejemplo, cuando la función de autocorrelación normalizada cae por debajo de $R(\Delta t) < 0{,}1$ frente a $R(\Delta t) = 1$ en el origen, puede asumirse que la envolvente de la señal ya ha cambiado significativamente, se daría esta condición para dos puntos separados más de 0,5 λ. En caso de operar a una frecuencia f=900 MHz y desplazarse a v = 90 km/h, 0,5 λ = 17 cm, lo que permitiría interpretar que, entre puntos separados únicamente unas decenas de cm, el entorno de reflexiones próximo es suficientemente diferente para que las resultantes de los ecos próximos que se presenten resulten estadísticamente independientes.

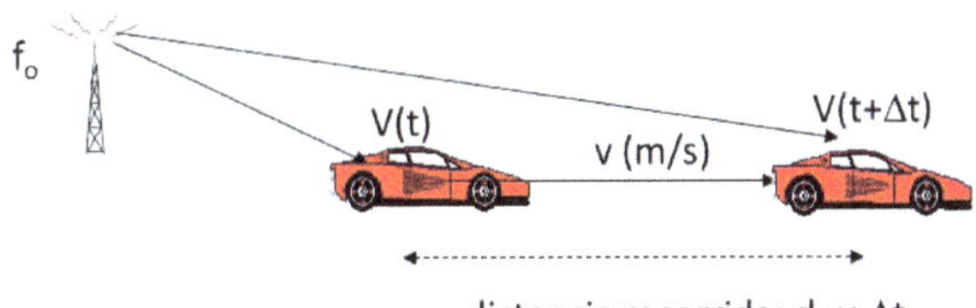

Fig. 2.18
Escenario para la evaluación de la autocorrelación de la envolvente de la señal recibida

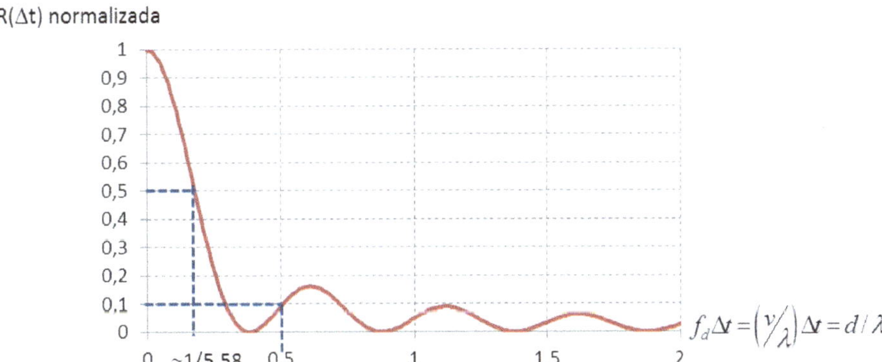

Fig. 2.19
Autocorrelación normalizada de la envolvente de la señal recibida

2.2.5 Medidas

Dada la variabilidad en las condiciones de propagación inherente al canal de radio móvil, el diseño del sistema de comunicaciones incorpora una serie de técnicas de ingeniería que permiten adaptar las condiciones de transmisión de la información a las características del canal en cada momento. En general, se dota el sistema de inteligencia para la toma de decisiones dinámicas, con el fin de permitir una adaptación eficiente. En este proceso de toma de decisiones, es esperable que sea relevante el conocimiento del nivel de potencia recibido asociado a un determinado enlace de radio; para ello, es necesario incorporar en el sistema mecanismos de toma de medidas.

Las medidas de la potencia recibida pueden efectuarse a distintas escalas temporales, dependiendo del uso que se vaya a hacer de dichas medidas por parte de diferentes mecanismos de ingeniería. Así, dado un receptor que se encuentre estático en una cierta ubicación, como se ilustra en la Fig. 2.20, la medida de la potencia recibida instantánea capturaría las variaciones asociadas a los desvanecimientos rápidos, mientras que la medida de la potencia media recibida durante un intervalo temporal *T* tendería a eliminar el efecto de dicha componente. En estas condiciones, la Fig. 2.21 refleja que la potencia recibida instantánea es una función del tiempo, *P(t)*, y el valor medido de dicho proceso se corresponde con la potencia media recibida en dicha ubicación, P_r, afectada por las pérdidas de propagación y la componente de desvanecimiento lento asociada a dicha ubicación y derivada de la interposición de obstáculos entre el emisor y el receptor.

Fig. 2.20
Ilustración del proceso de medida de la potencia en el terminal móvil

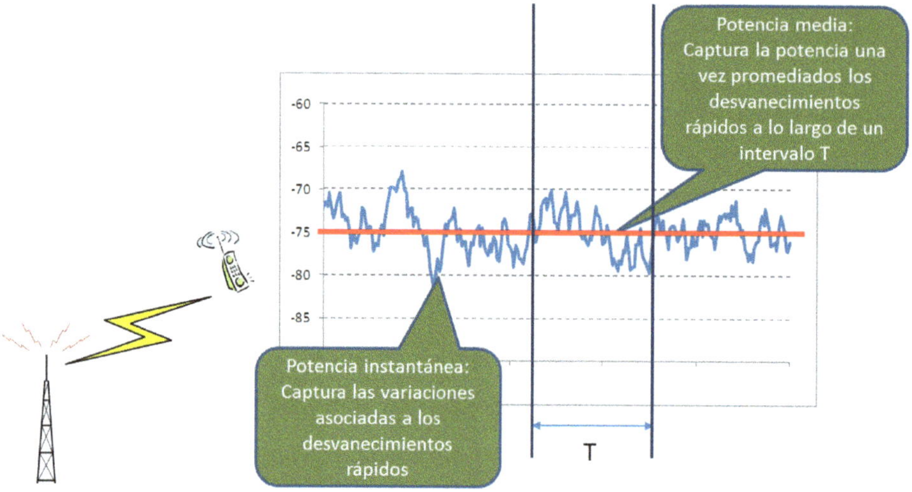

Fig. 2.21
Potencia medida en el terminal móvil a lo largo del tiempo

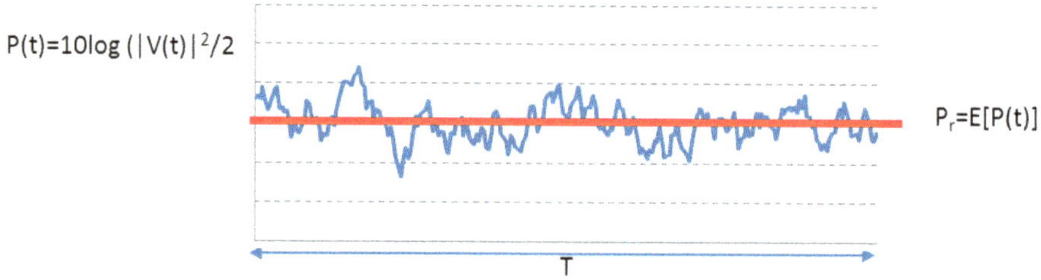

En realidad, el proceso de medida de la señal recibida durante un período de tiempo *T* proporciona un estimador de la media real del proceso *P(t)*, dado por:

$$m_T = \frac{1}{T}\int_0^T P(t)dt \tag{2.33}$$

Con un valor de T muy largo, el estimador m_T resulta un estimador no sesgado de la media, esto es, la medida tomada daría como resultado el valor real de la potencia media observada en dicha ubicación, $P_r = E[P(t)]$. Sin embargo, cabe señalar que el proceso introduce un retardo al proporcionar la medida que, en general, deberá mantenerse limitado. Si el tiempo de observación del canal T se acorta, el resultado será que los efectos de los desvanecimientos rápidos no quedan totalmente eliminados y la estimación proporcionada por m_T podrá diferir del valor real P_r. Para cuantificar este efecto, puede considerarse la desviación típica del estimador, definida como:

$$\sigma_T = \sqrt{E\left[\left(m_T - P_r\right)^2\right]} = \sqrt{E\left[\left(\frac{1}{T}\int_0^T P(t)dt - E\left[P(t)\right]\right)^2\right]} \qquad (2.34)$$

En [10], se demuestra que, en un contexto como el de la Fig. 2.18, en que el receptor móvil se desplaza a velocidad constante v, la desviación típica del estimador viene dada por:

$$\sigma_T \approx \sqrt{\frac{5,57^2}{T}\int_{-T}^{T}\left(1-\frac{|\tau|}{T}\right)J_0^2(2\pi f_d \tau)d\tau} \leq 5,57 \text{ dB} \qquad (2.35)$$

La Fig. 2.22 ilustra la ecuación (2.35) para el proceso de toma de medidas cuando el receptor se desplaza a distintas velocidades. Puede observarse que, cuanto mayor es la frecuencia Doppler (o, equivalentemente, la velocidad), menor es la desviación típica de la medida. Por otra parte, para tener una referencia del tiempo de promediado necesario para obtener una buena precisión en la estimación de la potencia media (consideremos, por ejemplo, que una desviación típica máxima de 1 dB es una buena precisión), con f_d= 20 Hz, se requeriría promediar durante 1 s, mientras que, con f_d= 50 Hz, sería suficiente con 0,5 s.

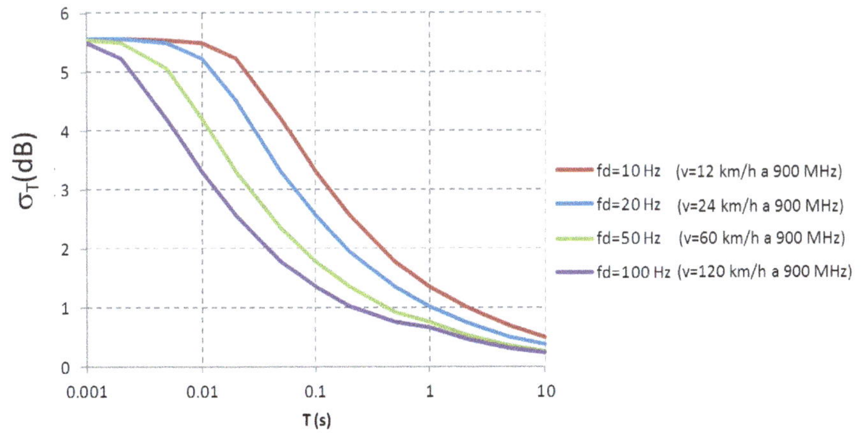

Fig. 2.22
Desviación típica de la medida de la potencia en función del intervalo de medida

2.3 Ruido

Se entiende por *ruido* cualquier señal de naturaleza aleatoria que aparece superpuesta a la señal útil y degrada su recepción. Se identifican diferentes fuentes de ruido:

- *Ruido externo*. Captado por la antena del receptor. Suele ser el factor más limitativo para frecuencias bajas (inferiores a aproximadamente 30 MHz). El origen del ruido externo puede ser:
  - Artificial: generado por procesos vinculados a la actividad humana (p. ej., el ruido debido a redes de distribución eléctrica, motores, etc.).
  - Natural: debido a emisiones existentes en la naturaleza (p. ej., los rayos solares, los rayos cósmicos, el ruido galáctico, etc.).
- *Ruido interno*. Generado por los elementos del cabezal de RF del receptor. Suele ser el factor más limitativo para frecuencias altas (superiores a aproximadamente 30 MHz). Los principales tipos de ruido interno son [11]:
  - Térmico: debido al movimiento aleatorio de los electrones en el interior de la materia. Aparece en cualquier dispositivo que presente una cierta resistividad y esté a una temperatura distinta del cero absoluto, con independencia de que esté conectado o no y circule por él una corriente o no.
  - Impulsivo (*shot*): consecuencia del paso de electrones a través de una barrera de potencial. Solo aparece en dispositivos activos (semiconductores) cuando circula corriente a través del dispositivo.

Con el fin de caracterizar el ruido que afecta una cierta comunicación, tómese como referencia la Fig. 2.23.

Fig. 2.23
Modelo del receptor para el cálculo del ruido

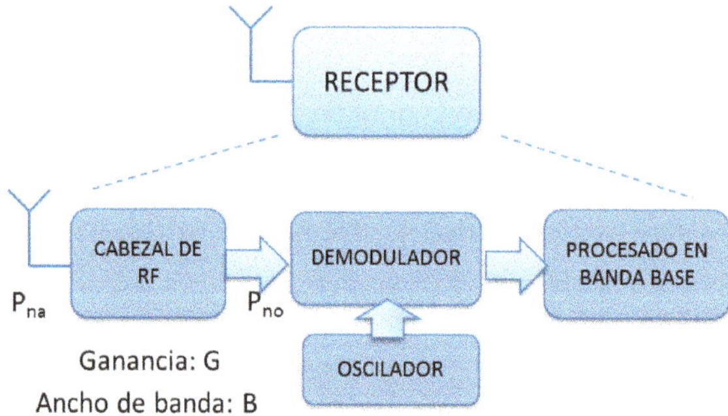

El ruido externo que se capta por la antena se caracteriza por la denominada *temperatura de ruido de antena*, T_a, que se define como la temperatura física a que debería estar una resistencia de igual valor a la resistencia de la antena para que la potencia de ruido térmico generada por dicha resistencia fuera igual a la del ruido externo captado por la antena. A partir de la temperatura de ruido de antena, se formula la potencia de ruido a la entrada del receptor como:

$$P_{na} = KT_aB \tag{2.36}$$

donde K es la constante de Boltzmann de valor $K = 1{,}38 \cdot 10^{-23}$ J/K y B es el ancho de banda del receptor. En sistemas de radiocomunicaciones móviles es habitual suponer que $T_a = T_o$, donde T_o es la temperatura ambiente, de valor $T_o = 290$ K.

Por su parte, el ruido interno generado por el cabezal de RF se caracteriza por la denominada *temperatura equivalente de ruido del cabezal de RF*, T_e, definida como el incremento en la temperatura de ruido que debería existir a la entrada del cabezal, supuesto no ruidoso, para que a su salida se midiera la misma potencia de ruido que con el cabezal real. De forma análoga, la temperatura equivalente de ruido se suele traducir en términos del denominado *factor de ruido del cabezal de RF*, definido como:

$$F = 1 + \frac{T_e}{T_o} \tag{2.37}$$

De esta manera, la potencia de ruido a la salida del cabezal de RF es:

$$P_{no} = GK\left(T_a + T_e\right)B = GP_N \tag{2.38}$$

donde G es la ganancia del cabezal de RF. A efectos de formulación, también se ha introducido en la ecuación anterior el término P_N, denominado *potencia de ruido equivalente a la entrada del receptor*, que considera tanto el ruido externo como el interno y que, en el caso habitual en que $T_a = T_o$, se reduce a:

$$P_N = KT_oFB \tag{2.39}$$

Con los términos ya introducidos, tomando ahora como referencia el modelo y la notación asociados a la Fig. 2.24 y considerando que el ruido introducido por el demodulador es despreciable frente al ruido del cabezal de RF (y, si no lo fuera, podría incorporarse dentro del factor de ruido F del mismo), la relación de señal a ruido (*signal to noise ratio* o SNR) media a la entrada del demodulador sería:

$$SNR_i = \frac{GP_r}{P_{no}} = \frac{GP_r}{GK\left(T_a + T_e\right)B} = \frac{P_r}{K\left(T_a + T_o\left(F-1\right)\right)B} = \frac{P_r}{P_N} \tag{2.40}$$

A la salida del demodulador, y teniendo en cuenta que la ganancia G_d que pueda tener el demodulador afectará, por igual, el ruido y la señal, la relación de señal a ruido será, pues, la misma:

$$SNR = \frac{G \cdot G_d \cdot P_r}{G \cdot G_d \cdot K\left(T_a + T_o\left(F-1\right)\right)B} = \frac{P_r}{P_N} = SNR_i \tag{2.41}$$

Finalmente, fijado un cierto objetivo de calidad, que consiste en conseguir un cierto requerimiento de SNR mínimo a la salida del demodulador, SNR_{min}, la *sensibilidad* del receptor se define como el nivel mínimo de potencia a la entrada del receptor, P_S, necesario para conseguir dicho objetivo, de manera que:

$$P_S = SNR_{\min} KT_oFB \tag{2.42}$$

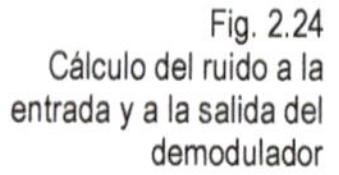
Fig. 2.24
Cálculo del ruido a la entrada y a la salida del demodulador

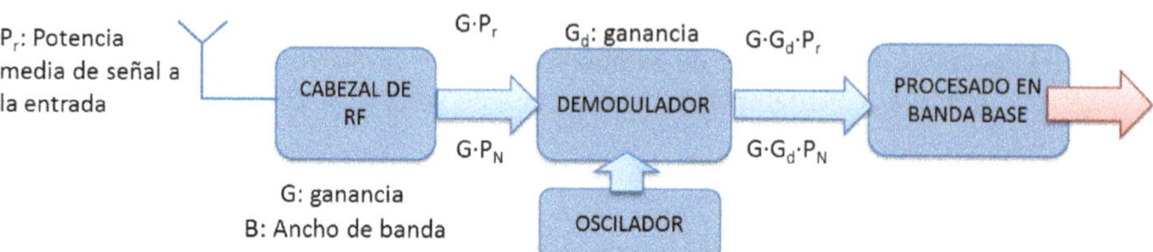

2.4 Interferencias

Se entiende por *interferencia* la aparición, en el receptor, de una señal proveniente de otro emisor, como se ilustra en la Fig. 2.25, donde se muestra un emisor útil que transmite una señal a frecuencia f_U con un ancho de banda B y una señal interferente a frecuencia f_I y ancho de banda B_I, ambas recibidas a la entrada del receptor útil sintonizado a f_U.

Fig. 2.25
Interferencias sobre un receptor

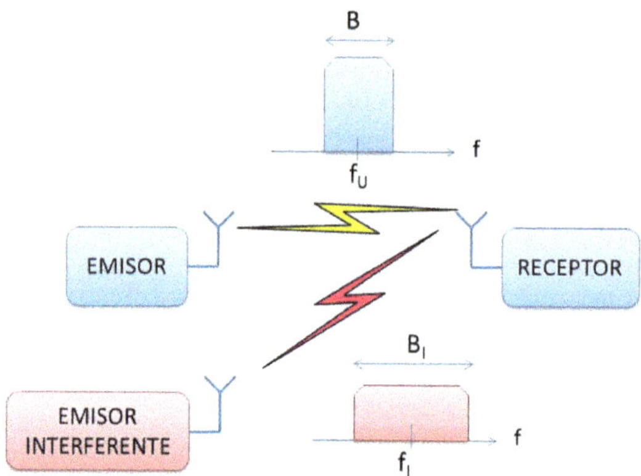

El impacto de la interferencia sobre el proceso de recepción se cuantifica mediante la denominada *relación de señal a interferente* (*carrier-to-interference ratio* o CIR), que mide el cociente entre la potencia de la señal útil y la de la señal interferente. Tal como se ilustra en la Fig. 2.26, que muestra el diagrama de bloques del receptor útil sintonizado para recibir la señal a frecuencia f_U y con un ancho de banda B, consideramos como punto de medida de la CIR la salida del demodulador o, equivalentemente, la entrada del bloque de procesado en banda base, de forma análoga a como se ha definido la relación SNR en la sección 2.3.

Definiendo P_I como la potencia total recibida de la señal interferente, medida sobre toda su banda B_I a la entrada del receptor, para evaluar la CIR hay que tener en cuenta el filtrado que efectuará el cabezal de RF del receptor, ya que permitirá eliminar la parte de la potencia P_I que esté fuera del ancho de banda B del receptor. Por consiguiente, y tal como se representa gráficamente en la Fig. 2.26, únicamente se debe considerar la parte de la potencia interferente P_I que cae dentro de la banda del receptor, que denominamos I. De este modo, si consideramos que la potencia de señal útil recibida a la entrada del receptor es P_r, y que las ganancias del cabezal de RF y del

demodulador afectan, por igual, la señal útil y la interferencia, la CIR a la salida del demodulador viene dada por:

$$CIR = \frac{G \cdot G_d \cdot P_r}{G \cdot G_d \cdot I} = \frac{P_r}{I} \tag{2.43}$$

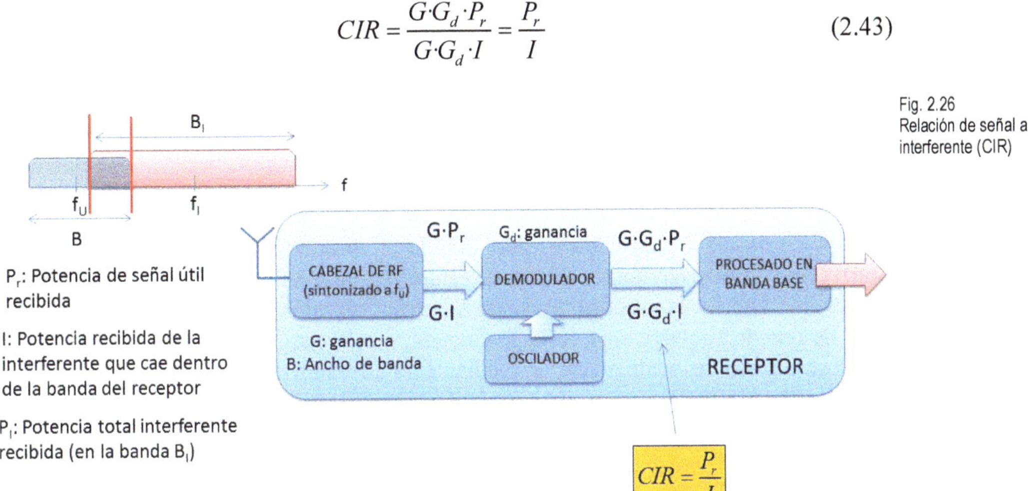

Fig. 2.26
Relación de señal a interferente (CIR)

2.4.1 Tipos de interferencia

Existen diferentes tipos de interferencia que pueden darse en un receptor. Los más habituales se detallan a continuación.

a) Interferencia cocanal

En este caso, ilustrado en la Fig. 2.27, el emisor interferente transmite utilizando el mismo radiocanal, es decir, la misma frecuencia portadora $f_I = f_U$ y el mismo ancho de banda $B_I = B$ que el emisor útil. Por consiguiente, en este caso, la potencia interferente I captada por el receptor coincide con la potencia total interferente a la entrada P_I, ya que, al ocupar el mismo ancho de banda que la señal útil, la potencia interferente no puede ser filtrada por el receptor. Por este motivo, la interferencia cocanal suele ser el tipo de interferencia que más limita las prestaciones del receptor.

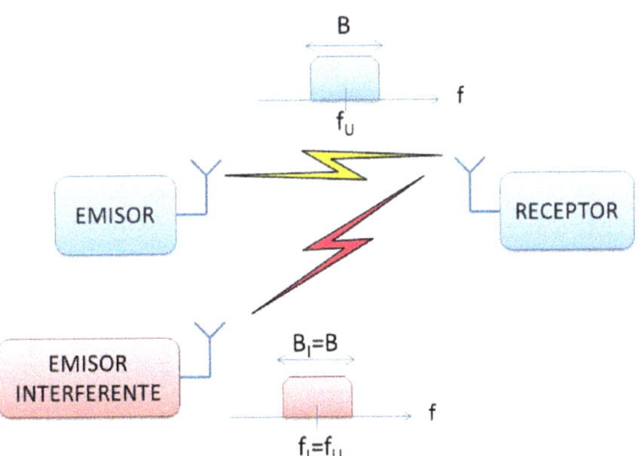

Fig. 2.27
Interferencia cocanal

b) Interferencia de canal adyacente

En este caso, que se muestra en la Fig. 2.28, el emisor interferente transmite utilizando una frecuencia (radiocanal) adyacente a la empleada por el emisor útil. En estas circunstancias, la interferencia que afecta el receptor está ocasionada principalmente por dos efectos, vinculados a que ni los emisores ni los receptores son ideales.

El primer efecto es que, en la práctica, el cabezal de RF del receptor presentará una selectividad Δ_S finita a la frecuencia f_I del canal adyacente, por lo que la potencia de la señal interferente no estará totalmente mitigada a la salida del cabezal de RF.

El segundo efecto a considerar es que, debido al comportamiento no ideal del emisor interferente, la interferencia recibida no estará limitada únicamente a su banda teórica $B_I = B$, sino que, en la práctica, presentará bandas laterales, que darán lugar a un cierto nivel de potencia interferente en la frecuencia f_U a la cual está sintonizado el receptor útil. Este efecto se suele modelar mediante la característica del emisor interferente denominada ACLR (*adjacent channel leakage ratio*), que es la diferencia en dB entre la potencia transmitida a f_I y la transmitida a f_U.

Teniendo en cuenta los efectos de la selectividad del receptor y del ACLR del transmisor interferente, la CIR asociada a la interferencia de canal adyacente medida a la salida del demodulador, de acuerdo con la estructura de receptor de la Fig. 2.26, puede expresarse como:

$$CIR = \frac{G \cdot G_d \cdot P_r}{\frac{G \cdot G_d \cdot P_I}{\Delta_S} + \frac{G \cdot G_d \cdot P_I}{ACLR}} = \frac{P_r}{P_I} \frac{1}{\frac{1}{\Delta_S} + \frac{1}{ACLR}} = \frac{P_r}{I} \quad (2.44)$$

donde se ha definido:

$$I = \frac{P_I}{\Delta_S} + \frac{P_I}{ACLR} \quad (2.45)$$

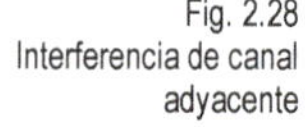
Fig. 2.28
Interferencia de canal adyacente

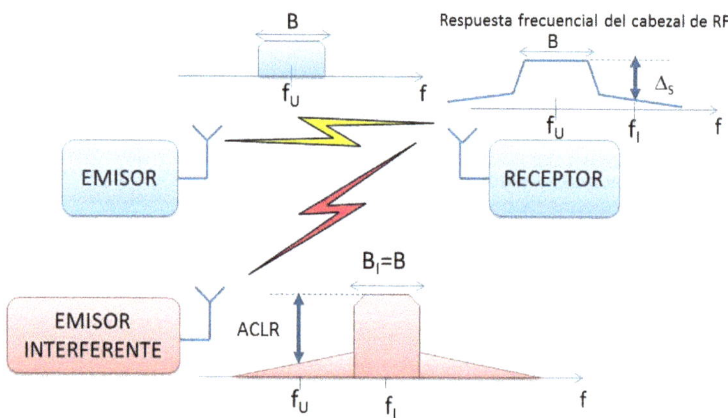

c) Interferencia debida a emisiones espurias

Este tipo de interferencia está motivado por el comportamiento no lineal de los elementos que conforman los cabezales de RF, que ocasiona que a su salida se generen señales espurias [12].

Para ilustrar este concepto, considérese la Fig. 2.29, en que se presenta un cabezal de RF genérico con ganancia G_{RF}. La respuesta entrada/salida en tensión de dicho cabezal debería seguir, idealmente, un comportamiento lineal dado por $v_o(t)=\sqrt{G_{RF}}v_i(t)$, donde $v_i(t)$, $v_o(t)$ denotan, respectivamente, la tensión a la entrada y a la salida. Sin embargo, este modelo de comportamiento lineal no es totalmente válido en la práctica, ya que la tensión de salida no puede incrementarse indefinidamente al incrementar la tensión de entrada, sino que se producen efectos de saturación, como se aprecia en la gráfica de la figura. Por este motivo, el comportamiento real de un cabezal de RF suele aproximarse por relaciones entrada/salida polinómicas y, por tanto, no lineales. A modo de ejemplo, una característica habitual es considerar un polinomio de grado 3 como:

$$v_o(t)=\sqrt{G_{RF}}v_i(t)-a_3v_i^3(t) \tag{2.46}$$

donde a_3 es una constante que depende de las características del cabezal.

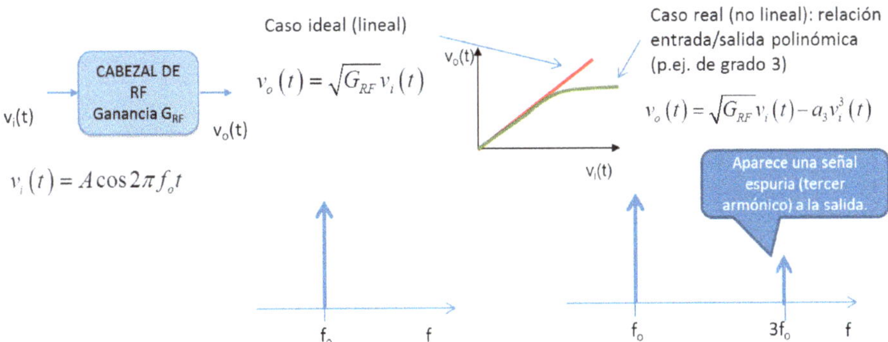

Fig. 2.29
Efecto del comportamiento no lineal en un cabezal de RF

Ante la respuesta entrada/salida dada por (2.46), cuando se inyecta a la entrada del cabezal de RF una señal a frecuencia f_o dada por $v_i(t)=A\cos(2\pi f_o t)$, es fácil comprobar que la señal de salida $v_o(t)$ presentará, tal como se ilustra en la Fig. 2.29, además de una componente a frecuencia f_o, otra componente espuria a frecuencia $3f_o$, que se denomina *el tercer armónico de* f_o. Este comportamiento puede generalizarse a respuestas entrada/salida caracterizadas por polinomios con más términos y de grado superior, a cuya salida se obtendrán diferentes armónicos a frecuencias múltiplo de f_o.

Así pues, si consideramos que el cabezal de RF del emisor interferente tiene un comportamiento no lineal, aunque dicho emisor trabaje a una frecuencia f_I muy diferente de la frecuencia útil f_U, puede ocurrir que la frecuencia de alguno de los armónicos a su salida coincida con la frecuencia útil del receptor. Esto se ilustra gráficamente en el ejemplo de la Fig. 2.30, en que la frecuencia del tercer armónico ($3f_I$) del emisor interferente coincide con la frecuencia del receptor útil f_U.

Las emisiones espurias asociadas a las no linealidades se suelen caracterizar mediante el denominado *rechazo al armónico a la salida del transmisor* [12], $U_{R,arm}$, que mide la diferencia en dB entre la potencia transmitida a f_I y la transmitida en el armónico. De este modo, suponiendo que P_I es la potencia interferente recibida a la frecuencia f_I, y considerando, por simplicidad, que la banda del armónico es $B_I = B$, la señal interferente asociada al armónico a la entrada del receptor útil vendrá dada por:

$$I = \frac{P_I}{U_{R,arm}} \tag{2.47}$$

Así pues, la CIR asociada a la interferencia por emisiones espurias será:

$$CIR = \frac{P_r}{I} = \frac{P_r}{P_I} U_{R,arm} \tag{2.48}$$

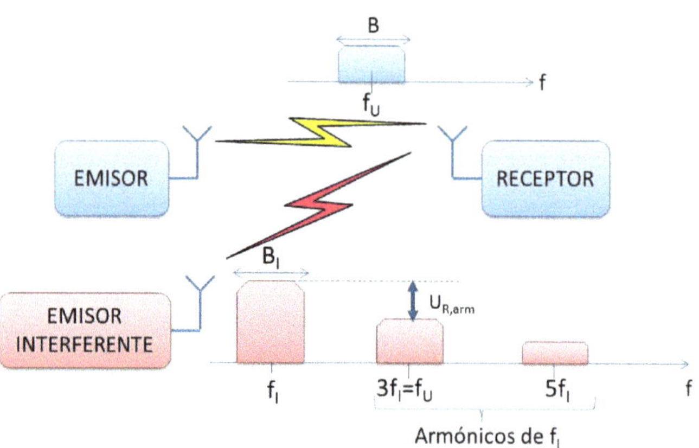

Fig. 2.30 Interferencia debida a emisiones espurias en que se considera que el tercer armónico cae dentro de la banda útil

d) Interferencia debida a productos de intermodulación

Este tipo de interferencia, ilustrado en la Fig. 2.31, es debido al comportamiento no lineal de los elementos que conforman el cabezal de RF del receptor útil, cuya respuesta entrada/salida se suele modelar por relaciones polinómicas como la comentada en (2.46). En estas circunstancias, cuando a la entrada del cabezal existen señales interferentes a dos frecuencias genéricas, f_1 y f_2, a la salida aparecen señales espurias a frecuencias de la forma $mf_1 \pm nf_2$, con m,n enteros positivos, denominadas *productos de intermodulación*. Dependiendo de los valores específicos de f_1 y f_2, alguno de los productos de intermodulación generados puede caer dentro de la banda de la señal útil.

Así, en el ejemplo ilustrado en la Fig. 2.31, a la entrada del receptor útil sintonizado a f_U se muestran dos señales interferentes a las frecuencias $f_1=f_U+\Delta f$ y $f_2=f_U+2\Delta f$, que podrían corresponder, por ejemplo, a los dos canales adyacentes por encima de f_U. En este caso, un producto de intermodulación particularmente nocivo es $2f_1-f_2$, ya que coincide con f_U, por lo que a la salida del cabezal de RF aparecerá la señal útil superpuesta con la señal resultante de dicho producto de intermodulación, tal como se muestra en la Fig. 2.31.

Considerando, por simplicidad, que las dos señales interferentes a las frecuencias f_1 y f_2 a la entrada del receptor son de igual potencia P_I, la CIR asociada a la interferencia por productos de intermodulación medida a la salida del demodulador vendrá dada por:

$$CIR = \frac{G \cdot G_d \cdot P_r}{\frac{G \cdot G_d \cdot P_I}{U_{R,prod}}} = \frac{P_r}{P_I} U_{R,prod} \tag{2.49}$$

donde $U_{R,prod}$ es el denominado *rechazo al producto de intermodulación a la salida del cabezal de RF*, que depende de la característica no lineal de este último [12].

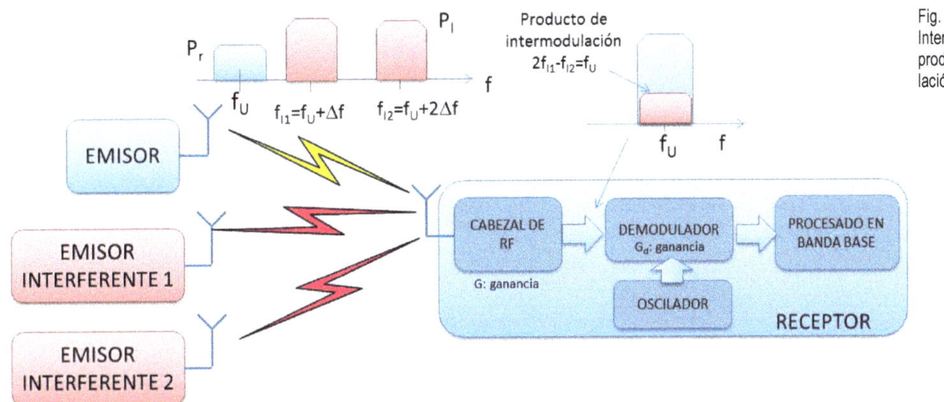

Fig. 2.31
Interferencia debida a productos de intermodulación

2.4.2 Impacto del diagrama de radiación de las antenas

En el caso de que la dirección entre el emisor y el receptor de un sistema de radiocomunicaciones sea conocida, pueden emplearse antenas directivas en la transmisión y/o la recepción apuntadas en dicha dirección, tal como se ilustra en la Fig. 2.32. En estas circunstancias, el diagrama de radiación de las antenas juega un papel relevante, en tanto que permite discriminar, en mayor o menor medida, las señales que se transmiten/reciben en diferentes direcciones. Este efecto se puede cuantificar mediante la denominada *discriminación angular*, que para una antena genérica establece la relación entre el valor del diagrama de radiación $G(0)$ en la dirección de apuntamiento (supuesta 0°) y el diagrama de radiación $G(\varphi)$ en la dirección φ, esto es:

$$D_a(\varphi) = \frac{G(0)}{G(\varphi)} > 1 \tag{2.50}$$

Así pues, en este caso, la potencia recibida de la señal útil a la entrada del receptor es:

$$P_r = \frac{P_T G_T(0) G_R(0)}{L \cdot A_f} \tag{2.51}$$

donde P_T es la potencia transmitida por el emisor útil, L son las pérdidas de propagación en el enlace emisor-receptor, A_f son los desvanecimientos lentos y $G_T(0)=G_T$,

$G_R(0)=G_R$ son las ganancias de las antenas transmisora y receptora en la dirección de apuntamiento (supuesta 0°). En tanto que las antenas directivas permiten concentrar la potencia en la dirección de apuntamiento, las ganancias $G_T(0)$, $G_R(0)$ serán elevadas, en general, por lo que la potencia recibida útil mejorará.

Por otra parte, si la señal interferente no se recibe a través del haz principal de la antena receptora, sino a través de alguno de los lóbulos secundarios, como ocurre en el ejemplo de la Fig. 2.32, dicha señal se verá afectada por la discriminación angular de la antena receptora y tendrá un impacto negativo menor en el receptor. Análogamente, si la antena del transmisor interferente no está apuntada en la dirección del receptor útil, la discriminación angular de la antena interferente también contribuirá a que el receptor experimente un menor nivel de interferencia.

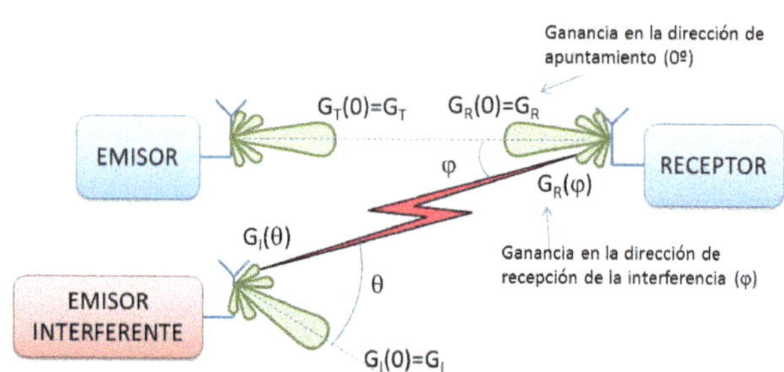

Fig. 2.32 Impacto del diagrama de radiación de las antenas sobre la interferencia

Así pues, considerando el ejemplo de la Fig. 2.32, en que la interferencia se recibe con un ángulo φ con respecto a la dirección de apuntamiento de la antena del receptor, y en que el emisor interferente apunta en una dirección con un ángulo θ con respecto a la del receptor útil, la potencia recibida de la señal interferente, supuesta cocanal, será:

$$I=\frac{P_{T,I}G_I(\theta)G_R(\varphi)}{L_I\cdot A_{f,I}}=\frac{P_{T,I}G_I(0)G_R(0)}{D_{a,I}(\theta)\cdot D_{a,R}(\varphi)L_I\cdot A_{f,I}} \tag{2.52}$$

donde $P_{T,I}$ es la potencia transmitida por el interferente y L_I y $A_{f,I}$ son, respectivamente, las pérdidas de propagación y los desvanecimientos lentos en el enlace emisor interferente receptor. Por su parte, $G_I(\theta)$ y $G_R(\varphi)$ denotan el diagrama de radiación de las antenas interferente y receptora útil, respectivamente, que también se pueden expresar en términos de discriminación angular como $D_{a,I}(\theta) = G_I(0)/G_I(\theta)$ y $D_{a,R}(\varphi) = G_R(0)/G_R(\varphi)$, respectivamente. Como se observa en la expresión (2.52), cuanto mayor sea la discriminación angular menor será el nivel de interferencia.

De forma equivalente, en términos de CIR se obtiene:

$$CIR=\frac{P_r}{I}=\frac{\dfrac{P_TG_T(0)G_R(0)}{L\cdot A_f}}{\dfrac{P_{T,I}G_{T,I}(0)G_R(0)}{D_{a,I}(\theta)\cdot D_{a,R}(\varphi)L_I\cdot A_{f,I}}} \tag{2.53}$$

Suponiendo equipos transmisores iguales, esto es, $P_T = P_{T,I}$ y $G_T(0) = G_I(0)$, se llega a:

$$CIR = D_{a,I}(\theta) \cdot D_{a,R}(\varphi) \cdot \frac{L_I}{L} \cdot \frac{A_{f,I}}{A_f} \tag{2.54}$$

lo que permite poner de manifiesto que la CIR se incrementa con la discriminación angular de las antenas.

El empleo de antenas directivas es particularmente interesante cuando las posiciones del transmisor y del receptor son fijas, como ocurre en los radioenlaces, puesto que en estas circunstancias la dirección entre ambos es conocida. En el ámbito de los sistemas de comunicaciones móviles, debido a la movilidad aleatoria de los terminales, resulta más complicado poder utilizar estas técnicas y, si se utilizan, han de sustentarse en estrategias avanzadas, para estimar los ángulos de llegada de las diferentes señales y así configurar dinámicamente y de forma adaptativa el haz de las antenas [13].

2.5 Referencias

[1] LORRAIN, P.; CORSON, D.R. (1990): *Campos y ondas electromagnéticos*. 5ª ed. Selecciones Científicas.

[2] LEE, W. C. Y. (1993): *Mobile Communications Design Fundamentals*. 2ª ed. John Wiley & Sons.

[3] WALFISCH, J.; BERTONI, H. L. (1988): "A Theoretical Model of UHF Propagation in Urban Environments", *IEEE Transactions on Antennas and Propagation*, vol. 36, n. 12 diciembre, pp. 1788-1796.

[4] IKEGAMI, F.; YOSHIDA, S.; TAKEUCHI, T.; UMEHIRA, M. (1984): "Propagation Factors Controlling Mean Field Strength on Urban Streets", *IEEE Transactions on Antennas and Propagation*, vol. 32, n. 8 agosto, pp. 822-829.

[5] "Propagation Prediction Models," COST 231 Final Report.

[6] HATA, M. (1980): "Empirical Formula for Propagation Loss in Land Mobile Radio Services", *IEEE Transactions on Vehicular Technology*, vol. VT-29, n. 3 agosto, pp. 317-325.

[7] PROAKIS, J. G. (1989): *Digital Communications*. Nueva York: Mc Graw-Hill.

[8] LEE, W. C. Y. (1982): *Mobile Communications Engineering*. McGraw-Hill.

[9] HERNANDO, J. M.; MENDO, L.; RIERA, J. M. (2013): *Transmisión por radio*. 7ª ed. Ed. Universitaria Ramón Areces.

[10] HATA, M.; NAGATSU, T. (1980): "Mobile Location Using Signal Strength Measurements in a Cellular System", *IEEE Transactions on Vehicular Technology*, vol. VT-29, n. 2 mayo, pp. 245-252.

[11] CARLSON, A. B. (1986): *Communication Systems: An Introduction to Signals and Noise in Electrical Communication.* 3ª ed. McGraw-Hill.

[12] SAGERS, R. C. (1983): "Intercept Point and Undesired Responses", *IEEE Transactions on Vehicular Technology*, vol. 32, n. 1 febrero, pp. 121-133.

[13] DO-HONG, J.; RUSSER, P. (2004): "Signal Processing for Wideband Smart Antenna Array Applications", *IEEE Microwave Magazine*, vol. 5, n. 1 marzo, pp. 57-67.

Balance del enlace por radio móvil

Una vez descritos en el capítulo anterior los efectos que el canal de radio móvil introduce en las señales captadas por el receptor, este capítulo trata de la problemática de diseñar adecuadamente el enlace de radio entre el transmisor y el receptor para contrarrestar dichos efectos y asegurar que la señal se puede enviar y recibir cumpliendo unos ciertos objetivos de calidad deseados.

3.1 Objetivo de calidad

Al considerar la transmisión de una señal de una fuente a un destino a través de un canal de radio, debido a las degradaciones introducidas por este último en términos de distorsión, atenuación, interferencias y/o ruido, así como al procesado efectuado en el emisor y el receptor, la información entregada al destino no tiene por qué coincidir exactamente con la generada por la fuente; además, puede tardarse más o menos tiempo en trasladar dicha información de un extremo al otro.

En función del tipo de servicio de telecomunicaciones asociado a la comunicación, se definen diferentes parámetros y objetivos de calidad, que determinarán en qué medida las diferencias entre la información generada y la entregada o los retardos de entrega influyen en la percepción que el usuario tiene de dicho servicio. La definición de estos parámetros y objetivos de calidad se recoge dentro del concepto denominado de forma genérica *calidad de servicio* (*quality of service* o QoS). Algunos ejemplos de estos parámetros pueden ser:

- *Servicio de voz*. Típicamente, se debe asegurar que la tasa de error de los bits (*bit error rate* o BER) entregados es inferior a un cierto valor máximo (del orden de 10^{-3} [1]) y que, además, el retardo total en entregar la información no es superior a algunas decenas de milisegundos.
- *Servicio de transferencia de un fichero de datos*. En este caso, la tasa de error de los bits entregados finalmente al usuario ha de ser 0, pues unos pocos bits erróneos podrían llegar a corromper todo el fichero y hacerlo inservible. Para conseguir una

transferencia de información libre de errores, suelen aplicarse técnicas de retransmisión de los paquetes erróneos, que, en contrapartida, tienden a incrementar el retardo total en entregar la información. Esto es posible porque este tipo de servicios tienen una mayor tolerancia al retardo que, por ejemplo, un servicio de voz.

- *Servicio de vídeo* streaming. Este servicio considera la transferencia de un flujo de información continuado (p. ej., de audio y/o vídeo), para lo cual, por una parte, es preciso asegurar una cierta velocidad de transmisión mínima y, al mismo tiempo, asegurar que la tasa de error de bit también se encuentra por debajo de un cierto límite máximo.

Conviene remarcar que la comunicación extremo a extremo entre la fuente y el destino requiere habitualmente diferentes emisores/receptores asociados a diferentes canales de comunicación, como se ilustra en la Fig. 3.1. Por ejemplo, la comunicación entre un terminal móvil y un teléfono fijo a través de la red celular involucra un primer enlace de radio desde el terminal móvil hasta el receptor ubicado en la estación de base, un segundo enlace (que puede ser de radio o no) desde la estación base hacia otro nodo de la red celular, y así sucesivamente hasta llegar al destino. En estas circunstancias, deben definirse los requisitos de calidad para cada segmento de la comunicación, con el fin de que se satisfaga la calidad extremo a extremo. A modo de ejemplo, si consideramos un servicio de voz en que el retardo total en entregar la información ha de ser inferior a 30 ms, se podría establecer un límite de retardo máximo en el segmento de radio de 20 ms y un retardo máximo en el segmento de transporte de 10 ms.

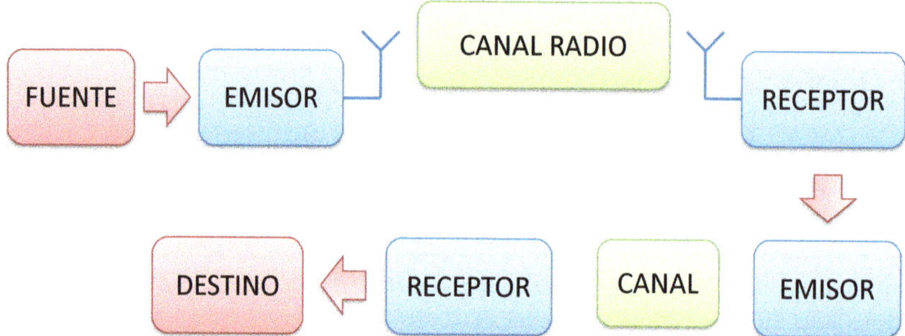

Fig. 3.1 Ilustración de la comunicación extremo a extremo que involucra diferentes enlaces

En este capítulo, nos centraremos exclusivamente en asegurar los objetivos de calidad establecidos para el segmento de radio que supone la transmisión entre el terminal móvil y la estación de base.

La Fig. 3.2 presenta el modelo de referencia de emisor y receptor de cara a establecer el objetivo de calidad del enlace de radio entre el terminal móvil y la base. Considerando que el emisor y el receptor efectúan funciones asociadas al nivel físico de la estructura OSI (*Open Systems Interconnection*) [2], la fuente entregará al emisor un flujo de bits de duración T_b (s) correspondiente a una velocidad de transmisión R_b=1/T_b (b/s). Como se ha indicado en el capítulo anterior, estos bits serán procesados para generar la señal en banda base compuesta por los símbolos de canal, de duración T_S (s) y ancho de banda $B \approx 1/T_S$ (Hz), aproximadamente. Dicha señal se modulará a la frecuencia portadora correspondiente y se radiará a través de la antena hacia el canal de radio. En la recep-

ción, se efectuará el proceso inverso para generar la señal en banda base recibida y los bits finalmente entregados al destino.

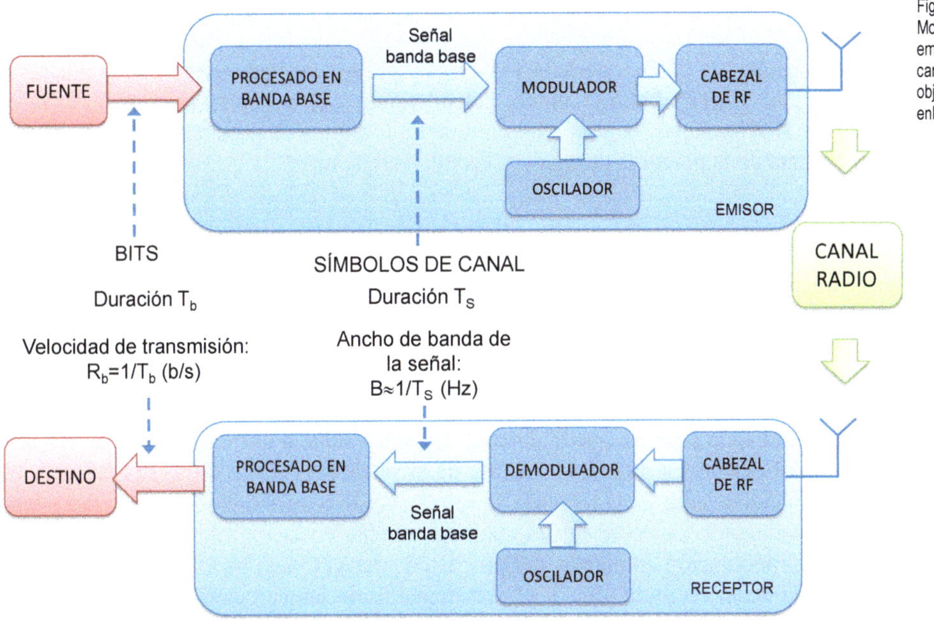

Fig. 3.2
Modelo de referencia del emisor y del receptor de cara a establecer el objetivo de calidad en un enlace por radio

La calidad obtenida en relación con los bits entregados al destino estará vinculada con la relación de señal a ruido e interferente resultante de todos los efectos ocasionados por el canal de radio. La Fig. 3.3 presenta el modelo de referencia del receptor para obtener dicha relación. Como se aprecia, se toma como punto de referencia la entrada del bloque de procesado en banda base, donde se mide una relación de señal a ruido e interferente media γ_o. Esta relación se obtiene a partir de la potencia media de señal recibida P_r a la entrada del receptor, la potencia de ruido equivalente a la entrada $P_N=KT_oFB$ (v. sección 2.3) y la potencia total interferente I presente a la entrada como:

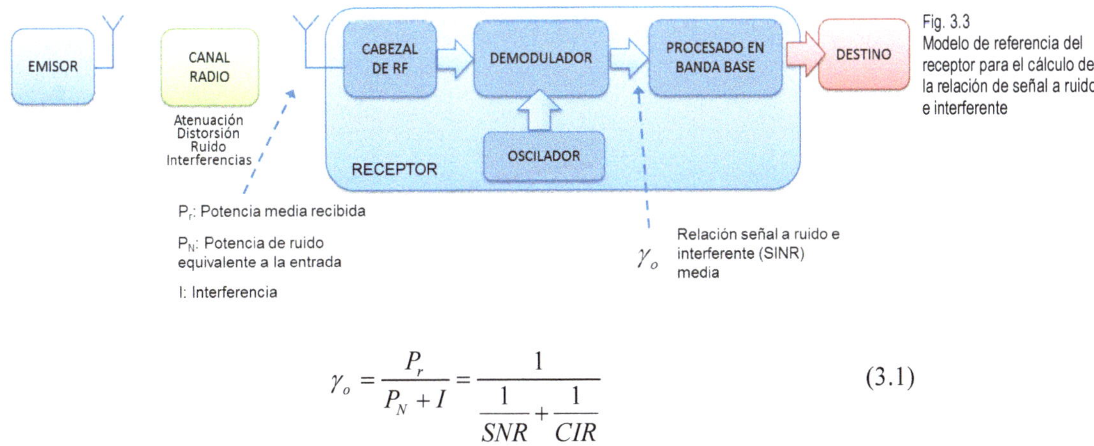

Fig. 3.3
Modelo de referencia del receptor para el cálculo de la relación de señal a ruido e interferente

$$\gamma_o = \frac{P_r}{P_N + I} = \frac{1}{\dfrac{1}{SNR} + \dfrac{1}{CIR}} \tag{3.1}$$

En esta última expresión, se ha utilizado la comúnmente aceptada hipótesis gaussiana de las interferencias [3], que asume que la señal interferente puede modelarse como ruido gaussiano de potencia igual a I. Si bien esta hipótesis da lugar a un comportamiento pesimista, particularmente para niveles elevados de relación de señal a interferente $CIR=P_r/I$ (*carrier-to-interference ratio* o CIR), constituye una buena aproximación para valores de CIR moderados [4], por lo que es ampliamente utilizada gracias a su simplicidad [5]-[7]. De este modo, considerando que existe incorrelación entre el ruido y las interferencias, la perturbación total en términos de potencia puede obtenerse como la suma de la potencia del ruido y las interferencias:

$$N = P_N + I \tag{3.2}$$

Por otro lado, también se pone de manifiesto de forma explícita en (3.1) la dependencia entre la relación de señal a ruido e interferente γ_o, la relación de señal a ruido $SNR=P_r/P_N$ y la relación de señal a interferente CIR.

A partir de la relación de señal a ruido e interferente media γ_o a la entrada del bloque de procesado en banda base, se puede obtener la probabilidad o tasa de error P_b de los bits entregados al destino (v. Fig. 3.4). La tasa de error de bit P_b a la salida del receptor es una función decreciente de la relación de señal a ruido e interferente media γ_o a la salida del demodulador, como se ilustra cualitativamente en la Fig. 3.5. Esta función depende de la modulación empleada, del proceso de detección en banda base y de la estadística de la señal recibida, que a su vez depende de las características del canal de radio. Tal como se observa en la Fig. 3.5, dado un requerimiento de calidad de servicio en términos de la máxima tasa de error de bit permisible $P_{b,max}$, puede establecerse un requisito de mínima relación de señal a ruido e interferente media, $\gamma_{o,min}$, que deberá asegurarse para poder proporcionar adecuadamente el servicio.

Fig. 3.4
Modelo de referencia del receptor para el cálculo de la probabilidad de error de bit

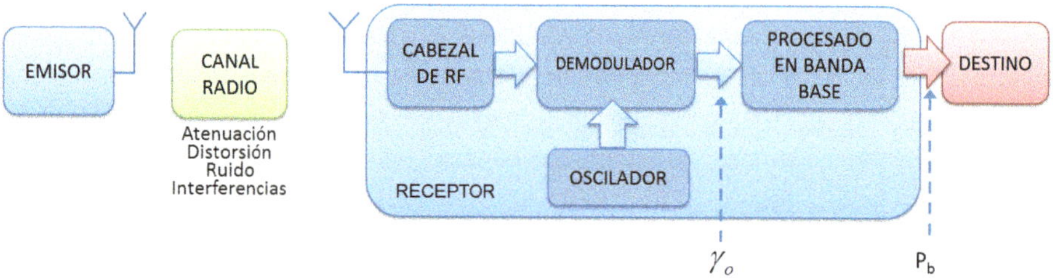

Fig. 3.5
Ilustración de la relación entre tasa de error de bit y la relación de señal a ruido e interferente a la salida del demodulador

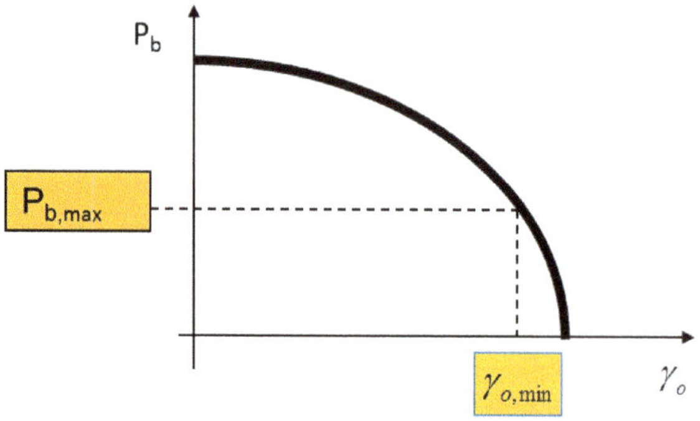

Alternativamente, la tasa de error de bit P_b de la Fig. 3.5 también se puede expresar en función de la relación entre la energía del bit y la densidad espectral de potencia de ruido e interferencia (E_b/N_o), mediante la equivalencia siguiente entre (E_b/N_o) y γ_o:

$$\frac{E_b}{N_o} = \frac{P_r \cdot T_b}{N / B} = \gamma_o \frac{B}{R_b} \tag{3.3}$$

Por consiguiente, se obtendría un requisito de mínimo valor necesario $(E_b/N_o)_{min}$ para asegurar la tasa de error máxima $P_{b,max}$.

El empleo de la (E_b/N_o), en lugar de la relación de señal a ruido e interferente γ_o, se efectúa habitualmente cuando se analiza el impacto de la velocidad de transmisión R_b sobre el balance del enlace, por ejemplo, en servicios de datos.

3.2 Modelo de prestaciones del enlace de radio

Tal como se ha visto en el apartado anterior, el punto de partida para definir las prestaciones del enlace de radio se basa en relacionar la calidad de servicio deseada, típicamente en términos de una tasa de error P_b de los bits a la salida del receptor, con la relación de señal a ruido e interferente media γ_o a la salida del demodulador, tal como se ha mostrado en la Fig. 3.5. De acuerdo con esto, en esta sección se detalla, a modo de ejemplo, dicha relación $P_b=f(\gamma_o)$ en dos situaciones diferentes, como son el canal gaussiano, considerado como referencia de partida, y el canal de Rayleigh, que es el canal habitual en un sistema móvil, como se ha descrito en el capítulo anterior (sección 2.2.3).

3.2.1 Canal gaussiano

El modelo de canal gaussiano asume que la señal recibida a la entrada del receptor presenta una envolvente constante $r = V$, no afectada por desvanecimientos, y que esta señal se encuentra contaminada por una perturbación $n(t)$ compuesta de ruido y/o interferencias con estadística gaussiana de potencia total N. La potencia de la señal recibida es $P_r=P=V^2/2$, donde, al no existir desvanecimientos, la potencia media coincide con la potencia instantánea. En estas circunstancias, la relación de señal a ruido e interferente viene dada por:

$$\gamma = \frac{V^2}{2N} = \gamma_o \tag{3.4}$$

donde, al igual que ocurre con la potencia, también el valor de relación de señal a ruido e interferente instantáneo coincide con su valor medio.

En estas circunstancias, la probabilidad de error de bit depende de la modulación empleada y del tipo de demodulador utilizado. A modo de ejemplo, la Fig. 3.6 ilustra el caso de la demodulación coherente de una señal BPSK. En este caso, la señal recibida a la entrada del demodulador es:

$$r(t) = V \sum_k s_k p(t - kT_S) \cos(\omega_0 t) + n(t) \tag{3.5}$$

donde $s_k \in \{1,-1\}$ son los símbolos de canal enviados, $p(t)$ es un pulso rectangular de duración T_S y ω_0 es la frecuencia portadora de la señal a la salida del cabezal de RF. Considerando el proceso de demodulación coherente como el traslado de la señal a banda base para obtener las componentes en fase y en cuadratura (v. detalles en el Apéndice 3.1), la señal a la salida del demodulador será:

$$r_x(t) = V \sum_k s_k p(t - kT_S) + n_{x,I}(t) + jn_{x,Q}(t) \quad (3.6)$$

donde $n_{x,I}(t)$ y $n_{x,Q}(t)$ son las componentes en fase y en cuadratura del ruido y la interferencia total $n(t)$. La potencia de ambas componentes es igual a N, mientras que la de la señal útil en (3.6) es V^2, por lo que la relación de señal a ruido a la salida del demodulador sigue siendo igual a la de la entrada del demodulador γ.

Fig. 3.6
Proceso de demodulación coherente de una señal BPSK

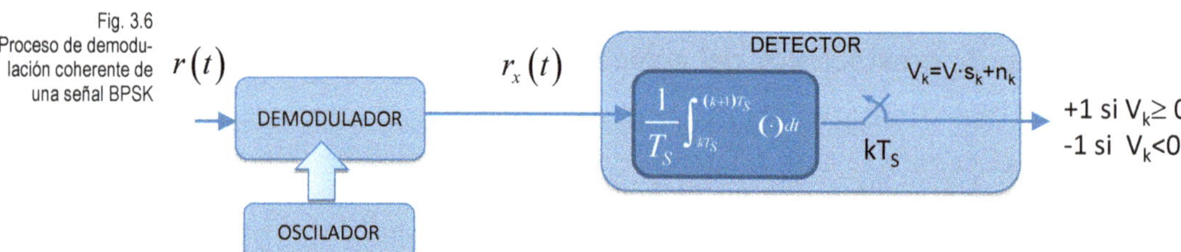

El proceso de detección BPSK consiste en efectuar la integración de la componente en fase de $r_x(t)$ durante el período de símbolo T_S, de modo que a la salida se obtiene un nivel de tensión $V_k=V \cdot s_k+n_k$ que contiene el símbolo transmitido contaminado con el ruido. A la hora de tomar la decisión, basta con considerar un umbral de modo que si V_k es superior a 0 se decidirá que $s_k=1$ mientras que si V_k es inferior a 0 se decidirá que $s_k=-1$. En estas circunstancias, en el Apéndice 3.1 se demuestra que la probabilidad de error de bit viene dada por:

$$P_b(\gamma) = \frac{1}{2} erfc\left(\sqrt{\gamma}\right) \quad (3.7)$$

Del mismo modo, en el caso de la modulación QPSK, se demuestra también en el Apéndice 3.1 que la probabilidad de error de bit viene dada por:

$$P_b(\gamma) = \frac{1}{2} erfc\left(\sqrt{\frac{\gamma}{2}}\right) \quad (3.8)$$

3.2.2 Canal de Rayleigh

Para determinar la probabilidad de error de bit en el caso de un canal de Rayleigh, hay que considerar que la envolvente de la señal recibida, tal como se ha visto en el capítulo 2 (sección 2.2.3.1), es:

$$f_V(V) = \frac{V}{P_r} e^{-\frac{V^2}{2P_r}} \qquad V \geq 0 \quad (3.9)$$

Y la relación de señal a ruido e interferente instantánea es:

$$\gamma = \frac{V^2}{2N} \tag{3.10}$$

cuyo valor medio depende de la potencia media local recibida P_r y de la potencia total de ruido e interferente N como:

$$\gamma_o = \frac{P_r}{N} \tag{3.11}$$

De este modo, la función de densidad de probabilidad de la relación de señal a ruido e interferente γ puede obtenerse a partir de la función de densidad de probabilidad de la envolvente V como:

$$f_\gamma(\gamma) = \frac{f_V(V)}{d\gamma / dr} = \frac{\frac{V}{P_r} e^{-\frac{V^2}{2P_r}}}{V / N} = \frac{1}{\gamma_o} e^{-\frac{\gamma}{\gamma_o}} \tag{3.12}$$

Como se observa, y tal como ocurría con la potencia recibida instantánea vista en la sección 2.2.3.1 (ecuación 2.26), también la relación de señal a ruido e interferente instantánea γ resulta ser una variable aleatoria con distribución de probabilidad exponencial de media γ_o.

Para calcular la tasa de error de bit resultante, se puede considerar que la probabilidad de error de bit $P_b(\gamma)$ condicionada a un valor específico de relación de señal a ruido e interferente γ vendrá dada por la expresión correspondiente al canal gaussiano según (3.7) y (3.8). Por tanto, como en el caso del canal de Rayleigh γ es realmente una variable aleatoria según la distribución (3.12), la tasa de error resultante se obtiene de ponderar la probabilidad $P_b(\gamma)$ para cada γ por el valor de su función de densidad de probabilidad $f_\gamma(\gamma)$ correspondiente, es decir:

$$P_b(\gamma_o) = \int P_b(\gamma) f_\gamma(\gamma) d\gamma \tag{3.13}$$

En el caso particular de una modulación BPSK, utilizando (3.7), resulta:

$$P_b(\gamma_o) = \int \frac{1}{2} erfc\left(\sqrt{\gamma}\right) f_\gamma(\gamma) d\gamma = \frac{1}{2}\left(1 - \frac{1}{\sqrt{1 + 1/\gamma_o}}\right) \approx \frac{1}{4\gamma_o} \tag{3.14}$$

donde la última aproximación es válida para valores de $\gamma_o >> 1$, lo cual refleja el comportamiento asintótico de la tasa de error.

De forma análoga, en el caso de la modulación QPSK, utilizando (3.8), se obtiene:

$$P_b(\gamma_o) = \int \frac{1}{2} erfc\left(\sqrt{\frac{\gamma}{2}}\right) f_\gamma(\gamma) d\gamma = \frac{1}{2}\left(1 - \frac{1}{\sqrt{1 + 2/\gamma_o}}\right) \approx \frac{1}{2\gamma_o} \tag{3.15}$$

La Fig. 3.7 muestra la comparativa entre el canal gaussiano y el canal de Rayleigh en términos de la tasa de error para las dos modulaciones BPSK y QPSK. Debido al efecto de los desvanecimientos rápidos, puede apreciarse como la tasa de error del canal de Rayleigh es muy superior a la del canal gaussiano y decae mucho más lentamente al incrementar la relación de señal a ruido e interferente γ_o. Equivalentemente, este comportamiento puede interpretarse en el sentido que, para asegurar una cierta tasa de error máxima $P_{b,max}$, la relación de señal a ruido e interferente requerida $\gamma_{o,min}$ es muy superior en el caso del canal de Rayleigh que en el del canal gaussiano. A modo de ejemplo, para una tasa de error de 10^{-3}, con un canal de Rayleigh la relación de señal a ruido e interferente requerida es, aproximadamente, 16 dB superior a la del canal gaussiano.

Por otra parte, en la Fig. 3.7 también se aprecia cómo la modulación BPSK presenta una tasa de error inferior a la QPSK en ambos tipos de canal, lo cual se explica porque, en el caso de la modulación QPSK, los símbolos de la constelación se encuentran más juntos que en el caso de una modulación BPSK, con lo que, para un cierto nivel de relación de señal a ruido e interferente, es más probable que se produzcan errores en la detección de los símbolos en QPSK que en BPSK.

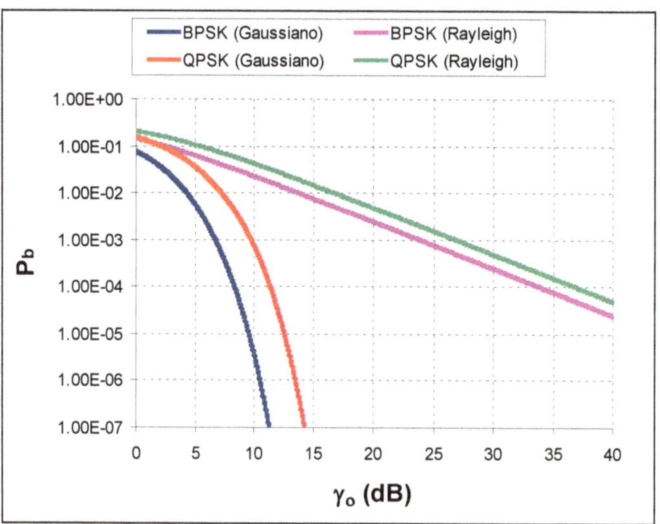

Fig. 3.7
Tasa de error de bit en función de la relación de señal a ruido e interferente para un canal gaussiano y para un canal de Rayleigh

3.3 Balance de potencia en sistemas móviles

El balance de potencia se utiliza para determinar el nivel de potencia transmitida por el emisor que permite compensar la atenuación introducida por el canal de radio y asegurar la calidad deseada en términos de máxima tasa de error de bit en el receptor $P_{b,max}$.

Como se ha visto en los apartados anteriores, el requerimiento de máxima tasa de error de bit se traduce en un requerimiento de $\gamma_{o,min}$ o, de forma equivalente, de $(E_b/N_o)_{min}$ a la salida del demodulador. A partir de aquí, la condición que debe cumplirse es:

$$\gamma_o = \frac{P_r}{P_N + I} \geq \gamma_{o,\min} \qquad (3.16)$$

siendo P_N la potencia de ruido equivalente a la entrada del receptor e I la potencia interferente. En caso de que no hubiera interferencias ($I = 0$), la condición a cumplir sería:

$$P_r \geq \gamma_{o,\min} \cdot P_N = P_S \tag{3.17}$$

de donde se obtiene que la potencia recibida media mínima a la entrada del receptor coincide con la sensibilidad P_S vista en la sección 2.3, coincidiendo, en este caso, $\gamma_{o,min}$ con la mínima relación de señal a ruido necesaria SNR_{min}.

Sin embargo, cuando existen interferencias, el nivel de señal mínimo para mantener la calidad debe aumentar para compensar la degradación originada. En concreto, se ha de cumplir:

$$P_r \geq \gamma_{o,\min} \left[P_N + I \right] \tag{3.18}$$

por lo que la potencia mínima necesaria a la entrada del receptor, que denominamos P_S', será:

$$P_S' = \gamma_{o,\min} \left[P_N + I \right] = P_S \left[1 + \frac{I}{P_N} \right] > P_S \tag{3.19}$$

En este contexto, se define el margen de interferencias (MI) como el incremento de potencia recibida necesaria para mantener las prestaciones debido a las interferencias:

$$MI = 1 + \frac{I}{P_N} \tag{3.20}$$

Así, la potencia mínima requerida viene dada por:

$$P_S' = P_N \cdot \gamma_{o,\min} \cdot MI \tag{3.21}$$

Por otro lado, tal como se ha visto en la sección 2.2.2, la potencia recibida media local P_r estará sujeta a los desvanecimientos lentos, por lo que la condición de que sea superior al nivel mínimo requerido $P_r \geq P_S$' solo puede asegurarse de forma probabilística. Este efecto se ilustra en la Fig. 3.8, que recupera el mismo ejemplo de la sección 2.2.2 (v. Fig. 2.5), en que se muestra la potencia recibida por un terminal en diferentes ubicaciones a una distancia d de su base. Como se aprecia, la potencia recibida varía de acuerdo con los desvanecimientos lentos en torno al valor P_R nominal predicho por el modelo de propagación. De este modo, la cobertura de una estación base a una cierta distancia d se define estadísticamente como la probabilidad de que la potencia recibida media local esté por encima de la potencia umbral P_S' asociada al nivel de calidad (tasa de error) establecido o, equivalentemente, como la fracción de ubicaciones a una distancia d en que la potencia recibida media supera P_S'. Tal como se ha visto en la sección 2.2.2, esta probabilidad viene dada por:

$$P\left(P_r \geq P_S'\right) = \frac{1}{2} + \frac{1}{2} erf\left(\frac{P_R - P_S'}{\sqrt{2}\sigma} \right) = p \tag{3.22}$$

donde los niveles de potencia están expresados en unidades logarítmicas (dBm), y σ(dB) es la desviación típica de los desvanecimientos lentos dependiente del entorno.

Así pues, para asegurar la probabilidad de cobertura p, que constituye un objetivo de diseño por parte del operador, la potencia recibida nominal P_R, de acuerdo con el modelo de propagación a una cierta distancia d, ha de ser:

$$P_R(dBm) = P_S'(dBm) + \sqrt{2}\sigma \cdot erf^{-1}\left[2\cdot\left(p-\frac{1}{2}\right)\right] \tag{3.23}$$

El incremento de potencia requerido respecto del umbral mínimo P_S' para tener en cuenta los desvanecimientos lentos se conoce como margen de *fading* (*MF*) o margen de desvanecimientos, tal como se muestra en la Fig. 3.8, y está definido como:

$$MF(dB) = P_R(dBm) - P_S'(dBm) = \sqrt{2}\sigma \cdot erf^{-1}\left[2\cdot\left(p-\frac{1}{2}\right)\right] \tag{3.24}$$

Fig. 3.8
Ilustración de los desvanecimientos lentos y del concepto de margen de *fading* (MF)

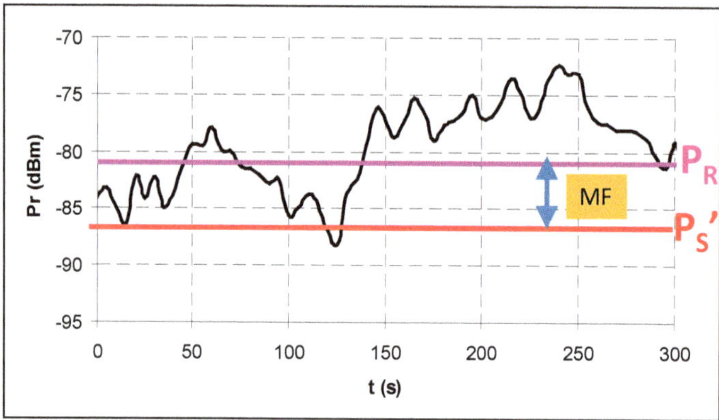

Como se desprende de esta última relación, el margen de *fading* depende exclusivamente de la probabilidad de cobertura p deseada por el operador y de las características del entorno reflejadas en la desviación típica de los desvanecimientos σ. En concreto, cuanto mayor sea la probabilidad de cobertura deseada, mayor ha de ser el margen de *fading*.

Análogamente, cuanto mayor sea la desviación típica de los desvanecimientos, más probable será la aparición de desvanecimientos lentos de mayor magnitud y, por tanto, también será mayor el margen de *fading*. Este efecto se ilustra en la Tabla 3.1, que muestra los valores de *MF* si se quiere asegurar una probabilidad de cobertura del 95 % (p = 0,95) para diferentes valores de la desviación típica σ.

Tabla 3.1
Margen de *fading* para asegurar una probabilidad de cobertura p = 0,95 para diferentes valores de la desviación típica σ.

σ (dB)	MF (dB)
6	9,87
8	13,16
10	16,46

Obsérvese que la probabilidad de cobertura p de (3.22) también puede expresarse en términos del margen de *fading* establecido. En efecto, si se considera que la potencia media recibida está afectada por un desvanecimiento lento de valor A_f y que el margen de *fading* según (3.24) en escala lineal es $MF = P_R/P_S'$, se obtiene:

$$p = P\left(P_r \geq P_S'\right) = P\left(\frac{P_R}{A_f} \geq P_S'\right) = P\left(MF \geq A_f\right) \tag{3.25}$$

Por tanto, la probabilidad de cobertura p también puede interpretarse como la probabilidad de que el valor del desvanecimiento lento sea inferior al valor del margen de *fading* considerado.

Una vez calculada la potencia nominal necesaria P_R a una cierta distancia d, el balance de potencia se completa determinando la potencia transmitida a partir de la relación (2.1), ya vista en la sección 2.2.1 y que, expresada en unidades logarítmicas, da:

$$P_T\left(dBm\right) = P_R\left(dBm\right) - G_T(dB) - G_R\left(dB\right) + L(dB) \tag{3.26}$$

y puede reescribirse como:

$$P_T\left(dBm\right) = P_S'(dBm) + MF(dB) - G_T(dB) - G_R\left(dB\right) + L(dB) \tag{3.27}$$

donde G_T, G_R son las ganancias de las antenas transmisora y receptora, respectivamente, y L(dB) son las pérdidas de acuerdo con el modelo de propagación a la distancia d.

El radio máximo de cobertura viene determinado por la máxima distancia $d = R$ entre el terminal móvil y la estación base para asegurar el requerimiento de tasa de error $P_{b,max}$ con la probabilidad de cobertura p establecida como objetivo de diseño por parte del operador. El radio de cobertura está asociado a unas pérdidas máximas, conforme al modelo de propagación, dadas por:

$$L_{\max}(dB) = 10\log k\left(h_m, h_b, f\right) + 10\alpha\log R \tag{3.28}$$

donde se utiliza la expresión genérica de un modelo de propagación dada por la ecuación (2.2) (sección 2.2.1).

Por tanto, para poder conseguir el radio de cobertura R deseado, la potencia de transmisión necesaria P_T ha de ser:

$$P_T\left(dBm\right) = P_S'(dBm) + MF(dB) - G_T(dB) - G_R\left(dB\right) + L_{\max}(dB) \tag{3.29}$$

3.3.1 Compromiso entre la velocidad de transmisión y la cobertura

Con el fin de explicitar el impacto de la velocidad de transmisión R_b en el balance de potencias, este también puede plantearse, de forma equivalente, considerando el requerimiento de $(E_b/N_o)_{min}$. En concreto, la potencia requerida a la entrada del receptor de acuerdo con (3.21) puede expresarse como:

$$P_S{}' = P_N \cdot \gamma_{o,\min} \cdot MI = P_N \cdot \left(\frac{E_b}{N_o}\right)_{\min} \cdot \frac{R_b}{B} \cdot MI \tag{3.30}$$

Como puede observarse, incrementar la velocidad de transmisión R_b conlleva incrementar la potencia requerida a la entrada del receptor y, por consiguiente, la potencia transmitida. En concreto, la potencia de transmisión necesaria para conseguir R_b a una distancia igual al radio de cobertura $d = R$, con pérdidas de propagación asociadas $L_{max}(R)$, se obtiene a partir de (3.27) en unidades lineales como:

$$P_T = \frac{P_S{}' \cdot MF \cdot L_{\max}(R)}{G_T \cdot G_R} = P_N \cdot \left(\frac{E_b}{N_o}\right)_{\min} \cdot \frac{R_b}{B} \cdot \frac{MI \cdot MF \cdot L_{\max}(R)}{G_T \cdot G_R} \tag{3.31}$$

A partir de aquí, se establece la velocidad de transmisión máxima que puede conseguirse en el radio de cobertura y transmitiendo a potencia máxima $P_T = P_{T,max}$ como:

$$R_{b,\max} = \frac{P_{T,\max} G_T G_R}{(P_N / B)\left(\frac{E_b}{N_o}\right)_{\min} MI \cdot MF \cdot L_{\max}(R)} \tag{3.32}$$

La Fig. 3.9 muestra un ejemplo de la máxima velocidad de transmisión que puede conseguirse para diferentes valores del radio de cobertura en un escenario con $P_{T,max} = 40$ dBm, $P_N = -100$ dBm, $B = 4$ MHz, $G_T = 15$ dB, $G_R = 0$ dB, $MF = 10$ dB, $MI = 6$ dB, $(E_b/N_o)_{min} = 10$ dB y pérdidas de propagación según $L_{max} = 128{,}1 + 37{,}6 \log(R(\text{km}))$. Se observa claramente cómo, al incrementar el radio de cobertura R, la máxima velocidad de transmisión se reduce, lo cual pone de manifiesto el compromiso existente entre el alcance y la velocidad de transmisión.

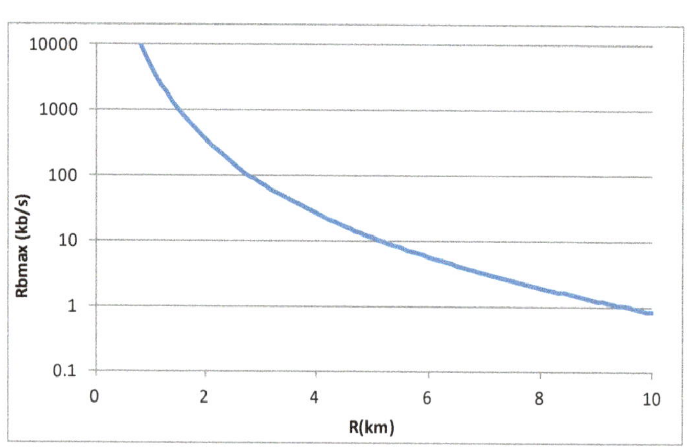

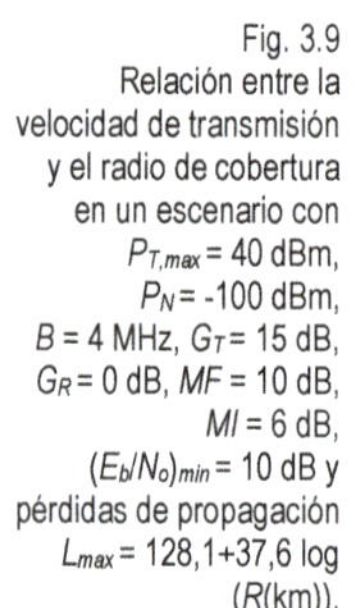
Fig. 3.9 Relación entre la velocidad de transmisión y el radio de cobertura en un escenario con $P_{T,max} = 40$ dBm, $P_N = -100$ dBm, $B = 4$ MHz, $G_T = 15$ dB, $G_R = 0$ dB, $MF = 10$ dB, $MI = 6$ dB, $(E_b/N_o)_{min} = 10$ dB y pérdidas de propagación $L_{max} = 128{,}1 + 37{,}6 \log(R(\text{km}))$.

3.3.2 Balance del enlace ascendente y descendente

En un sistema de comunicaciones móviles, el balance de potencias ha de tener en cuenta que los requerimientos de tasa de error deben asegurarse tanto en la comunicación del terminal móvil a la base en el enlace ascendente (UL) como en la comunicación desde la base hasta el terminal móvil en el enlace descendente (DL). Así, a partir de la ecuación (3.29), se obtienen las dos relaciones siguientes:

Para el enlace descendente (DL):

$$P_{T,b}\left(dBm\right) = P'_{S,DL}(dBm) + MF(dB) - G_b(dB) - G_m\left(dB\right) + L_{\max,DL}(dB) \quad (3.33)$$

Y, para el enlace ascendente (UL):

$$P_{T,m}\left(dBm\right) = P'_{S,UL}(dBm) + MF(dB) - G_m(dB) - G_b\left(dB\right) + L_{\max,UL}(dB) \quad (3.34)$$

donde $P_{T,b}$, $P_{T,m}$ son las potencias transmitidas por la base y el móvil, respectivamente, G_b,G_m son las ganancias de la antena de la base y de la del móvil, $P'_{S,DL}$ y $P'_{S,UL}$ son las potencias mínimas necesarias para asegurar la calidad en el enlace descendente y ascendente y, por último, $L_{max,DL}$ y $L_{max,UL}$ son las máximas pérdidas de propagación a la distancia del radio de cobertura en el enlace ascendente y en el descendente.

En un enlace balanceado, el radio de cobertura del DL es igual al del UL, con lo que se debe cumplir $L_{max,DL}$=$L_{max,UL}$. Bajo esta condición, las dos expresiones anteriores se pueden combinar y dan lugar a:

$$P_{T,b}\left(dBm\right) = P_{T,m}\left(dBm\right) + P'_{S,DL}(dBm) - P'_{S,UL}(dBm) \quad (3.35)$$

Esta expresión refleja la potencia que debería transmitir la base para tener el mismo radio de cobertura en UL y DL cuando el móvil estuviera transmitiendo a potencia $P_{T,m}$.

Habitualmente, la potencia requerida en el enlace descendente $P'_{S,DL}$ es superior a la requerida en el enlace ascendente $P'_{S,UL}$, porque usualmente la base dispone de un receptor con menor factor de ruido que el móvil, lo cual reduce el requerimiento de relación de señal a ruido mínima en el enlace ascendente. Por tanto, si se considera $P'_{S,DL} > P'_{S,UL}$ en la expresión (3.35), se llega a la conclusión de que habitualmente la base ha de transmitir una potencia superior a la del móvil, $P_{T,b}$>$P_{T,m}$, para tener un enlace balanceado con igual radio de cobertura en UL y en DL.

3.4 Técnicas de ingeniería de radio en sistemas móviles

En este apartado, se presentan un conjunto de técnicas destinadas a contrarrestar los efectos adversos del canal de radio que se han visto en el capítulo 2, para conseguir la calidad deseada en términos de tasa de error, pero con niveles menores de potencia requerida.

3.4.1 Control de potencia

En un sistema de comunicaciones móviles en que los terminales se desplazan y se encuentran a diferentes distancias de la estación de base a lo largo del tiempo, si la potencia transmitida es constante, la potencia media recibida local varía a lo largo del tiempo, a medida que el terminal móvil se aleja/acerca de/a la estación base y que varía el efecto del *shadowing*.

En particular, para una potencia transmitida constante P_T, la potencia recibida nominal según el modelo de propagación en función del tiempo es:

$$P_R(t) = \frac{P_T G_T G_R}{L(t)} \tag{3.36}$$

donde $L(t)$ son las pérdidas de propagación que varían en función de la distancia $d(t)$ entre el terminal y la base en el instante t. Análogamente, al incorporar los desvanecimientos lentos $A_f(t)$, que también varían con el tiempo a medida que el terminal cambia de posición, la potencia recibida media $P_r(t)$ será:

$$P_r(t) = \frac{P_T G_T G_R}{L(t) \cdot A_f(t)} \tag{3.37}$$

Por último, la potencia recibida instantánea $P(t)$ se obtiene al incorporar los desvanecimientos rápidos, caracterizados por una variable aleatoria exponencial $\alpha_f(t)$ de media 1:

$$P(t) = \frac{P_T G_T G_R}{L(t) \cdot A_f(t)} \alpha_f(t) \tag{3.38}$$

La Fig. 3.10 ilustra un ejemplo de la variación de la potencia recibida en la estación base de acuerdo con las expresiones anteriores para un terminal móvil que transmite una potencia constante $P_T = 24$ dBm y se desplaza en línea recta a 50 km/h alejándose de su estación base desde una distancia inicial de 500 m, con $G_T = 0$ dB, $G_R = 14$ dB, modelo de propagación $L = 128{,}1+37{,}6 \log d(\text{km})$ y desvanecimientos lentos (*shadowing*) con desviación típica $\sigma = 6$ dB. Como se observa, la potencia recibida media se va reduciendo progresivamente, aunque con fluctuaciones asociadas a los desvanecimientos lentos. Se aprecian también las fluctuaciones rápidas superpuestas, asociadas a los desvanecimientos de Rayleigh.

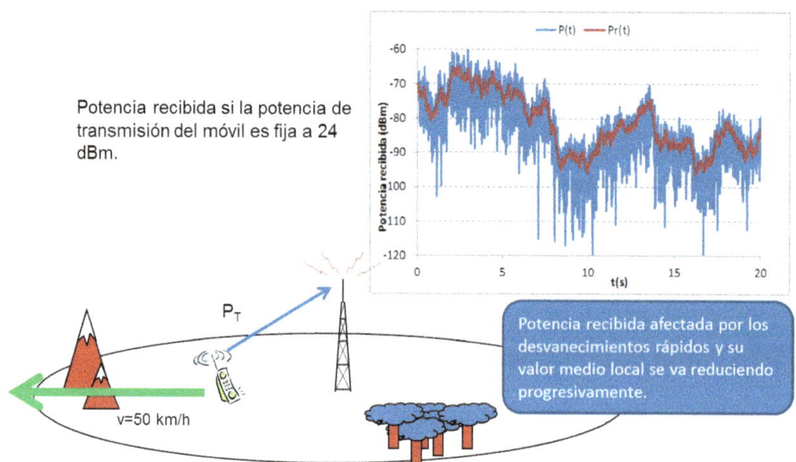

Fig. 3.10 Efecto de la movilidad sobre la potencia recibida. En el ejemplo, se considera un móvil que se aleja en línea recta a 50 km/h de la base, desde una distancia inicial de 500 m, y que transmite a una potencia fija de 24 dBm

Supongamos ahora que la potencia de transmisión P_T se ha diseñado de acuerdo con el balance de potencias (v. sección 3.3) para asegurar, con una cierta probabilidad de cobertura p, la potencia recibida mínima P_S' que garantiza la tasa de error deseada a una cierta distancia máxima R. Así, cuando el terminal se encuentre a distancias inferiores a R, si mantiene la misma potencia transmitida P_T, la potencia recibida será superior a la mínima necesaria P_S', con lo que las prestaciones en términos de tasa de error serán mejores que las deseadas. De forma equivalente, el terminal móvil a distancias inferiores a R estaría transmitiendo una potencia superior a la necesaria para asegurar su requisito de tasa de error, lo cual, por un lado, causaría un mayor consumo de las baterías y, por el otro, generaría más interferencia hacia otras estaciones base. En este contexto, las técnicas de control de potencia pretenden ajustar la potencia transmitida por el terminal (en el UL) o por la base (en el DL), en función de cómo varían temporalmente las pérdidas de propagación a través del enlace por radio, con el objetivo de que se transmita la mínima potencia necesaria para garantizar, en cada momento, los requerimientos de calidad establecidos. De este modo, cuando, por ejemplo, un terminal se halle más cerca de la base, transmitirá menos potencia que cuando esté lejos, lo que contribuirá a reducir el consumo de las baterías, así como a generar menos interferencias a otras estaciones de base. Según el objetivo que se persiga, existen dos tipos de control de potencia: el control de potencia medio y el control de potencia instantáneo, tal como se detalla a continuación.

3.4.1.1 Control de potencia medio

El control de potencia medio pretende ajustar la potencia de transmisión para asegurar el nivel mínimo necesario de potencia recibida media de acuerdo con la calidad establecida en términos de tasa de error, y así compensar los desvanecimientos lentos y las pérdidas de propagación en función de la distancia, ya que son estos dos componentes los que determinan la potencia media recibida local.

Para efectuar el control de potencia medio, se asume que, dadas unas condiciones de interferencia en términos de MI, la calidad de la comunicación queda garantizada si la potencia media recibida $P_r(t)$ es igual al nivel P_S' obtenido en la expresión (3.21). Así, para conseguir que la potencia media recibida en (3.37) cumple $P_r(t)=P_S'$, a medida que la distancia entre el terminal móvil y la base varíe, y también varíen los desvanecimientos lentos $A_f(t)$, la potencia transmitida deberá ir ajustándose del modo siguiente:

$$P_T(t) = \frac{P_S' L(t) A_f(t)}{G_T G_R} \tag{3.39}$$

Así pues, la variabilidad temporal de la potencia transmitida $P_T(t)$ está asociada a la variación temporal de las pérdidas de propagación $L(t)$ según la movilidad y del *shadowing* $A_f(t)$. Ambos componentes tienen una escala de variación lenta, del orden de algunos segundos.

La Fig. 3.11 ilustra el mismo ejemplo de la Fig. 3.10 en que un móvil va alejándose de su base, pero ahora ajustando la potencia transmitida según un control de potencia medio para conseguir P_S' = -90 dBm. Se considera un caso ideal sin limitación de potencia transmitida máxima. La parte izquierda de la figura ilustra la potencia transmitida por el móvil y la derecha, la correspondiente potencia recibida por la base. Como se aprecia, la potencia transmitida se va modificando lentamente y tiende a incrementarse a medida que el terminal se aleja de la base. A su vez, la potencia recibida mantiene el valor medio deseado, aunque se ve afectada por los desvanecimientos rápidos.

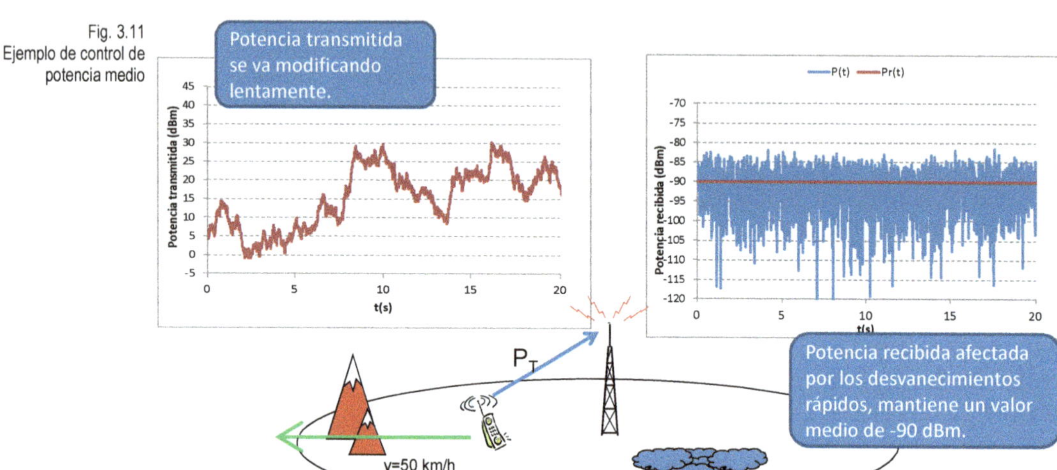

Fig. 3.11
Ejemplo de control de potencia medio

Conviene remarcar que, en un control de potencia medio como el planteado, la potencia recibida media coincidirá con el valor objetivo P_S' en tanto que la potencia de transmisión necesaria $P_T(t)$ esté por debajo de la potencia máxima disponible $P_{T,max}$. En caso contrario, la potencia recibida sería inferior al valor objetivo. Por consiguiente, la probabilidad de cobertura definida en la expresión (3.22) del balance de potencias puede reinterpretarse, en el caso de un control de potencia medio, como:

$$p = P\left(P_r \geq P_S'\right) = P\left(P_T(t) \leq P_{T\max}\right) \tag{3.40}$$

3.4.1.2 Control de potencia instantáneo

En el caso de un control de potencia instantáneo, el ajuste de la potencia transmitida persigue compensar no solamente los desvanecimientos lentos y las variaciones según la movilidad, sino también los desvanecimientos rápidos. En estas circunstancias, si se pretende conseguir una potencia recibida instantánea $P(t) = P_S'$, de acuerdo con la expresión (3.38) la potencia transmitida a lo largo del tiempo deberá ajustarse como:

$$P_T(t) = \frac{P_S' L(t) A_f(t)}{G_T G_R \alpha_f(t)} \tag{3.41}$$

En este caso, la variación temporal de $P_T(t)$ viene dominada por la variación de $\alpha_f(t)$, mucho más rápida que la de $L(t)$ y $A_f(t)$, y usualmente será del orden de ms.

A efectos ilustrativos, la Fig. 3.12 muestra el mismo ejemplo anterior de la Fig. 3.10 y la Fig. 3.11, pero ahora con un control de potencia instantáneo ideal sin limitación de potencia máxima transmitida, para asegurar $P(t) = P_S' = -90$ dBm. Como se aprecia, la potencia transmitida por el móvil, representada a la izquierda de la figura, varía muy rápidamente, mientras que la potencia recibida en la base, representada a la derecha, es constante y no está sujeta a ningún tipo de desvanecimientos.

Nótese que, en caso de aplicar un control de potencia instantáneo ideal, al eliminar los desvanecimientos, la estadística del canal deja de ser de Rayleigh y se pasa a tener un canal gaussiano. En consecuencia, la tasa de error es más pequeña (v. Fig. 3.7) y se puede trabajar con valores de $\gamma_{o,min}$ (y, por consiguiente, de P_S') más reducidos que cuando se utiliza un control de potencia medio.

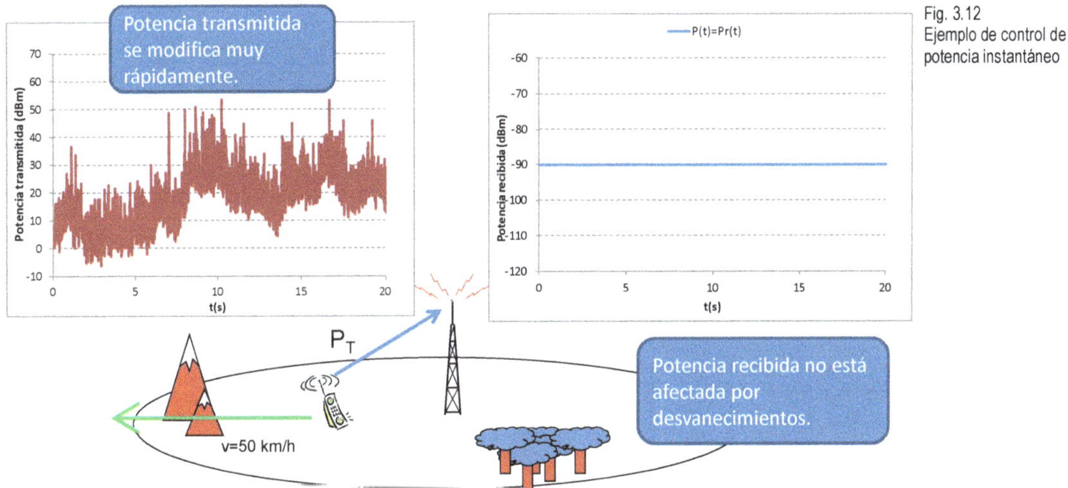

Fig. 3.12
Ejemplo de control de potencia instantáneo

3.4.1.3 Implementación del control de potencia

Existen normalmente dos posibilidades de implementación del control de potencia, según sea en lazo abierto o en lazo cerrado.

3.4.1.3.1 Control de potencia en lazo abierto

Si consideramos el enlace ascendente (UL), en caso de utilizar un control de potencia en lazo abierto la potencia de transmisión del UL se decide de acuerdo con las medidas efectuadas en el DL. Por este motivo, en sistemas en que el UL y el DL trabajan a diferente frecuencia, como ocurre con el duplexado FDD que se verá en la sección 4.3.1, el procedimiento de control de potencia en lazo abierto permite únicamente implementar un control de potencia medio, ya que los desvanecimientos rápidos del UL no coinciden con los del DL.

El procedimiento del control de potencia en lazo abierto se ilustra en la Fig. 3.13:

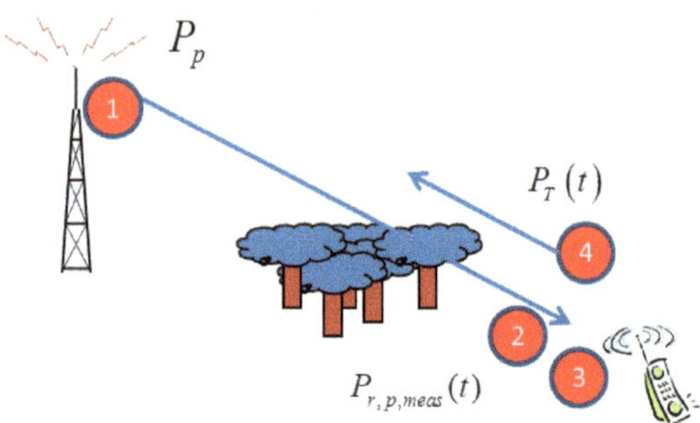

Fig. 3.13
Control de potencia en lazo abierto

1. La estación base envía una señal piloto de referencia y de potencia P_p, conocida por el móvil.

2. El móvil detecta el piloto y mide su potencia media $P_{r,p,meas}(t)$.

3. Considerando el efecto de pérdidas de propagación y *shadowing*, el móvil estima las pérdidas de propagación como:

$$\frac{L(t)\cdot A_f(t)}{G_T\cdot G_R}=\frac{P_p}{P_{r,p,meas}(t)} \tag{3.42}$$

4. La potencia de transmisión del móvil, al tratarse de un control de potencia medio, viene dada por (3.39), que en este caso se determina a partir de la estimación anterior como:

$$P_T(t)=\frac{P_S{}'L(t)A_f(t)}{G_TG_R}=\frac{P_S{}'\cdot P_p}{P_{r,p,meas}(t)} \tag{3.43}$$

3.4.1.3.2 Control de potencia en lazo cerrado

En el caso del control de potencia en lazo cerrado, la potencia de transmisión del UL se decide de acuerdo con la realimentación recibida de la base, según las medidas del UL. El procedimiento, ilustrado en la Fig. 3.14, consta de los pasos siguientes:

1. El móvil transmite en el instante t a una potencia $P_T(t)$.

2. La base mide la potencia recibida $P_{meas}(t)$.

3. A la hora de decidir la potencia de transmisión del móvil, un posible criterio a seguir, sobre el cual caben algunas variantes, es:

- Si $P_{meas}(t)<P_S$', la base comunica al móvil, a través de un canal de señalización DL, que incremente la potencia en X(dB).
- Si $P_{meas}(t)>P_S$', la base comunica al móvil que reduzca la potencia en X(dB).
- Si $P_{meas}(t)=P_S$', la base comunica al móvil que no modifique la potencia.

4. El móvil ajusta la potencia de transmisión para $t+\Delta t$, según la información recibida de la base, como $P_T(t)+X$, $P_T(t)-X$ o $P_T(t)$.

Nótese que, si Δt es suficientemente pequeño, el control de potencia en lazo cerrado permite compensar incluso los desvanecimientos rápidos del canal. En concreto, para ello sería necesario que Δt fuera inferior al tiempo de coherencia del canal. A modo de ejemplo, en el caso del sistema UMTS, se utiliza un control de potencia instantáneo en lazo cerrado con intervalos de $\Delta t = 0{,}666$ ms y, como referencia, un móvil a 50 km/h y a una frecuencia de 2 GHz tendría un tiempo de coherencia de unos 2 ms. Por el contrario, en el caso del GSM, el control de potencia en lazo cerrado se efectúa con intervalos de $\Delta t = 480$ ms, por lo que, en este caso, se lleva a cabo un control de potencia medio.

Conviene remarcar que el valor de la potencia transmitida $P_T(t)$ para la primera transmisión antes de haber recibido la realimentación de la base se decidiría según un procedimiento de control de potencia en lazo abierto.

Por otro lado, y si bien el planteamiento descrito de control de potencia busca mantener la potencia recibida a un valor objetivo P_S', alternativamente también se puede implementar un control de potencia que directamente ajuste la potencia de transmisión para mantener la relación de señal a ruido e interferente igual a $\gamma_{0,min}$, y no para mantener la potencia recibida a un valor P_S'. De este modo, la potencia transmitida variará no únicamente en función de las condiciones de propagación entre el terminal móvil y la estación base, sino de las variaciones de interferencia que puedan presentarse en la estación base. Esta técnica es la que utiliza, por ejemplo, el sistema UMTS.

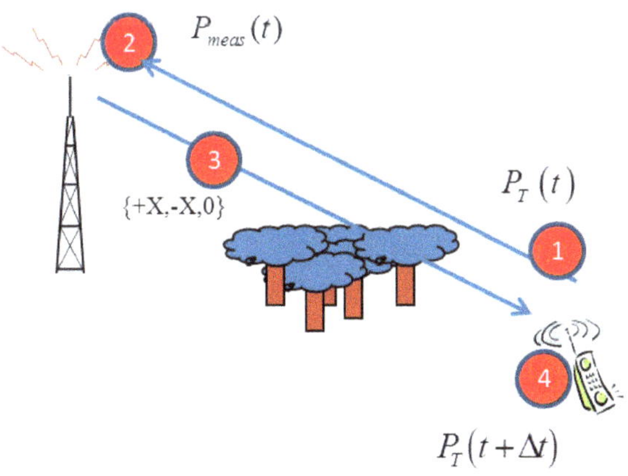

Fig. 3.14
Control de potencia en lazo cerrado

3.4.1.4 Lazo externo del control de potencia (outer loop)

Como se ha comentado, el control de potencia pretende mantener el nivel de potencia recibida (o, alternativamente, el nivel de relación de señal a ruido e interferencias γ_o) igual al nivel que asegura la calidad del enlace P_S' (equivalentemente, $\gamma_{o,min}$) en términos de tasa de error.

Sin embargo, en la práctica, el valor de $\gamma_{o,min}$ que asegura la tasa de error deseada $P_{b,max}$ puede cambiar en función del entorno en que se encuentre el terminal móvil (p. ej., canales con más o menos caminos de propagación, presencia de un rayo predominante, etc.). Por este motivo, hay sistemas que emplean un control en lazo externo (*outer loop*) que determina el valor apropiado de $\gamma_{o,min}(t)$ en cada momento, de acuerdo con unas medidas de la tasa de error P_b. Como se ilustra en la Fig. 3.15, en función del valor de $\gamma_{o,min}(t)$ calculado por el *outer loop*, el control de potencia se encargará de ajustar el valor de la potencia transmitida.

Los cambios efectuados por el *outer loop* se producen en una escala temporal mucho más lenta que los del control de potencia.

Fig. 3.15
Lazo externo del control de potencia

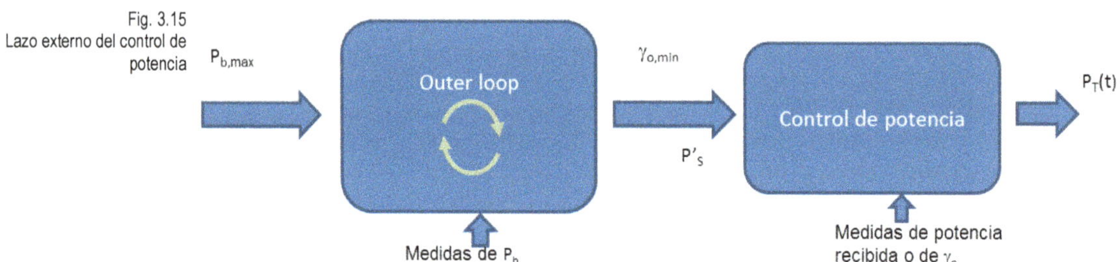

3.4.2 Ecualización

En canales dispersivos en que, como se ha visto en la sección 2.2.3.2, el *delay spread* (D_s) es similar o superior a la duración de los símbolos de canal T_S, o, equivalentemente, la banda de la señal transmitida B es superior a la banda de coherencia B_{coh} del canal, existirá interferencia intersimbólica. Para mitigar la distorsión que ello ocasiona, es preciso emplear un filtro ecualizador para compensar la respuesta impulsional del canal.

La Fig. 3.16 ilustra la ubicación del ecualizador en el bloque de procesado en banda base del receptor, antes de efectuar la detección de los símbolos recibidos. En la práctica, el ecualizador suele emplear una estructura de filtro FIR (*finite impulse response*), con coeficientes ajustables de acuerdo con la estimación de la respuesta impulsional del canal en cada instante de tiempo t, lo cual da lugar a una respuesta frecuencial del ecualizador $H_{ec}(f,t)$ que compensa la respuesta frecuencial del canal $H(f,t)$.

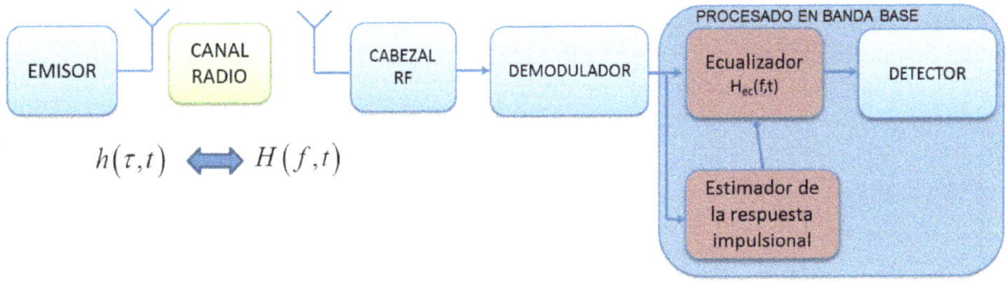

Fig. 3.16
Ecualización del canal

En la literatura, se encuentran diferentes estrategias de ecualización, como el forzador de ceros (*zero forcing* o ZF), la del mínimo error cuadrático medio (*minimum mean square error* o MMSE) o la de la estimación de secuencias de máxima verosimilitud (*maximum likelihood sequence estimator* o MLSE). El lector interesado puede encontrar más información sobre técnicas de ecualización en [8].

El proceso de ecualización requiere estimar la respuesta impulsional para ajustar los coeficientes del ecualizador. Para ello, se utiliza una secuencia de bits $v(t)$ conocida, que se transmite en ciertos instantes de tiempo, también conocidos. Como se ilustra en la Fig. 3.17, esta secuencia, usualmente denominada *secuencia de entrenamiento* o *de training*, en un sistema como el GSM se envía intercalada entre los campos de datos transmitidos en una ráfaga, de modo que el canal estimado sirve para ecualizar la señal recibida en dicha ráfaga y detectar los bits enviados en los campos de datos. La estimación efectuada de esta forma será válida en tanto que la respuesta impulsional del canal sea aproximadamente la misma a lo largo de toda la ráfaga transmitida o, equivalentemente, siempre que la duración de la ráfaga sea inferior al tiempo de coherencia del canal.

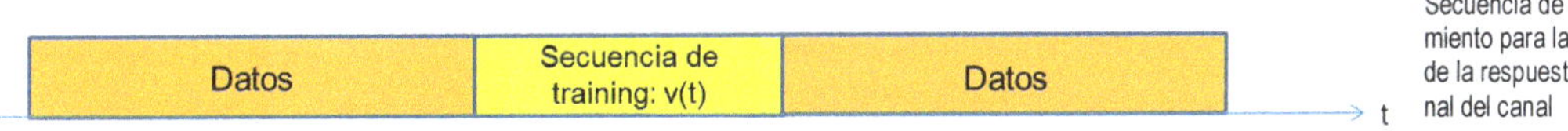

Fig. 3.17
Secuencia de entrenamiento para la estimación de la respuesta impulsional del canal

La estimación del canal se basa en que la secuencia de entrenamiento tiene la propiedad de que su autocorrelación presenta un pico en el origen, es decir:

$$R_{vv}(\tau) - v(\tau) * v^{*}(\tau) = \delta(\tau) \qquad (3.44)$$

Por consiguiente, la secuencia recibida al atravesar el canal será:

$$z(\tau) = h(\tau) * v(\tau) \qquad (3.45)$$

En la recepción, la estimación del canal se efectúa mediante la correlación de la señal recibida con la secuencia de *training* conocida a priori $v(t)$, con lo cual se obtiene:

$$R_{z,v}(\tau) = z(\tau) * v^{*}(\tau) = h(\tau) * v(\tau) * v^{*}(\tau) = h(\tau) * \delta(\tau) = h(\tau) \qquad (3.46)$$

Como se aprecia, gracias a las propiedades de autocorrelación de la secuencia de *training*, la salida de este proceso de correlación coincide directamente con la respuesta impulsional del canal $h(\tau)$.

La Fig. 3.18 ilustra un ejemplo de correlador para efectuar la estimación de la respuesta impulsional del canal a partir de la secuencia de *training*, así como un ejemplo de correlación a la salida para un canal con dos rayos.

Fig. 3.18 Proceso de correlación para estimar la respuesta impulsional del canal

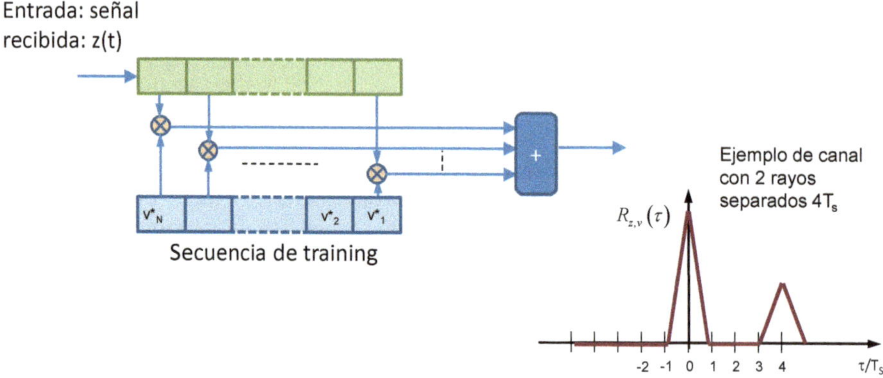

3.4.3 Codificación de canal y entrelazado

La codificación de canal es una técnica que consiste en añadir redundancia a la información transmitida, de modo que en la recepción se pueda utilizar para detectar y corregir errores en los bits recibidos, y así reducir la probabilidad de error de bit.

Por cada k bits útiles de información que se quieren transmitir, tras el proceso de codificación de canal en el transmisor se habrán generado $n_b>k$ bits, que son los que finalmente se enviarán al canal, por lo que se generarán n_b $-k$ bits de redundancia añadida. En el receptor, la decodificación de canal consistirá en determinar, a partir de los n_b bits recibidos, los k bits de información transmitidos.

Se define la tasa del código r como el cociente entre los bits útiles y los bits transmitidos, es decir:

$$r = \frac{k}{n_b} \tag{3.47}$$

La Fig. 3.19 ilustra un ejemplo del proceso de codificación de canal con un código de tasa r = 1/3. Como se observa, por cada bit útil a la entrada del codificador, se generan 3 bits codificados a su salida.

Fig. 3.19 Codificación de canal con tasa r = 1/3

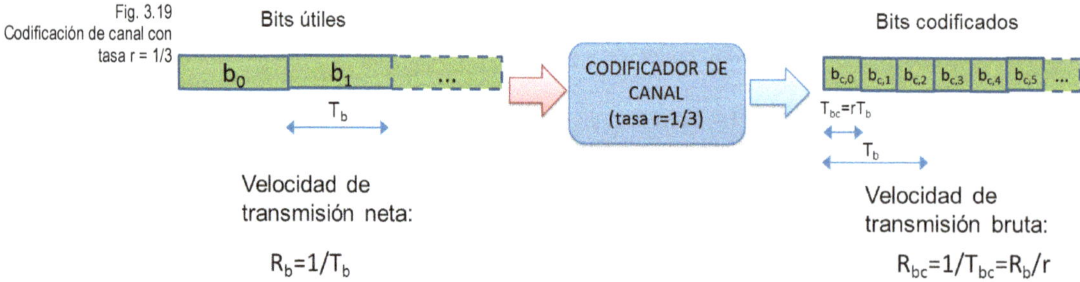

En términos de velocidad de transmisión, si cada bit útil a la entrada del codificador tiene una duración T_b, que corresponde a una velocidad de transmisión neta de $R_b = 1/T_b$, a la salida se habrán generado $1/r$ bits codificados por cada bit útil. Si no se quiere disminuir la velocidad de transferencia de datos del usuario, los $1/r$ bits codificados deberán transmitirse en un intervalo T_b. Por tanto, cada bit codificado tendrá una duración $T_{bc} = rT_b$ o, lo que es lo mismo, la velocidad de transmisión bruta a la salida del codificador de canal será:

$$R_{bc} = \frac{R_b}{r} \tag{3.48}$$

En el ejemplo de la Fig. 3.19 para $r = 1/3$, se observa que los bits codificados tienen una duración correspondiente a la tercera parte de los bits útiles, de modo que la velocidad de transmisión bruta será tres veces superior a la neta.

Así pues, cuanto menor sea la tasa del código r, más redundancia habrá y más potente será el código para corregir errores, pero, en contrapartida, se necesitará una mayor velocidad de transmisión a la salida del codificador.

Existe una gran variedad de códigos de canal, en función de cómo se generen los bits codificados a partir de los bits de información. El lector interesado puede encontrar más información sobre las técnicas de codificación en [9]. A efectos meramente introductorios, se citan a continuación algunos ejemplos de familias de códigos habituales:

- *Códigos bloque*. La codificación consiste en efectuar un mapeo fijo entre palabras de k bits y palabras de n_b bits, que da lugar a 2^k combinaciones válidas de n_b bits codificados, cada una asociada directamente con una combinación de k bits útiles. De este modo, si el receptor recibe una de las $2^{n_b} - 2^k$ combinaciones no válidas de n_b bits, el decodificador puede identificar que se han producido errores en el canal. Igualmente, podrá estimar la combinación enviada originalmente como aquella, de entre las 2^k válidas, que se asemeje más a la recibida, con lo que puede corregir los errores introducidos [9][10]. Algunos ejemplos de códigos bloque son los códigos *Fire*, los códigos BCH (siglas que corresponden a *Bose-Chaudhuri-Hocquenghem*, los apellidos de los tres inventores de dichos códigos) o los códigos Reed-Solomon.
- *Códigos convolucionales* Generan los bits codificados a través de procesar los bits útiles mediante un registro de desplazamiento con una cierta memoria, de forma análoga a una convolución. De este modo, el valor de cada bit codificado enviado dependerá de los bits que se hayan enviado con anterioridad, hasta un cierto límite fijado por la memoria del código. En la recepción, se utiliza el denominado *algoritmo de Viterbi* para efectuar la decodificación [8].
- *Turbocódigos*. La generación de los bits codificados se obtiene mediante la concatenación, en paralelo o en serie, de dos códigos convolucionales separados por un proceso de entrelazado [11]. En la recepción, la decodificación se ejecuta de forma iterativa, de modo que la salida de un primer decodificador, donde la información ya es más fiable, se emplea para ayudar a un segundo decodificador, la salida de la cual vuelve a realimentar al primero, y así sucesivamente. Por tanto, en cada iteración pueden corregirse nuevos errores y la fiabilidad que se obtiene como resulta-

do es más elevada, a costa de un mayor retardo y una mayor complejidad. Son, pues, códigos muy potentes, que consiguen reducir enormemente la tasa de error.

Al considerar la codificación en un canal de comunicaciones móviles, hay que tener en cuenta que la señal recibida está afectada por desvanecimientos rápidos, vinculados al multicamino, que, debido a la correlación temporal del canal, se prolongan durante un tiempo determinado, asociado al tiempo de coherencia del canal (v. sección 2.2.4). Este efecto se ilustra en la Fig. 3.20, que muestra un ejemplo de evolución temporal de la potencia instantánea recibida afectada por los desvanecimientos rápidos. Como se aprecia, la señal recibida alterna períodos de tiempo en que presenta un nivel suficientemente elevado, porque el multicamino afecta de forma constructiva (p. ej., entre $t = 0{,}05$ s y $t = 0{,}15$ s en la figura), con otros en que el nivel es muy inferior, porque el multicamino afecta destructivamente (p. ej., en los intervalos alrededor de $t = 0{,}2$ s y $t = 0{,}33$ s en la figura). De este modo, cuando la señal sea elevada, los bits recibidos estarán mayoritariamente libres de error y aparecerán solamente algunos bits erróneos de forma esporádica, los cuales serán fácilmente corregibles por el decodificador de canal. Por el contrario, cuando el desvanecimiento ocasione niveles de señal reducidos, los bits recibidos serán mayoritariamente erróneos y darán lugar a ráfagas con muchos bits erróneos consecutivos. En estas circunstancias, la capacidad del decodificador para corregir los errores se verá enormemente limitada.

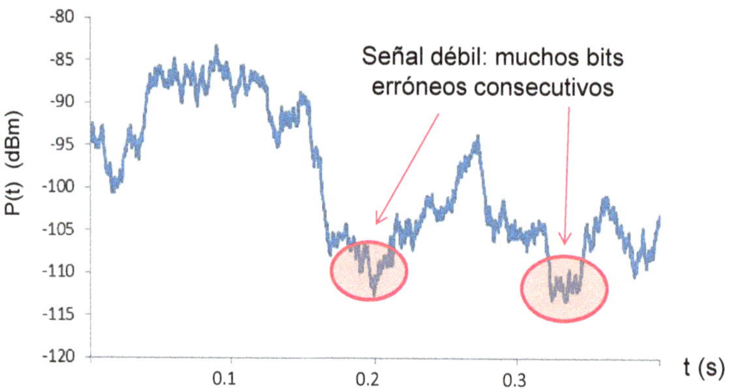

Fig. 3.20 Aparición de ráfagas de errores de bit en un canal de comunicaciones móviles

Partiendo de esta problemática de los canales móviles afectados por desvanecimientos rápidos, para explotar al máximo la capacidad correctora de los códigos de canal será necesario, pues, romper la memoria del canal móvil y conseguir una distribución de los errores uniforme, y no a ráfagas. Ello puede conseguirse mediante la técnica del *entrelazado*, que consiste en modificar el orden de los bits a la salida del codificador para que bits consecutivos estén afectados por condiciones de canal independientes. La Fig. 3.21 muestra la ubicación de los procesos de codificación de canal y entrelazado en la estructura del emisor, y del desentrelazado y la decodificación de canal correspondientes en el receptor. En ambos casos, forman parte del procesado en banda base. En la emisión, el entrelazado desordena los bits tras el codificador y, en la recepción, el desentrelazado vuelve a restablecer el orden original de los bits recibidos antes de ser entregados al decodificador. Por tanto, los procesos de entrelazado y desentrelazado son totalmente transparentes al decodificador, que ve los bits recibidos en el mismo orden que fueron generados por el codificador. Sin embargo, gracias a estos procesos, los bits que para el decodificador sean consecutivos realmente se habrán enviado en instantes de tiempo suficientemente separados para que las condiciones de canal sean independientes, y se evitará así que el decodificador vea ráfagas de muchos errores consecutivos.

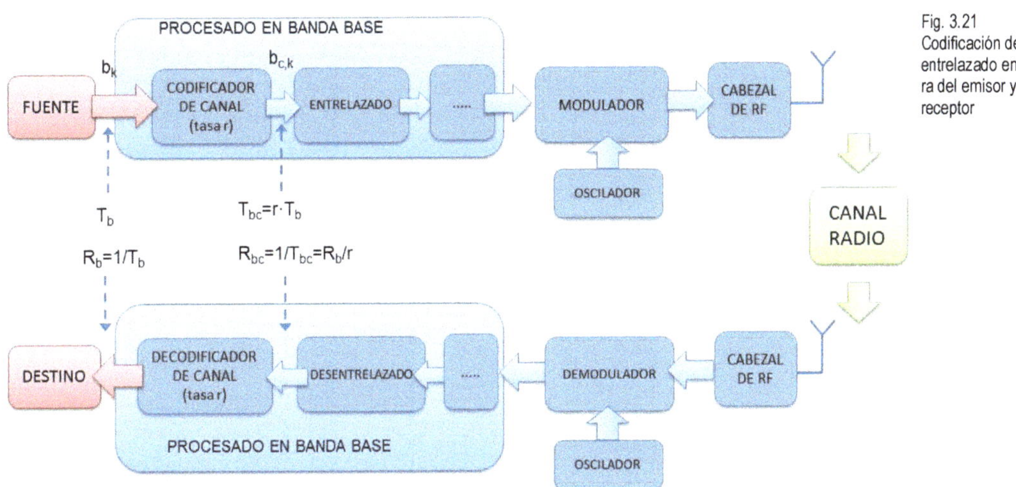

Fig. 3.21 Codificación de canal y entrelazado en la estructura del emisor y del receptor

La Fig. 3.22 muestra un proceso habitual de entrelazado que utiliza una matriz de N_F filas y M_C columnas. Los bits $b_{c,k}$ generados a la salida del codificador se introducen por orden de llegada en la matriz y la rellenan por filas. Una vez rellenada la matriz, esta se lee por columnas, y los bits se envían al canal en la secuencia que se muestra en la Fig. 3.22. Como se observa, bits generados consecutivamente por el codificador (p. ej., $b_{c,0}$, $b_{c,1}$) se encuentran separados N_F bits en la secuencia de bits a la salida del entrelazado y, por tanto, se transmiten sobre el canal con una diferencia temporal entre ellos de $N_F\, T_{bc}$ s.

El proceso correspondiente de desentrelazado se muestra en la Fig. 3.23, en un ejemplo en que se supone que el canal introduce una ráfaga de 4 bits erróneos consecutivos, que aparecen tachados en la figura. Como se observa, el desentrelazado sigue con una matriz un proceso análogo al entrelazado, pero ahora escribiendo los bits recibidos por columnas en la matriz. Una vez completada, la matriz se lee por filas para obtener los bits que se entregan al decodificador, los cuales aparecen en el mismo orden en que fueron generados por el codificador en la transmisión. Gracias a este proceso, se observa que la ráfaga de errores introducida por el canal se ha dispersado en la secuencia de bits entregados al decodificador, el cual ya no ve bits erróneos consecutivos, sino distribuidos.

Para que los procesos de entrelazado y desentrelazado funcionen correctamente, a la hora de escoger las dimensiones de la matriz empleada cabe tener en cuenta los siguientes criterios:

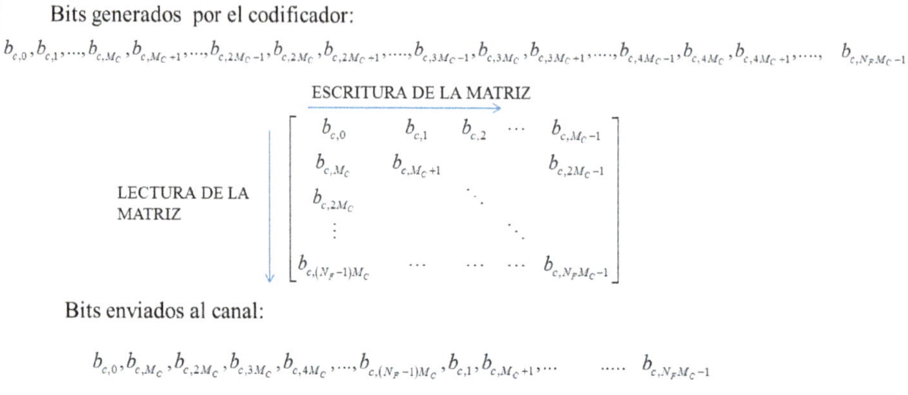

Fig. 3.22
Proceso de entrelazado

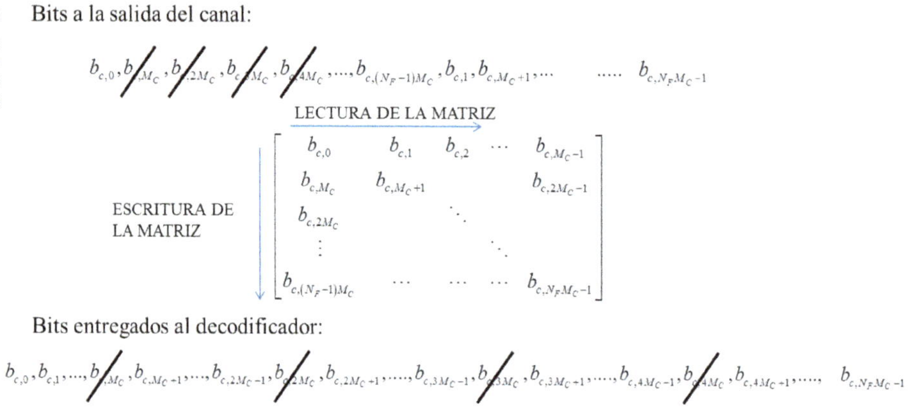

Bits generados por el codificador:

$$b_{c,0}, b_{c,1}, \ldots, b_{c,M_C}, b_{c,M_C+1}, \ldots, b_{c,2M_C-1}, b_{c,2M_C}, b_{c,2M_C+1}, \ldots, b_{c,3M_C-1}, b_{c,3M_C}, b_{c,3M_C+1}, \ldots, b_{c,4M_C-1}, b_{c,4M_C}, b_{c,4M_C+1}, \ldots, \quad b_{c,N_F M_C-1}$$

ESCRITURA DE LA MATRIZ

LECTURA DE LA MATRIZ

$$\begin{bmatrix} b_{c,0} & b_{c,1} & b_{c,2} & \cdots & b_{c,M_C-1} \\ b_{c,M_C} & b_{c,M_C+1} & & & b_{c,2M_C-1} \\ b_{c,2M_C} & & \ddots & & \\ \vdots & & & \ddots & \\ b_{c,(N_F-1)M_C} & \cdots & \cdots & \cdots & b_{c,N_F M_C-1} \end{bmatrix}$$

Bits enviados al canal:

$$b_{c,0}, b_{c,M_C}, b_{c,2M_C}, b_{c,3M_C}, b_{c,4M_C}, \ldots, b_{c,(N_F-1)M_C}, b_{c,1}, b_{c,M_C+1}, \ldots \quad \ldots\ldots \quad b_{c,N_F M_C-1}$$

Fig. 3.23
Proceso de desentrelazado, en un ejemplo en que el canal introduce 4 errores consecutivos

Bits a la salida del canal:

$$b_{c,0}, \not{b}_{c,M_C}, \not{b}_{c,2M_C}, \not{b}_{c,3M_C}, \not{b}_{c,4M_C}, \ldots, b_{c,(N_F-1)M_C}, b_{c,1}, b_{c,M_C+1}, \ldots \quad \ldots\ldots \quad b_{c,N_F M_C-1}$$

LECTURA DE LA MATRIZ

ESCRITURA DE LA MATRIZ

$$\begin{bmatrix} b_{c,0} & b_{c,1} & b_{c,2} & \cdots & b_{c,M_C-1} \\ b_{c,M_C} & b_{c,M_C+1} & & & b_{c,2M_C-1} \\ b_{c,2M_C} & & \ddots & & \\ \vdots & & & \ddots & \\ b_{c,(N_F-1)M_C} & \cdots & \cdots & \cdots & b_{c,N_F M_C-1} \end{bmatrix}$$

Bits entregados al decodificador:

$$b_{c,0}, b_{c,1}, \ldots, \not{b}_{c,M_C}, b_{c,M_C+1}, \ldots, b_{c,2M_C-1}, \not{b}_{c,2M_C}, b_{c,2M_C+1}, \ldots, b_{c,3M_C-1}, \not{b}_{c,3M_C}, b_{c,3M_C+1}, \ldots, b_{c,4M_C-1}, \not{b}_{c,4M_C}, b_{c,4M_C+1}, \ldots, \quad b_{c,N_F M_C-1}$$

- En primer lugar, hay que asegurarse de que los bits generados consecutivamente por el codificador están afectados por condiciones de canal independientes, es decir, que son transmitidos con una separación temporal superior al tiempo de coherencia τ_c. Por consiguiente, en tanto que dos bits consecutivos se envían al canal separados por una columna de N_F bits codificados cada uno de duración T_{bc}, el número de filas N_F de la matriz debe cumplir:

$$N_F T_{bc} > \tau_c \tag{3.49}$$

- En segundo lugar, hay que tener en cuenta que los procesos de entrelazado y desentrelazado implican un retardo. En el entrelazado, se tienen que generar todos los $N_F \cdot M_C$ bits de la matriz antes de proceder a enviarlos y, en el desentrelazado, hay que esperar a recibir los $N_F \cdot M_C$ bits antes de volverlos a reordenar. Por tanto, el retardo total será de 2 $N_F \cdot M_C$ T_{bc} y deberá ser inferior al máximo retardo tolerado por la aplicación T_{max}, es decir:

$$2 N_F M_C T_{bc} < T_{\max} \tag{3.50}$$

Gracias a la capacidad de corregir errores, el efecto conjunto de la codificación del canal y el entrelazado se traduce en que, dado un nivel de relación de señal a ruido e interferente γ_0 a la salida del demodulador, la tasa de error de bit al utilizar codificación de canal se reducirá con respecto al caso de no utilizar codificación, tal como se ilustra

en la Fig. 3.24. De forma equivalente, para un requisito de tasa de error máxima $P_{b,max}$ se necesitará un menor requerimiento de relación de señal a ruido e interferente $\gamma_{o,min}$, o análogamente de $(E_b/N_o)_{min}$, a la salida del demodulador cuando se utilice codificación de canal. Esta reducción de $\gamma_{o,min}$ se traduce directamente, al efectuar el balance de potencias de la sección 3.3, en una reducción de la potencia transmitida necesaria.

La reducción en términos de $\gamma_{o,min}$, para una cierta tasa de error cuando se utiliza codificación de canal se denomina *ganancia de codificación* [15], como se muestra en la Fig. 3.24. En ocasiones, la ganancia de codificación también puede definirse como la reducción del $(E_b/N_o)_{min}$ requerido [9].

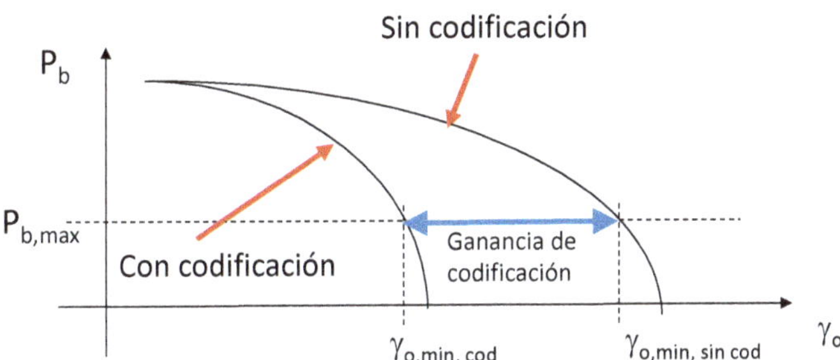

Fig. 3.24
Incidencia de la codificación de canal sobre la tasa de error de bit

Hay que tener en cuenta, en cualquier caso, que la reducción de la tasa de error conseguida se produce a costa de que, para una velocidad de transmisión de la fuente R_b y una modulación dadas, la codificación de canal requiere un mayor ancho de banda de la señal transmitida. Este efecto se ilustra en la Fig. 3.25 para el caso de una modulación BPSK correspondiente a un símbolo de canal por bit. Si no hay codificación, los bits de la fuente, de duración $T_b = 1/R_b$, son directamente los símbolos de canal transmitidos, es decir $T_S = T_b$. Por tanto, el ancho de banda $B \approx 1/T_S$ es R_b. Por el contrario, en caso de utilizar codificación de canal de tasa r, los símbolos de canal son los bits codificados, con una duración $T_S = T_{bc} = r \cdot T_b$. En consecuencia, el ancho de banda de la señal transmitida $B \approx 1/T_S$ pasa a ser R_b/r, habiéndose incrementado en un factor $1/r$ con respecto al caso sin codificación.

Con objeto de ilustrar el proceso de codificación de canal con algunos ejemplos, la Fig. 3.26 muestra la codificación de canal empleada para el servicio de voz del sistema GSM. En concreto, la fuente (*vocoder*) entrega 260 bits útiles cada 20 ms, que supone una velocidad de transmisión neta de $R_b = 13$ kb/s. Los bits generados se clasifican en tres grupos (50 bits de clase Ia, 132 bits de clase Ib y 78 bits de clase II), que presentan distintos grados de importancia, lo que determina el tipo de codificación de canal empleado para cada uno de ellos [12]. Los bits más importantes son los 50 bits de clase Ia, los cuales se protegen inicialmente mediante un código bloque que añade 3 bits de CRC (*cyclic redundancy check*). Los 53 bits resultantes de esta codificación bloque se concatenan con los 132 bits de clase Ib, que son los segundos en importancia, y con cuatro bits puestos a 0 (que son necesarios para resetear la memoria del decodificador en recepción), y sobre el conjunto se aplica un código convolucional de tasa 1/2, que da lugar a 2·(53+132+4)=378 bits. Finalmente, se añaden los 78 bits de clase II, que son los menos importantes y sobre ellos no se aplica codificación alguna. Como resultado, se obtienen 378+78 = 456 bits, que deben enviarse en 20 ms, lo cual da lugar a una velocidad bruta de R_{bc} = 456/20 ms = 22,8 kb/s. La tasa del código resultante de todo el proceso es r = 260/456 = 0,57.

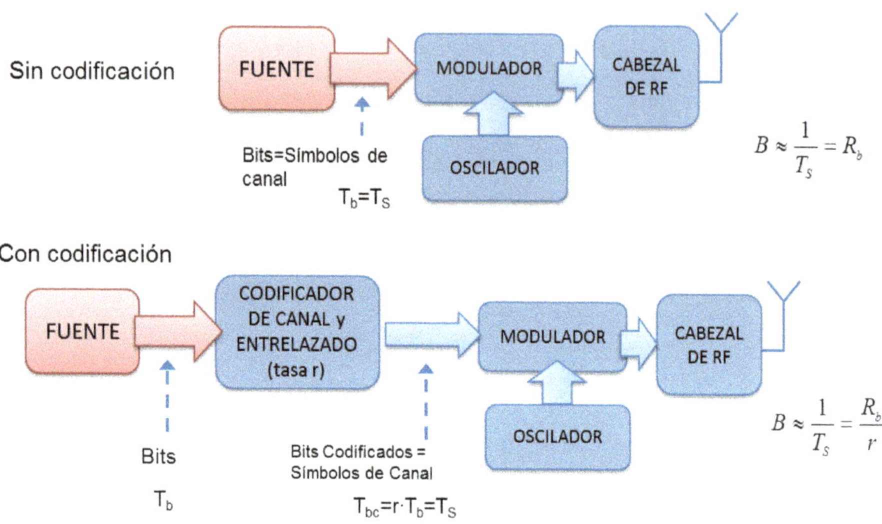

Fig. 3.25 Impacto de la codificación de canal sobre el ancho de banda de la señal transmitida en un ejemplo con modulación BPSK

Como segundo ejemplo, la Fig. 3.27 presenta el proceso de codificación de canal empleado para los canales de señalización en GSM. Como se aprecia, se parte de un total de 184 bits útiles. En primer lugar, se aplica un código bloque de tipo *Fire*, que permite corregir ráfagas de errores cortas. Este código genera una redundancia de 40 bits, con lo cual se obtienen 184+40 = 224 bits. Estos bits se concatenan con 4 bits de valor 0 y se aplica un código convolucional de tasa 1/2, que da lugar a 2*(224+4)=456 bits codificados. La tasa de codificación resultante del proceso es, pues, r = 184/456 = 0.4. Como puede observarse, la tasa es inferior a la utilizada para la voz, lo que refleja una mayor protección frente a errores para los canales de señalización.

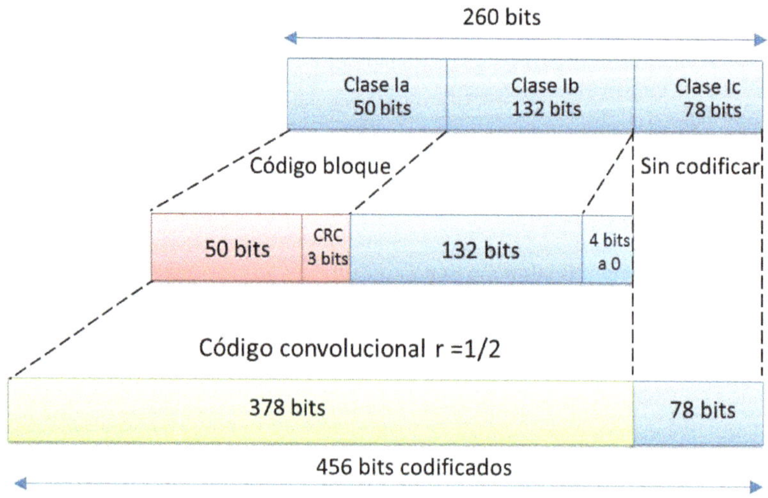

Fig. 3.26 Codificación de la voz en GSM

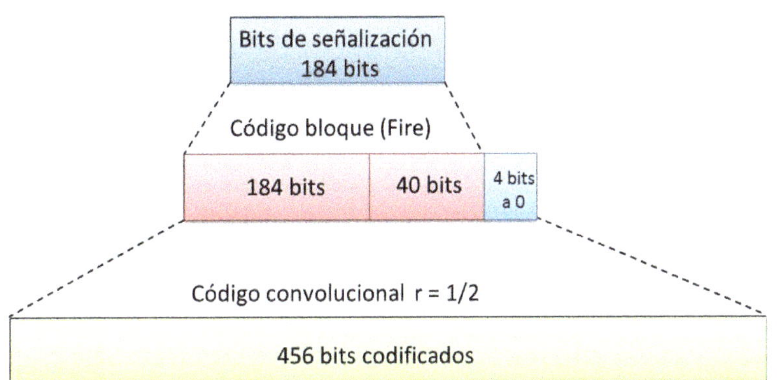

Fig. 3.27
Codificación de los canales de señalización en GSM

3.4.4 Modulación y codificación adaptativas

Tal como se ilustra en la Fig. 3.28, que muestra la estructura del transmisor y del receptor incluyendo los procesos de codificación de canal y mapeo de bits a símbolos según la modulación, dado un canal sobre el que se transmite una señal con ancho de banda B(Hz), una modulación con m bits/símbolo y una codificación de canal con tasa r, la velocidad de transmisión neta será

$$R_b = r{\cdot}m{\cdot}B \tag{3.51}$$

De forma equivalente, la eficiencia espectral conseguida mediante esta transmisión sobre el ancho de banda B sería de $R_b/B = r{\cdot}m$ bits/s/Hz.

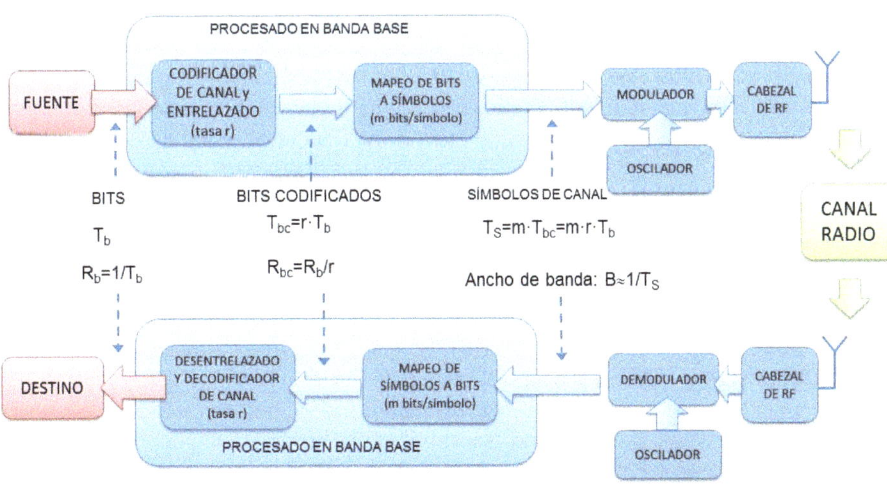

Fig. 3.28
Estructura del transmisor y del receptor con los procesos de codificación de canal y mapeo de bits a símbolos

Por tanto, fijado el ancho de banda B, es posible incrementar la velocidad de transmisión neta del usuario R_b y la eficiencia espectral incrementando la tasa del código r, es decir, utilizando códigos con poca redundancia, y/o incrementando m, es decir, utilizando más bits por símbolo mediante modulaciones con más símbolos en su constelación.

Ambos incrementos podrán llevarse a cabo siempre que las condiciones de canal lo permitan. Para justificar este concepto, consideremos un canal con una relación de señal a ruido e interferencia media γ_0. La E_b/N_o obtenida al emplear una modulación con m bits/símbolo y una codificación de canal de tasa r sobre un ancho de banda B es:

$$\frac{E_b}{N_o} = \frac{P_r T_b}{N/B} = \frac{\gamma_o}{m \cdot r} \geq \left(\frac{E_b}{N_o} \right)_{\min} \tag{3.52}$$

donde P_r es la potencia media de la señal recibida y N, la potencia total de ruido e interferencia. Para una tasa de error deseada, al incrementar la tasa del código r habrá menos ganancia de codificación y al incrementar m los símbolos de la constelación estarán más próximos, por lo que se requerirá un valor de $(E_b/N_o)_{min}$ más grande. Por consiguiente, la relación de señal a ruido e interferente necesaria también se incrementa del modo siguiente:

$$\gamma_{o,\min} = \left(\frac{E_b}{N_o} \right)_{\min} m \cdot r = \left(\frac{E_b}{N_o} \right)_{\min} \frac{R_b}{B} \tag{3.53}$$

Esta última expresión pone explícitamente de manifiesto que, al incrementar la velocidad de transmisión R_b con la reducción de la tasa del código o empleando modulaciones con más bits por símbolo, se requerirá una mayor relación de señal a ruido e interferencia $\gamma_{o,min}$ para poder mantener la tasa de error deseada.

Así, el concepto de modulación y codificación de canal adaptativa o, de modo más genérico, la adaptación de enlace (en inglés, *link adaptation*), pretende aprovechar las condiciones favorables del canal en que se tiene una buena relación de señal a ruido e interferente para reducir el número de bits de redundancia y aumentar el número de bits de datos de usuario, manteniendo el ancho de banda de la señal transmitida. Por ejemplo, si el canal presenta unas malas condiciones de relación de señal a ruido e interferencia, se podría utilizar BPSK (m = 1 bit/símbolo) con una tasa de codificación r reducida. A medida que la relación de señal a ruido e interferencia mejora, se podría incrementar la tasa del código y pasar a utilizar progresivamente la modulación QPSK (m = 2 bits/símbolo), 16-QAM (m = 4 bits/símbolo), etc.

Con objeto de ilustrar este concepto, la Tabla 3.2 muestra los diferentes esquemas de codificación (en inglés, *coding schemes* o CS) que se pueden emplear en el caso del sistema GPRS (*General Packet Radio Service*), evolución del GSM para los servicios de datos [13]. En todos los casos, la modulación es la misma: GMSK (*Gaussian minimum shift keying*), que permite transmitir 1 bit/símbolo. Como se aprecia, al incrementar la tasa de codificación se incrementa la velocidad de transmisión por *slot* (v. sección 4.2.2). Análogamente, la Tabla 3.3 muestra los esquemas de modulación y codificación (en inglés, *modulation and coding schemes* o MCS) definidos en el sistema evolucionado EGPRS (*Enhanced* GPRS) [13]. Como se observa, en este caso existen nueve combinaciones, en función de la modulación empleada GMSK o 8-PSK (3 bits/símbolo) y de la tasa del código.

Tabla 3.2
Esquemas de codificación de canal en GPRS

GPRS	
Esquema de codificación	**R_b: velocidad de transmisión por *slot* (kbit/s)**
CS-1 (tasa 0,45)	8
CS-2 (tasa 0,65)	12
CS-3 (tasa 0,75)	14,4
CS-4 (tasa 1)	20

Tabla 3.3
Esquemas de modulación y codificación de canal en EGPRS

EGPRS			
Esquema de modulación y codificación	**R_b: velocidad de transmisión por *slot* (kbit/s)**	**Modulación**	**Tasa del código (r)**
MCS-1	8,80	GMSK	0,53
MCS-2	11,2	GMSK	0,66
MCS-3	14,8	GMSK	0,85
MCS-4	17,6	GMSK	1,00
MCS-5	22,4	8-PSK	0,38
MCS-6	29,6	8-PSK	0,49
MCS-7	44,8	8-PSK	0,76
MCS-8	54,4	8-PSK	0,92
MCS-9	59,2	8-PSK	1,00

La implantación de un mecanismo de selección automática del esquema de modulación y codificación (MCS), por ejemplo para la operación del UL, se basa en medidas de la calidad del enlace, como la tasa de error obtenida o la relación de señal a ruido e interferencia γ_o por parte del terminal móvil, y su reporte a la red. A partir de estas medidas, la red decide el MCS a aplicar y se lo comunica al móvil por un canal de señalización DL. A medida que se tiene una mejor γ_o, por ejemplo cuando el terminal se acerca a la base sin aplicar control de potencia, se pueden emplear MCS que proporcionen una velocidad de transmisión R_b superior y que, por tanto, permitan sacar un mejor rendimiento de la banda disponible B y así mejorar la eficiencia espectral en bits/s/Hz. Como se ilustra en la Fig. 3.29, que presenta un ejemplo de la velocidad de transmisión obtenida para diferentes MCS en función de la relación de señal a ruido e interferente γ_o, si esta es muy reducida (eso es, inferior a 8 dB, aproximadamente), únicamente el esquema MCS-1 es capaz de funcionar correctamente gracias a su robustez frente a los errores, mientras que el resto de MCS se ven sujetos a una mayor tasa de error y, por tanto, la velocidad de transmisión que consiguen es prácticamente nula. Por el contrario, para valores elevados de γ_o (superiores a 27 dB, aproximadamente), todos los MCS considerados en la figura son capaces de proporcionar su máxima velocidad de transmisión, por lo que sería adecuado trabajar con MCS-9, ya que ello permite una mayor velocidad. Con base en ello, un sistema de adaptación de enlace apropiado escogerá, para cada γ_o, el MCS que permita obtener la máxima velocidad.

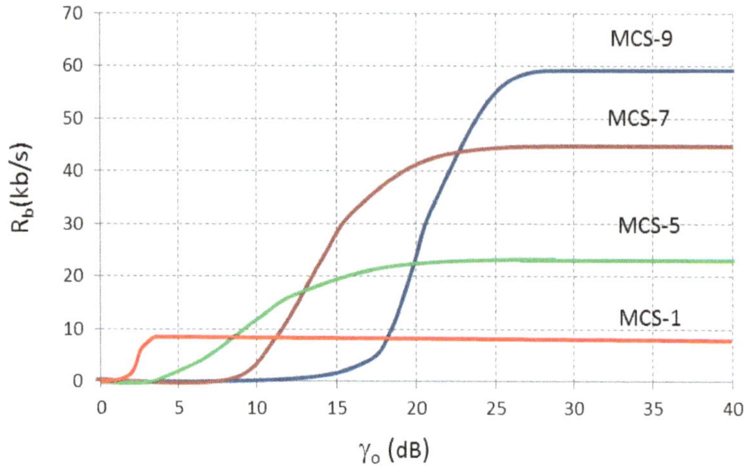

Fig. 3.29 Velocidad de transmisión obtenida para diferentes MCS en función de la relación de señal a ruido e interferente

3.4.5 Diversidad

Las técnicas de diversidad tienen como objetivo mejorar la robustez del enlace por radio frente a los desvanecimientos multicamino (Rayleigh), combinando las señales recibidas a través de dos o más caminos de propagación con condiciones de canal incorreladas. De este modo, las condiciones de potencia media de las señales recibida serán las mismas, pero los desvanecimientos rápidos de cada una estarán incorrelados. El número de caminos incorrelados que se combinan se conoce como *orden* de la diversidad.

Existen diferentes tipos de diversidad, en función de cómo se obtengan las diferentes réplicas de las señales recibidas:

- Diversidad en espacio: las señales que se combinan provienen de antenas suficientemente separadas, normalmente más de $\lambda/2$.
- Diversidad en polarización: las señales que se combinan provienen de antenas con polarizaciones cruzadas (p. ej., horizontal y vertical, o bien +45° y -45°).
- Diversidad angular: las señales que se combinan provienen de antenas directivas que cubren diferentes ángulos en recepción.
- Diversidad frecuencial: se combinan señales transmitidas a frecuencias suficientemente separadas para presentar condiciones de canal incorreladas (eso es, señales con separación frecuencial superior a la banda de coherencia del canal).
- Diversidad temporal: se combinan señales transmitidas en tiempos suficientemente separados para presentar condiciones de canal incorreladas (eso es, señales con separación temporal superior al tiempo de coherencia del canal).

De entre las técnicas anteriores, las más utilizadas en la actualidad por los sistemas móviles son la diversidad espacial y la diversidad en polarización. Esta última es particularmente interesante, porque permite conseguir diversidad mediante estructuras de antenas más compactas que en el caso de la diversidad espacial, que da lugar a estructuras más voluminosas.

3.4.5.1 Diversidad espacial en la recepción

La Fig. 3.30 ilustra el diagrama de bloques de un sistema con diversidad espacial en la recepción de orden *M*. En este caso, existen una única antena transmisora y *M* antenas receptoras suficientemente separadas para que los desvanecimientos rápidos del canal entre la antena transmisora y cada antena receptora sean independientes.

A efectos de modelar el efecto del canal entre las diferentes parejas de antena transmisora y antenas receptoras, consideramos un canal únicamente con ecos próximos. Como se ha visto en la sección 2.2.3.1, expresión (2.17), en este caso el efecto del canal, se traduce en un factor multiplicativo h_0 sobre la señal recibida cuyo módulo sigue una estadística de Rayleigh y cuya fase sigue una estadística uniforme. El subíndice 0 en la notación de la expresión (2.17) reflejaba que se trataba del frente de ondas 0. Sin embargo, dado que suponemos un único frente de ondas, por simplicidad en la notación en adelante prescindiremos de este subíndice y denominaremos simplemente h_i el factor multiplicativo correspondiente al canal de la antena receptora *i*.

Los coeficientes h_i son variables aleatorias independientes con la misma media. En consecuencia, las relaciones de señal a ruido e interferencia en banda base γ_i medidas a la salida del cabezal de RF y el demodulador de cada antena serán variables aleatorias independientes con el mismo valor medio γ_0. Dentro del bloque de procesado en banda base, se combinarán las señales recibidas en las diferentes ramas y se obtendrá como resultado una relación de señal a ruido e interferencia total γ_{TOT} que será función de los valores γ_i de cada antena y de la técnica de combinación empleada. A partir de la señal combinada, se efectuarán los demás procesos en banda base, como la detección de los símbolos enviados, el mapeo de símbolos a bits, etc.

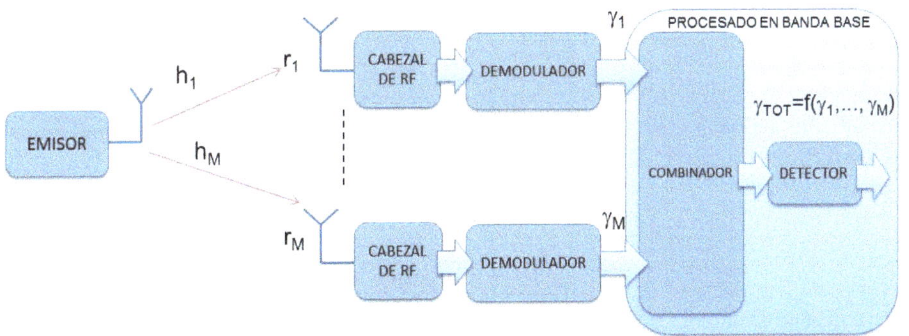

Fig. 3.30 Diversidad espacial en la recepción

A continuación, se presentan las prestaciones obtenidas mediante la diversidad en la recepción, en función de cómo se efectúe la combinación de las señales recibidas.

3.4.5.1.1 Combinación por selección

La Fig. 3.31 muestra la estructura de un sistema de diversidad en la recepción de orden *M*, con combinación por selección. Consiste en monitorizar continuamente la relación de señal a ruido e interferente γ_i en banda base para cada una de las diferentes ramas y elegir la que presenta mejor nivel de γ_i, de modo que la relación de señal a ruido e interferente total a la salida del combinador puede expresarse como:

$$\gamma_{TOT} = \max(\gamma_1, \gamma_2, ..., \gamma_M) \tag{3.54}$$

Desde el punto de vista práctico, esta técnica de combinación es relativamente sencilla, puesto que únicamente requiere un comparador y un conmutador, pero, por contrapartida, cada vez que se produce la conmutación de una a otra antena se pueden originar transitorios de amplitud y fase en la señal a la salida del combinador, lo que puede dar lugar a errores en el proceso de detección.

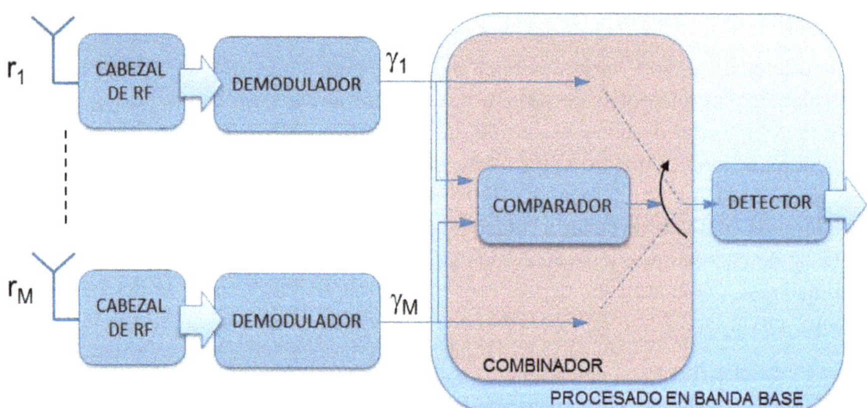

Fig. 3.31 Diversidad en la recepción con combinación por selección

La relación de señal a ruido e interferente γ_i, en cada rama sigue una estadística exponencial con la misma media γ_o en cada rama, de modo que la función de distribución de probabilidad acumulada viene dada por:

$$\Pr(\gamma_i \leq \gamma) = 1 - e^{-\frac{\gamma}{\gamma_o}} \tag{3.55}$$

Así, teniendo en cuenta que los *M* valores de γ_i son variables aleatorias independientes, se obtiene la función de distribución de probabilidad acumulada para la señal combinada como:

$$P_M(\gamma) = \Pr(\gamma_{TOT} \le \gamma) = \Pr(\gamma_1 \le \gamma, \gamma_2 \le \gamma, ..., \gamma_M \le \gamma) = \left(1 - e^{-\frac{\gamma}{\gamma_o}}\right)^M \tag{3.56}$$

de donde se puede obtener la función de densidad de probabilidad derivando esta última expresión respecto a γ:

$$f_{\gamma_{TOT}}(\gamma) = \frac{dP_M(\gamma)}{d\gamma} = \frac{M}{\gamma_o}\left(1 - e^{-\frac{\gamma}{\gamma_o}}\right)^{M-1} e^{-\frac{\gamma}{\gamma_o}} \tag{3.57}$$

La Fig. 3.32 muestra esta función de densidad de probabilidad de la relación de señal a ruido e interferente total para diferentes valores del orden de la diversidad M, e incluye también el caso en que no hay diversidad ($M = 1$). Como se aprecia, el sistema de combinación modifica la distribución probabilística de la señal en banda base sobre la que se efectuará el proceso de detección, la cual deja de ser una distribución de probabilidad exponencial como cuando hay una única antena. En particular, en la Fig. 3.32 se puede observar que, al incrementar el valor de M, cada vez resulta menos probable que la relación de señal a ruido e interferente total tome valores reducidos, y la función de densidad de probabilidad tiende a desplazarse hacia la derecha, lo cual corresponde a valores más elevados de γ.

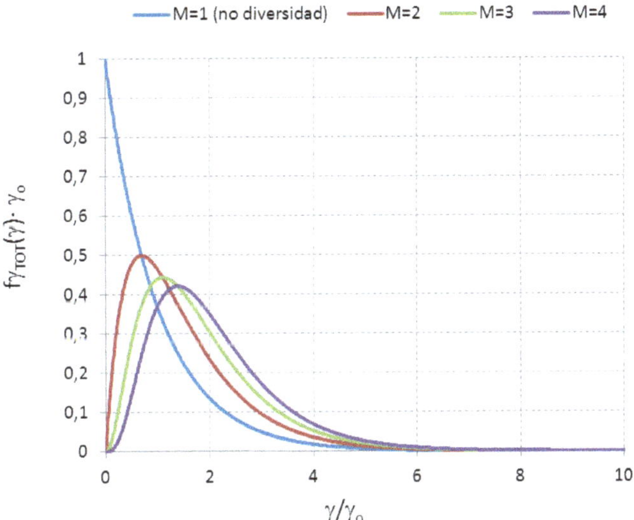

Fig. 3.32
Función de densidad de probabilidad de la de relación señal a ruido e interferente en un sistema con diversidad en la recepción de orden M y combinación por selección

La modificación de la distribución de probabilidad de la relación de señal a ruido e interferente tiene una implicación directa en la tasa de error de bit obtenida, que será:

$$P_b(\gamma_o) = \int P_b(\gamma) f_{\gamma_{TOT}}(\gamma) d\gamma \tag{3.58}$$

En particular, en el caso de modulación QPSK con $M = 2$ antenas, se obtiene [14]:

$$P_b(\gamma_o) = \int \frac{1}{2} erfc\left(\sqrt{\frac{\gamma}{2}}\right) f_{\gamma_{TOT}}(\gamma)\, d\gamma \approx \frac{3}{2\gamma_o^2} \tag{3.59}$$

Si se compara esta expresión con el caso sin diversidad obtenido en la expresión (3.15) de la sección 3.2.2, se aprecia que la tasa de error es más reducida al introducir diversidad de orden $M = 2$ y que decrece asintóticamente con el cuadrado de la relación de señal a ruido e interferente media γ_o^2, en lugar de con γ_o.

3.4.5.1.2 Combinación de ganancia máxima

La combinación de ganancia máxima (*maximal ratio combining* o MRC) es la técnica de combinación óptima que permite maximizar la relación de señal a ruido e interferente a la salida del combinador. La estructura se muestra en la Fig. 3.33.

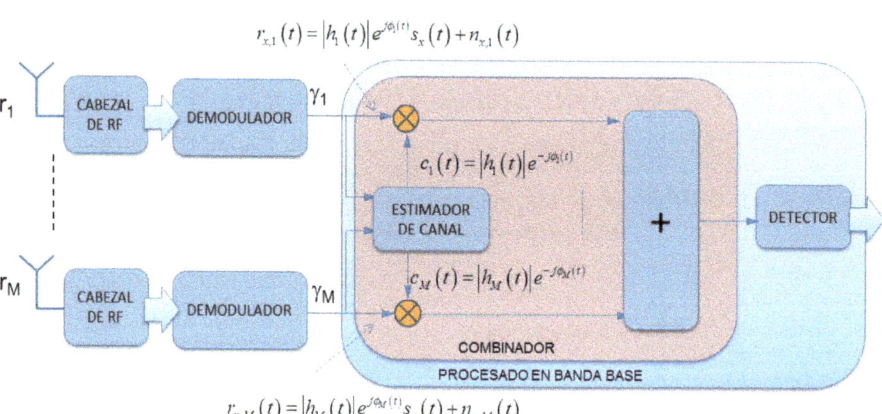

Fig. 3.33
Diversidad en la recepción con combinación MRC

En la combinación MRC, se suman, de forma ponderada y en fase, las señales recibidas en cada una de las ramas para obtener la señal a la salida del combinador. Esto se consigue ponderando cada una de las ramas por un coeficiente que depende de la señal recibida en cada rama, para dar más peso a la rama que presenta mejores condiciones de canal.

En concreto, como se aprecia en la figura, la señal recibida de la rama i es:

$$r_{x,i}(t) = |h_i(t)| e^{j\phi_i(t)} s_x(t) + n_{x,i}(t) \tag{3.60}$$

donde $|h_i(t)|$ y $\phi_i(t)$ son el módulo y la fase, respectivamente, de la respuesta del canal en la rama i, $n_{x,i}(t)$ es el ruido y la interferencia en banda base de dicha rama y $s_x(t)$ es la señal de banda base transmitida. A partir de aquí, se puede demostrar que el coeficiente de ponderación de la rama i óptimo sería [15]:

$$c_i(t) = |h_i(t)| e^{-j\phi_i(t)} \tag{3.61}$$

De este modo, el coeficiente da más peso a las ramas con mejor respuesta del canal y, además, compensa la fase del mismo, lo que permite que las señales de cada rama pasen a estar en fase tras la multiplicación por el coeficiente y se puedan sumar constructivamente.

A diferencia de la combinación por selección, en que finalmente solo se toma a la salida la señal de una de las ramas, en la combinación MRC contribuyen sobre la salida todas las ramas disponibles; además, no es preciso efectuar ningún proceso de conmutación de una rama a otra, por lo que no existirán transitorios. Por el contrario, la combinación MRC requiere efectuar la estimación del canal por separado en cada una de las ramas para determinar los coeficientes de ponderación, y ello incrementa la complejidad del proceso.

La señal a la salida del combinador viene dada por:

$$r_{x,TOT}(t)=\sum_{i=1}^{M}\left|h_i(t)\right|^2 s_x(t)+\sum_{i=1}^{M}\left|h_i(t)\right|e^{-j\phi_i(t)}n_{x,i}(t) \tag{3.62}$$

Así, considerando que el ruido y la interferencia en cada rama son variables independientes de potencia N, se obtiene la relación de señal a ruido e interferencia total a la salida del combinador como:

$$\gamma_{TOT}=\frac{\left(\sum_{i=1}^{M}\left|h_i(t)\right|^2\right)^2\left|s_x(t)\right|^2}{\sum_{i=1}^{M}\left|h_i(t)\right|^2 E\left[\left|n_{x,i}(t)\right|^2\right]}=\sum_{i=1}^{M}\frac{\left|h_i(t)\right|^2\left|s_x(t)\right|^2}{N}=\sum_{i=1}^{M}\gamma_i \tag{3.63}$$

Por tanto, la relación de señal a ruido e interferente total es la suma de las relaciones de señal a ruido e interferente de cada una de las ramas γ_i. Y, como el valor medio de la γ_i de cada rama es el mismo γ_o, se obtiene que el valor medio de la relación de señal a ruido e interferente total se ve multiplicado en un factor M con respecto al de cada rama, esto es:

$$\overline{\gamma_{TOT}}=M\gamma_o \tag{3.64}$$

A partir de (3.63), y teniendo en cuenta que los valores de γ_i son variables aleatorias independientes exponenciales de media γ_o, la función de densidad de probabilidad de γ_{TOT} puede obtenerse como la convolución de M funciones de densidad de probabilidad exponencial, y da lugar a:

$$f_{\gamma_{TOT}}(\gamma)=\frac{\gamma^{M-1}e^{-\frac{\gamma}{\gamma_o}}}{\gamma_o^M(M-1)!} \tag{3.65}$$

Así pues, al igual que en la diversidad por selección, también la combinación MRC consigue modificar la estadística de la señal a la salida del combinador, que deja de ser exponencial y pasa a tener una distribución de probabilidad mucho más benigna. La

Fig. 3.34 muestra la función de densidad de probabilidad de la relación de señal a ruido e interferente a la salida del combinador en este caso. Como se observa, y de forma análoga a lo que ocurría en el caso de la diversidad por selección, también aquí al incrementar el orden de la diversidad M disminuye la probabilidad de tener valores reducidos de relación de señal a ruido e interferente.

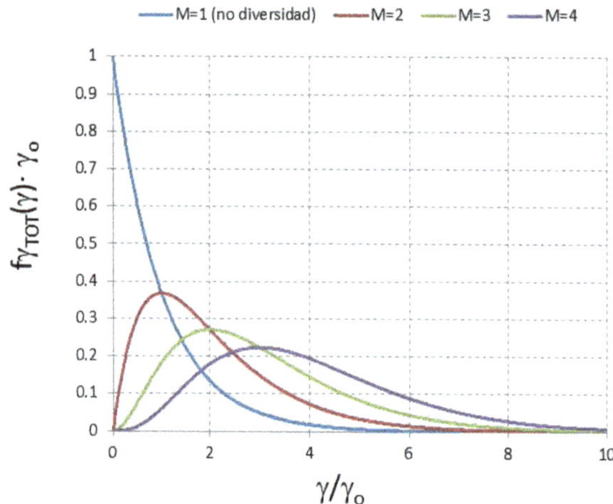

Fig. 3.34 Función de densidad de probabilidad de la relación de señal a ruido e interferente en un sistema con diversidad en la recepción de orden M y combinación MRC

En términos de tasa de error, aplicando las mismas relaciones (3.58) y (3.59) que en la diversidad por selección, pero ahora con la función de densidad de probabilidad (3.65), se obtiene que, para el caso de modulación QPSK con orden $M = 2$, la combinación MRC proporciona una tasa de error [14]:

$$P_b(\gamma_o) \approx \frac{3}{4\gamma_o^2} \tag{3.66}$$

Comparándola con la expresión (3.59) correspondiente a la combinación por selección, se observa la misma tendencia asintótica, en que la tasa de error decrece con el cuadrado de la relación de señal a ruido e interferente media, pero la combinación MRC consigue una reducción adicional de la tasa de error en un factor 2.

La Fig. 3.35 ilustra gráficamente la relación entre la tasa de error de bit y la relación de señal a ruido e interferente media por rama γ_o para diferentes órdenes de la diversidad. De entrada, se aprecia una reducción muy significativa de la tasa de error al incorporar diversidad que sin ella ($M = 1$). Por ejemplo, para tener una tasa de error del orden de 10^{-3}, con $M = 2$, se reduce en más de 10 dB la γ_o necesaria frente al caso $M = 1$. Por otro lado, la tasa de error se reduce progresivamente al incrementar el orden de la diversidad M, y de modo genérico se cumple el comportamiento asintótico siguiente:

$$P_b(\gamma_o) \propto \frac{1}{\gamma_o^M} \tag{3.67}$$

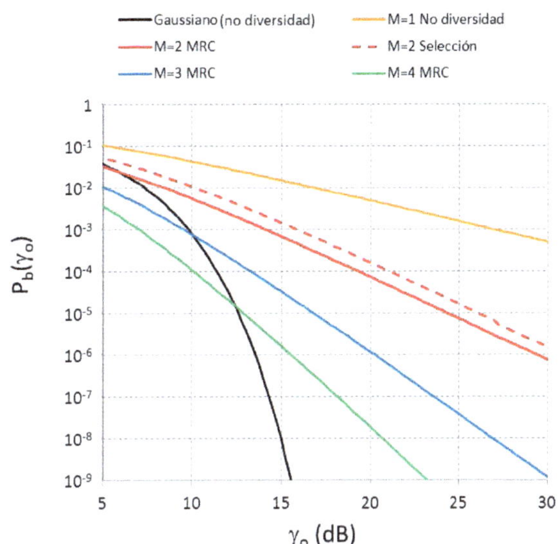

Fig. 3.35
Tasa de error en función de la relación de señal a ruido e interferente media en un canal de Rayleigh para diferentes órdenes de la diversidad. Como referencia, también se presenta la tasa de error del canal gaussiano sin diversidad

A medida que el orden de diversidad M aumenta, la evolución de la tasa de error para valores de γ_o elevados tiende a aproximarse a la obtenida en el canal gaussiano, como se aprecia en la Fig. 3.35. También se aprecia en la figura como, para un orden dado M (en la figura, para $M = 2$, que es el que se emplea más habitualmente), la combinación MRC es, teóricamente, entre 1 y 1,5 dB mejor que la diversidad por selección (es decir, requiere entre 1 y 1,5 dB menos de relación de señal a ruido e interferente γ_o para conseguir la misma tasa de error).

3.4.5.1.3 Ganancia por diversidad

La ganancia por diversidad se define como la reducción de la relación de señal a ruido e interferente media (γ_o) necesaria en un sistema con diversidad frente a uno que no la utilice, para mantener una cierta tasa de error $P_{b,max}$.

A modo de ejemplo, en el caso de un sistema de diversidad de orden $M = 2$ con combinación MRC y modulación QPSK, se obtiene, a partir de la expresión (3.66), que la relación de señal a ruido e interferente mínima para asegurar la tasa de error $P_{b,max}$ es:

$$\gamma_{o,\min,div} \approx \sqrt{\frac{3}{4P_{b,\max}}} \tag{3.68}$$

Igualmente, en caso de no emplear diversidad, según la expresión (3.15), se obtiene que la mínima relación de señal a ruido e interferente necesaria es:

$$\gamma_{o,\min} \approx \frac{1}{2P_{b,\max}} \tag{3.69}$$

Por tanto, la ganancia de diversidad sería:

$$G_{div} = \frac{\gamma_{o,\min}}{\gamma_{o,\min div}} \approx \frac{1}{\sqrt{3P_{b,\max}}} \tag{3.70}$$

Por ejemplo, para mantener $P_{b,max}=10^{-3}$, se obtiene una ganancia de diversidad $G_{div} = 12{,}6$ dB.

3.4.5.1.4 Impacto de la diversidad sobre el balance de potencias

La ganancia de diversidad tiene impacto sobre el balance de potencias entre los enlaces ascendente (UL) y descendente (DL), ya que habitualmente la diversidad en la recepción se ha utilizado en el enlace de subida gracias al mayor espacio disponible en la estación base para ubicar varias antenas. Para ilustrar este concepto, consideramos un sistema de diversidad en UL y ausencia de diversidad en DL, en que se desea mantener la misma tasa de error $P_{b,UL}=P_{b,DL}=P_b$ en ambos enlaces, que utilizan la misma modulación. Por consiguiente:

$$\gamma_{o,\min,UL}(dB) = \gamma_{o,\min,DL}(dB) - G_{div}(dB) \tag{3.71}$$

De este modo, los niveles de potencia requerida en UL y en DL a la entrada del receptor vienen dados por:

$$P'_{s,DL}(dBm) = \gamma_{o,\min,DL}(dB) + P_{N,DL}(dBm) + MI(dB) \tag{3.72}$$

$$P'_{s,UL}(dBm) = \gamma_{o,\min,UL}(dB) + P_{N,UL}(dBm) + MI(dB) \tag{3.73}$$

Así, de acuerdo con la expresión (3.35) de la sección 3.3, la condición para que el enlace esté balanceado, esto es, que el radio de cobertura del UL sea igual al del DL, da lugar a que la potencia de transmisión de la base sea:

$$P_{T,b}(dBm) = P_{T,m}(dBm) + G_{div}(dB) + \left[P_{N,DL}(dBm) - P_{N,UL}(dBm)\right] \tag{3.74}$$

En tanto que $G_{div} > 0$ dB y que habitualmente $P_{N,DL} > P_{N,UL}$, se obtiene que $P_{T,b} > P_{T,m}$, lo cual refleja que, en un enlace balanceado en que se emplee diversidad en la recepción únicamente en el enlace ascendente, el móvil transmitirá menos potencia que la estación de base.

3.4.5.2 Diversidad en la transmisión

Otra manera de conseguir disponer en el receptor de múltiples versiones de la señal transmitida que resulten estadísticamente independientes es generar la propia diversidad desde el transmisor, esto es, enviar la señal a través de múltiples antenas (o polarizaciones) en el transmisor, mientras que en el receptor hay una única antena, como se ilustra en la Fig. 3.36. Una ventaja de efectuar la diversidad en la transmisión es que se pueden conseguir los beneficios de la diversidad en el enlace descendente pero sin requerir múltiples antenas receptoras en el terminal móvil.

En estas circunstancias, se requiere algún mecanismo en la transmisión para proporcionar la ortogonalidad necesaria que permita al receptor extraer la señal de información a partir de las M señales transmitidas que se recibirán de forma agregada. Este mecanismo se refleja en la Fig. 3.36 como el codificador que determina los símbolos en banda base enviados a través de cada una de las antenas, en función del flujo de símbolos $d(t)$ que se pretende transmitir.

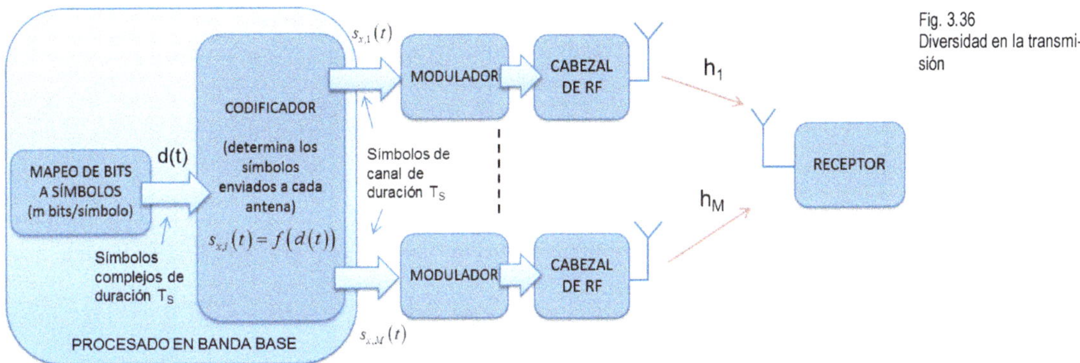

Fig. 3.36
Diversidad en la transmisión

Una técnica de codificación que se emplea habitualmente consiste en enviar la información de cada antena codificada temporalmente, lo cual da lugar a lo que se conoce como *diversidad espaciotemporal en la transmisión* (*space time transmit diversity* o STTD) [16].

La Fig. 3.37 muestra la estructura de la diversidad en la transmisión STTD con $M = 2$ antenas. La codificación espaciotemporal se efectúa en bloques de dos símbolos. Sean d_0, d_1 los símbolos que se desean enviar. Estos se codifican de modo que, a través de la antena 1, se envían en el mismo orden d_0, d_1, mientras que a través de la antena 2 se envían cambiados de orden, conjugados y cambiando el signo del primer símbolo, es decir, se envía la secuencia $-d_1^*$, d_0^*.

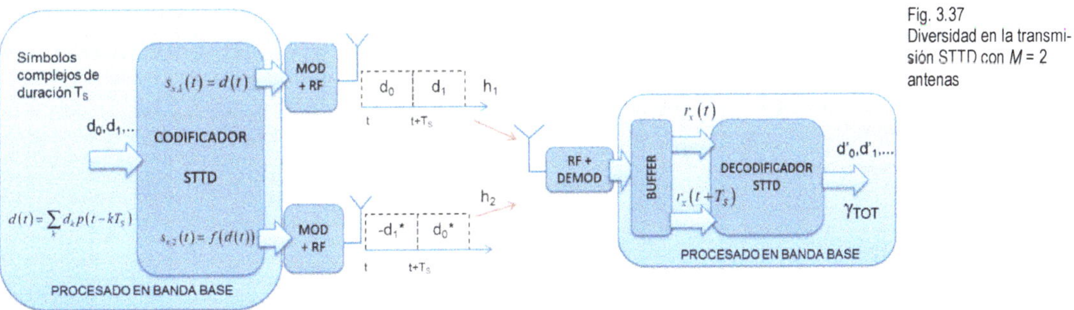

Fig. 3.37
Diversidad en la transmisión STTD con $M = 2$ antenas

Suponemos que los coeficientes del canal en cada una de las antenas se mantienen a lo largo de los dos símbolos enviados en t y en $t+T_S$, es decir, $h_1(t) = h_1(t + T_S) = h_1$, y $h_2(t) = h_2(t + T_S) = h_2$. Así, la señal recibida en banda base por el receptor en el instante t será:

$$r_x(t) = s_{x,1}(t)h_1(t) + s_{x,2}(t)h_2(t) = d_0 h_1 - d_1^* h_2 \qquad (3.75)$$

y la señal recibida en el instante $t + T_S$ será:

$$r_x(t+T_S) = s_{x,1}(t+T_S)h_1(t+T_S) + s_{x,2}(t+T_S)h_2(t+T_S) = d_1 h_1 + d_0^* h_2 \qquad (3.76)$$

En el receptor, tal como se muestra en la Fig. 3.37, la decodificación efectuada en el procesado en banda base combinará las señales recibidas en t y en $t + T_S$ para estimar los símbolos transmitidos d_0, d_1 de la forma siguiente:

$$d'_0 = r_x(t)h_1^* + r_x^*(t+T_S)h_2 \qquad (3.77)$$

$$d'_1 = -r_x^*(t)h_2 + r_x(t+T_S)h_1^* \qquad (3.78)$$

Sustituyendo en estas últimas expresiones los valores de (3.75) y (3.76), se llega a:

$$d'_0 = d_0\left(|h_1|^2 + |h_2|^2\right) \qquad (3.79)$$

$$d'_1 = d_1\left(|h_1|^2 + |h_2|^2\right) \qquad (3.80)$$

Como se aprecia, la estimación de cada símbolo contiene la suma constructiva de la señal transmitida a través de las dos antenas. De este modo, si consideramos que las señales están contaminadas por ruido e interferencias de potencia total N, la relación de señal a ruido e interferente resultante para el símbolo d'_0 detectado a la salida del decodificador (y que sería igualmente válida para el símbolo d_1) será:

$$\gamma_{TOT} = \frac{\left(|h_1|^2 + |h_2|^2\right)^2 |d_0|^2}{N\left(|h_1|^2 + |h_2|^2\right)} = \sum_{i=1}^{2} \frac{|h_i|^2 |d_0|^2}{N} = \sum_{i=1}^{2} \gamma_i \qquad (3.81)$$

Como se aprecia en esta expresión, se consigue que la relación de señal a ruido e interferente resultante del proceso de combinación sea la suma de las relaciones de señal a ruido e interferente γ_i asociadas a las señales provenientes de cada una de las dos antenas transmisoras. Por tanto, mediante la diversidad en transmisión STTD, se consigue un resultado equivalente al de la diversidad en la recepción MRC de orden $M = 2$ de la expresión (3.63).

3.4.6 Multiplexado espacial

La técnica del multiplexado espacial se basa en emplear una estructura con múltiples antenas en la transmisión y en la recepción, denominada MIMO (*multiple input multiple output*), para lograr la transmisión simultánea de múltiples flujos de información gracias a explotar la incorrelación del canal móvil entre las diferentes parejas de antenas transmisoras y receptoras. Este concepto se ilustra en la Fig. 3.38, en que se emplean M_T antenas transmisoras y M_R antenas receptoras para transmitir simultáneamente Z flujos de información. Como se detallará más adelante, esta transmisión de múltiples flujos en paralelo se sustenta en una codificación apropiada en el transmisor para determinar las señales enviadas a cada una de las antenas en función de los flujos a transmitir, y su correspondiente decodificación en el receptor. Bajo estas circunstancias, el número de flujos que se pueden transmitir se relaciona con el número de antenas, en tanto que se debe cumplir:

$$Z \leq \min\left(M_T, M_R\right) \tag{3.82}$$

La diferencia entre el multiplexado espacial y la diversidad, en que también se emplean múltiples antenas en la transmisión y/o la recepción, es que, en esta última, se reciben réplicas de un mismo flujo de información a través de diferentes caminos incorrelados, pero no se envían múltiples flujos simultáneamente. Esto es, la diversidad pretende aportar robustez al enlace por radio, mientras que el multiplexado espacial pretende incrementar el rendimiento espectral (bits/s/Hz) extraído del enlace por radio.

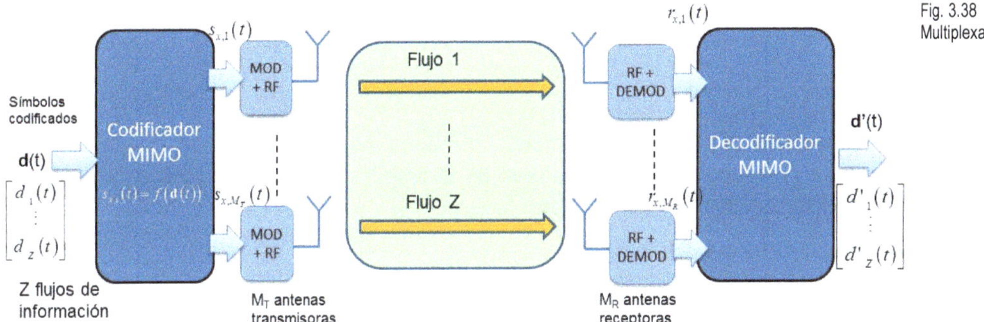

Fig. 3.38
Multiplexado espacial

3.4.6.1 Principio de funcionamiento del multiplexado espacial

A continuación, se presentan los mecanismos en que se basa el multiplexado espacial de múltiples flujos en paralelo, mediante una estructura MIMO. Para ello, consideramos el sistema MIMO de la Fig. 3.39, en que existen M_T antenas transmisoras y M_R antenas receptoras.

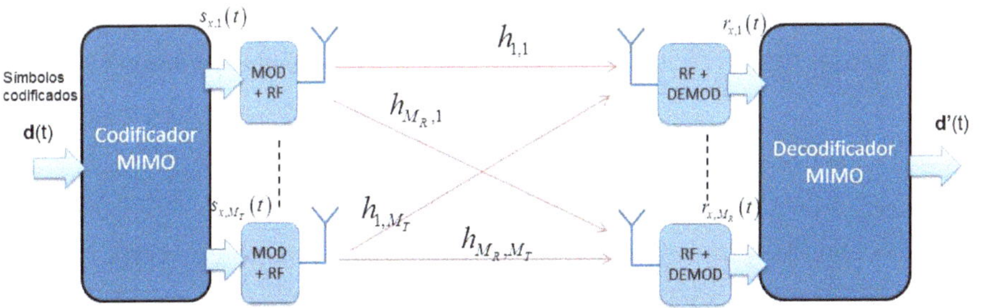

Fig. 3.39
Caracterización de un sistema de multiplexado espacial mediante una estructura MIMO de M_T antenas transmisoras y M_R antenas receptoras

Si denotamos por $h_{i,j}(\tau,t)$ la respuesta impulsional del canal entre la antena transmisora j y la receptora i, se obtiene que la señal recibida en banda base a través de la antena receptora i-ésima viene dada por:

$$r_{x,i}(t)=\sum_{j=1}^{M_T} h_{i,j}(\tau,t)*s_{x,j}(t)+n_{x,i}(t), \qquad i=1,2,\ldots,M_R \tag{3.83}$$

donde $n_{x,i}(t)$ es el ruido (y las interferencias) de banda base correspondiente a la antena receptora i-ésima.

Si consideramos un canal con respuesta impulsional de un solo rayo y, por tanto, sin distorsión, que es la situación habitual en los sistemas MIMO con transmisión OFDM con prefijo cíclico (v. sección 4.2.4.3), se tiene:

$$h_{i,j}(\tau,t)=h_{i,j}(t)\delta(\tau) \tag{3.84}$$

Por tanto, la señal recibida a través de la antena i-ésima se expresa como:

$$r_{x,i}(t)=\sum_{j=1}^{M_T} h_{i,j}(t)\cdot s_{x,j}(t)+n_{x,i}(t), \qquad i=1,2,\ldots,M_R \tag{3.85}$$

Llegados a este punto, es conveniente introducir notación matricial. En concreto, la matriz de propagación con los valores de la respuesta impulsional entre cada antena transmisora/receptora viene dada por:

$$\mathbf{H}=\begin{bmatrix} h_{1,1}(t) & h_{1,2}(t) & \ldots\ldots & h_{1,M_T}(t) \\ h_{2,1}(t) & h_{2,2}(t) & \ldots\ldots & h_{2,M_T}(t) \\ \vdots & \vdots & & \vdots \\ h_{M_R,1}(t) & h_{M_R,1}(t) & \ldots\ldots & h_{M_R,M_T}(t) \end{bmatrix} \tag{3.86}$$

Análogamente, el vector con las señales en banda base transmitidas en cada una de las M_T antenas transmisoras es:

$$\mathbf{s_x}=\left[s_{x,1}(t),\ldots,s_{x,M_T}(t)\right]^T \tag{3.87}$$

donde el superíndice T denota la operación de transposición.

El vector con las señales recibidas en banda base a través de cada una de las M_R antenas receptoras es:

$$\mathbf{r_x}=\left[r_{x,1}(t),\ldots,r_{x,M_R}(t)\right]^T \tag{3.88}$$

Por último, el ruido (y las interferencias) en banda base de cada antena receptora es:

$$\mathbf{n}_x=\left[n_{x,1}(t),\ldots,n_{x,M_R}(t)\right]^T \tag{3.89}$$

A partir de la expresión (3.85), y utilizando las definiciones (3.86)-(3.89), se puede obtener una expresión compacta para el vector de las señales recibidas en banda base:

$$\mathbf{r_x} = \mathbf{H} \cdot \mathbf{s_x} + \mathbf{n}_x \tag{3.90}$$

El principio de funcionamiento del multiplexado espacial que determina el número de flujos de información que pueden transmitirse simultáneamente, así como los mecanismos de codificación y decodificación para determinar la señal enviada en cada una de las antenas transmisoras y para estimar los flujos transmitidos a partir de la señal recibida en cada antena receptora, se basa en la denominada *descomposición en valores singulares* (*singular value decomposition* o SVD) [17] de la matriz de propagación **H**. Esta descomposición permite expresar la matriz **H** de la manera siguiente:

$$\mathbf{H} = \mathbf{U}\Sigma\mathbf{V}^{\mathrm{H}} \tag{3.91}$$

donde **Σ** es una matriz diagonal que contiene, en la diagonal principal, los valores singulares de la matriz **H**, denotados como σ_i.

$$\Sigma = \begin{bmatrix} \sigma_1 & 0 & \cdots & 0 \\ 0 & \sigma_2 & \cdots & 0 \\ \vdots & \vdots & \ddots & \vdots \\ 0 & 0 & \cdots & \sigma_Z \end{bmatrix} \tag{3.92}$$

El número de valores singulares Z coincide con el rango de la matriz **H**, que depende del grado de incorrelación existente entre las condiciones de canal de cada una de las parejas de antena transmisora/receptora. Como demostramos a continuación, el valor de Z determina el número de flujos de información que podemos transmitir simultáneamente.

A su vez, **U** es una matriz de dimensión M_RxZ y **V**, una matriz de dimensión M_TxZ. Ambas matrices cumplen la propiedad siguiente:

$$\mathbf{U}^{\mathrm{H}}\mathbf{U} - \mathbf{V}^{\mathrm{H}}\mathbf{V} = \mathbf{I_Z} \tag{3.93}$$

donde el superíndice H denota la matriz hermítica (transpuesta y conjugada) y donde $\mathbf{I_Z}$ es la matriz identidad de dimensiones ZxZ.

La descomposición SVD de la expresión (3.91) determina, como se aprecia en la Fig. 3.40, los procesos de codificación y decodificación MIMO que se llevan a cabo en el transmisor y en el receptor, respectivamente. En particular, la codificación que determina la señal de banda base enviada a cada una de las antenas transmisoras se obtiene a partir de la matriz **V** de la descomposición SVD, esto es:

$$\mathbf{s_x} = \mathbf{V} \cdot \mathbf{d} \tag{3.94}$$

donde **d** es el vector con los Z flujos a transmitir:

$$\mathbf{d} = \begin{bmatrix} d_1(t) \\ \vdots \\ d_Z(t) \end{bmatrix} \quad (3.95)$$

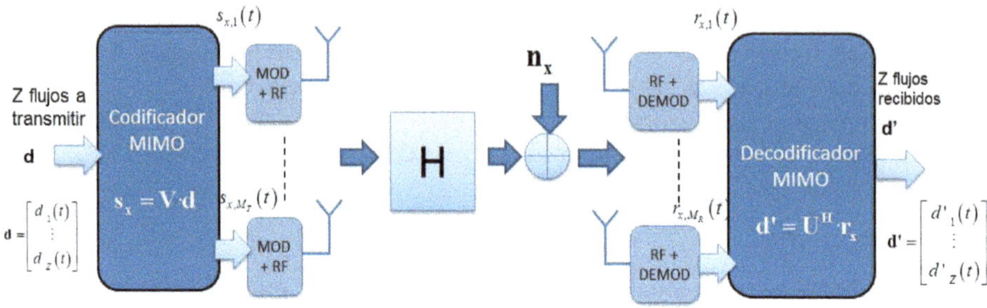

Fig. 3.40
Codificación y decodificación en un sistema de multiplexado espacial mediante MIMO

De la misma manera, el decodificador MIMO utiliza la matriz $\mathbf{U^H}$ para estimar los Z flujos en la recepción a partir de las señales recibidas en cada una de las antenas, mediante la relación:

$$\mathbf{d'} = \mathbf{U^H} \cdot \mathbf{r_x} \quad (3.96)$$

En esta expresión, el vector de las señales en banda base de las diferentes antenas receptoras $\mathbf{r_x}$ se obtiene, a partir de (3.90) y (3.94), como:

$$\mathbf{r_x} = \mathbf{H} \cdot \mathbf{V} \cdot \mathbf{d} + \mathbf{n_x} \quad (3.97)$$

de modo que el vector **d'** con la estimación de los Z flujos recibidos es:

$$\mathbf{d'} = \mathbf{U^H H V d} + \mathbf{U^H n_x} \quad (3.98)$$

Si se sustituye en esta expresión la descomposición SVD de la matriz **H** dada por (3.91), se obtiene:

$$\mathbf{d'} = \mathbf{U^H} \mathrm{U\Sigma V^H} \mathbf{Vd} + \mathbf{U^H n_x} \quad (3.99)$$

Así, teniendo en cuenta la propiedad (3.93) de las matrices **U**, **V**, y definiendo el vector de ruido $\mathbf{N_x} = \mathbf{U^H n_x}$, se llega a:

$$\mathbf{d'} = \mathbf{\Sigma d} + \mathbf{N_x} = \begin{bmatrix} \sigma_1 d_1(t) + N_{x,1}(t) \\ \vdots \\ \sigma_Z d_Z(t) + N_{x,Z}(t) \end{bmatrix} \quad (3.100)$$

con lo que se demuestra que, a la salida del decodificador MIMO, se consiguen separar los Z flujos transmitidos. Por tanto, el procesado efectuado mediante la codificación y decodificación MIMO, basado en la descomposición SVD sobre una estructura como la de la Fig. 3.39, puede interpretarse como la transmisión de Z flujos transmitidos en paralelo mediante multiplexado espacial, lo que se representa con el modelo equivalente de la Fig. 3.41.

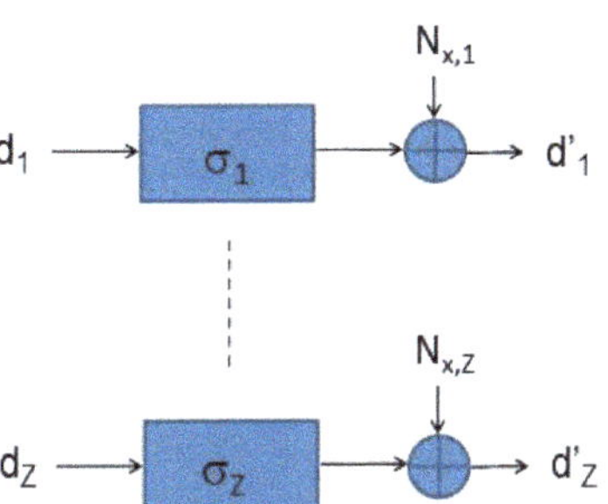

Fig. 3.41
Modelo equivalente de un sistema de multiplexado espacial mediante MIMO

Por consiguiente, queda demostrado que, con una matriz **H** de rango Z, es posible llevar a cabo la transmisión de Z flujos de información simultáneamente. Puesto que el rango Z de la matriz **H** será, a lo sumo, el valor mínimo entre el número de columnas M_T y de filas M_R de la matriz **H**, se obtiene también la condición expresada en (3.82), que relaciona el número de flujos que se podrán transmitir simultáneamente y el número de antenas transmisoras/receptoras.

Para poder implementar el multiplexado espacial de acuerdo con la descomposición SVD explicada, es preciso que el receptor comunique al transmisor el estado del canal en cada una de las parejas de antena transmisora y receptora, es decir, los elementos de la matriz **H**, por lo que constituye una estrategia de transmisión en lazo cerrado. En la práctica, dado que esto exige enviar una gran cantidad de señalización, sistemas como el LTE (*Long Term Evolution*) emplean una técnica subóptima en que existe un conjunto de matrices de codificación predefinidas por el sistema, de modo que el receptor escoge la más conveniente en función del canal estimado en cada momento [18][19]. Esto reduce los requerimientos de señalización, pero a costa de que la separación de los flujos en el receptor no sea perfecta.

3.4.6.2 Comparativa entre la diversidad y el multiplexado espacial

Con objeto de enfatizar las diferencias entre las técnicas multiantena de multiplexado espacial y de diversidad en términos de la capacidad que pueden proporcionar, consideremos inicialmente un sistema con diversidad de orden M y combinación MRC sobre un canal de ancho de banda B. En el apartado 3.4.5.1.2, se ha visto que la relación de señal a ruido e interferente media de la señal combinada viene dada por $\overline{\gamma_{TOT}} = M\gamma_o$, donde γ_o es la relación de señal a ruido e interferente media de cada rama. Para evaluar la capacidad del canal abstrayendo el análisis de la modulación y la codificación de canal específicas, consideramos la capacidad teórica del canal según la cota de Shannon [20]. Esta cota establece que, en un canal de ancho de banda B y con una cierta relación de señal a ruido a interferencia $\overline{\gamma_{TOT}}$, la máxima capacidad o velocidad de transmisión R_b en bits/s alcanzable es:

$$R_b \leq B \cdot \log_2\left(1+\overline{\gamma_{TOT}}\right) = B \cdot \log_2\left(1+M\frac{E_b}{N_0}\frac{R_b}{B}\right) \tag{3.101}$$

De forma equivalente, de esta última expresión puede obtenerse el valor mínimo necesario de E_b/N_o para poder conseguir una capacidad de R_b bits/s como:

$$\left(\frac{E_b}{N_0}\right)_{\min} = \frac{1}{M}\frac{2^{(R_b/B)}-1}{R_b/B} \tag{3.102}$$

La Fig. 3.42 muestra el valor del requerimiento de $(E_b/N_o)_{min}$ en función del valor de R_b deseado (normalizado al ancho de banda B), en un sistema de diversidad para diferentes valores del orden M de la diversidad. Como puede apreciarse, el incremento del orden de la diversidad M permite reducir significativamente la $(E_b/N_o)_{min}$ para valores reducidos de R_b/B. Este resultado pone de manifiesto la ganancia de diversidad que ya se ha comentado en la sección 3.4.5. Por el contrario, al considerar valores de R_b/B grandes, el requerimiento de $(E_b/N_o)_{min}$ se incrementa enormemente y de forma prácticamente insensible al orden de la diversidad M. Por tanto, el incremento del orden de la diversidad M no es adecuado para incrementar la capacidad del canal.

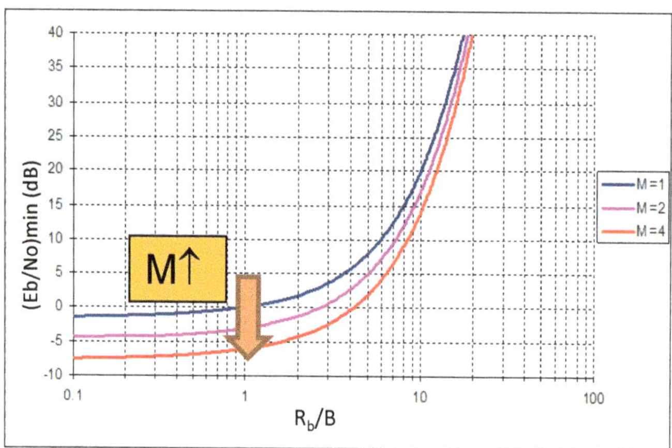

Fig. 3.42 Impacto del incremento del orden de un sistema de diversidad en términos de capacidad

Consideramos ahora que, sobre el ancho de banda B, se efectúa un sistema de multiplexado espacial de Z flujos transmitidos simultáneamente, como el que se muestra en la Fig. 3.38. La relación de señal a ruido e interferente media de cada flujo será γ_o. Así pues, al haber Z transmisiones en paralelo, la cota de Shannon establece que el límite de capacidad teórica será:

$$R_b \leq Z \cdot B \log_2(1+\gamma_o) = Z \cdot B \log_2\left(1+\frac{E_b}{N_0}\frac{R_b}{B}\right) \tag{3.103}$$

De forma equivalente, el valor mínimo necesario de E_b/N_o para poder conseguir una capacidad de R_b bits/s se obtiene ahora como:

$$\left(\frac{E_b}{N_0}\right)_{\min} = \frac{2^{\frac{R_b/B}{Z}}-1}{R_b/B} \tag{3.104}$$

La Fig. 3.43 muestra el valor de $(E_b/N_o)_{min}$ en función de la capacidad R_b deseada (normalizada al ancho de banda B) en un sistema con el multiplexado espacial de Z flujos. Por contraposición a lo que ocurría en el caso del sistema de diversidad de la Fig. 3.42, en un sistema de multiplexado espacial es posible conseguir incrementar la capacidad R_b, manteniendo requerimientos de $(E_b/N_o)_{min}$ moderados, sobre la base de incrementar el número de flujos Z. Según la relación (3.82), para conseguir el incremento del número de flujos basta con incrementar el número de antenas transmisoras/receptoras, siempre y cuando se pueda asegurar que existe incorrelación entre las condiciones de canal de las diferentes antenas transmisora y receptora.

Así pues, como conclusión general del estudio, puede decirse que, respecto de un sistema con una antena, los sistemas de diversidad permiten reducir la E_b/N_o necesaria para conseguir una cierta R_b, por lo que serán particularmente útiles para mantener la transmisión a la velocidad deseada R_b cuando las condiciones de canal sean malas. Por el contrario, los sistemas MIMO permiten incrementar la capacidad R_b del canal, lo cual será de interés cuando las condiciones del canal en términos de E_b/N_o sean buenas.

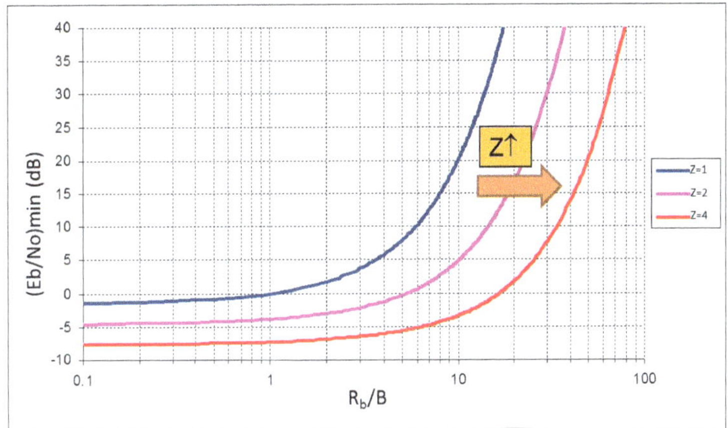

Fig. 3.43
Impacto del incremento en el número de flujos de un sistema de multiplexado espacial en términos de la capacidad

3.5 Referencias

[1] ETSI (1998): *Universal Mobile Telecommunications System (UMTS). Selection procedures for the choice of radio transmission technologies of the UMTS (UMTS 30.03 version 3.2.0*. TR 101 112 v3.2.0, abril.

[2] ITU (1996): *Information Technology - Open Systems Interconnection - Basic Reference Model: The Basic Model*. ISO/IEC 7498-1, junio.

[3] ROSEMBAUM, A. S. (1970): "Binary PSK Error Probabilities with Multiple Cochannel Interferences", *IEEE Transactions on Communication Technology*, vol. COM-18, n. 3 (junio), pp. 241-253.

[4] BEAULIEU, N. C.; ABU-DAYYA, A. A. (1995): "Bandwidth Efficient QPSK in Cochannel Interference and Fading", *IEEE Transactions on Communications*, vol. 43, n. 9 (septiembre), pp. 2464-2474.

[5] CHIANI, M. (1996): "Performance of BPSK and GMSK with multiple co-channel interferers", *Seventh IEEE International Symposium on Personal, Indoor and Mobile Radio Communications (PIMRC'96),* vol. 3, 15-18 de octubre, pp. 833-837.

[6] MUSA, S. A.; WASYLKIWSKYJ, W. (1978): "Co-channel interference of spread spectrum systems in a multiple user environment", *IEEE Transactions on Communications*, vol. COM-26, n. 10, (octubre), pp. 1405-1413.

[7] MORROW, R. K.; LEHNERT, J. S. (1992): "Packet throughput in slotted ALOHA DS/SSMA radio systems with random signature sequences", *IEEE Transactions on Communications*, vol. 40, n. 7 (julio), pp. 1223-1230.

[8] PROAKIS, J. G. (1989): *Digital Communications*. Nueva York: McGraw-Hill.

[9] LIN, S.; COSTELLO, D. J. (1983): *Error Control Coding: Fundamentals and applications*. Prentice-Hall.

[10] SKLAR, B. (2001): *Digital Communications: Fundamentals and Applications*. 2ª ed. Prentice-Hall.

[11] BERROU, C.; GLAVIEUX, A.; THITIMAJSHIMA, P. (1993): "Near Shannon limit error-correcting coding and decoding: turbo-codes", *Proceedings of the IEEE ICC '93*, Ginebra, mayo, pp. 1064-1070.

[12] REDL, S. M.; WEBER, M. K.; OLIPHANT, M. W. (1995): *An Introduction to GSM*. Artech House.

[13] HALONEN, T.; ROMERO, J.; MELERO, J. (2002): *GSM, GPRS and EDGE Performance*. John Wiley and Sons.

[14] SCHWARTZ, M.; BENNET, W.R.; STEIN, S. (1966): *Communication Systems and Techniques*. Nueva York: McGraw-Hill.

[15] RAPPAPORT, T. S. (1996): *Wireless Communications. Principles and Practice*. Prentice Hall.

[16] ALAMOUTI, S. (1998): "A Simple Transmit Diversity technique for wireless communication", *IEEE Journal on Selected Areas in Communications*, vol. 16, n. 8 (octubre), pp. 1451-1458.

[17] GOLUB, G.; VAN LOAN, C. (1989): *Matrix Computation*. John Hopkins University Press.

[18] KHAN, F. (2009): *LTE for 4G Mobile Broadband*. Cambridge University Press.

[19] DAHLMAN, E.; PARKVALL, S.; SKÖLD, J.; BEMING, P. (2007): *3G Evolution. HSPA and LTE for Mobile Broadband*. 1ª ed. Academic Press, Elsevier.

[20] SHANNON, C. E. (1948): "A mathematical theory of communication", *Bell System Technical Journal*, vol. 27, n. 3 y 4 (julio y octubre), pp. 379-423 y 623-656.

Apéndice 3.1. Tasa de error en BPSK y QPSK, con demodulación coherente y canal gaussiano

En este apéndice, se presentan los cálculos detallados para obtener la tasa de error asociada al proceso de demodulación coherente en BPSK y QPSK en el caso de un canal gaussiano. Para ello, la Fig. 3.44 ilustra la estructura del demodulador coherente destinado a trasladar la señal recibida $r(t)$ de la frecuencia ω_0 a banda base. De modo genérico, la señal recibida $r(t)$ puede expresarse como:

$$\begin{aligned} r(t) &= V\,\mathrm{Re}\left[s_x(t)e^{j\omega_0 t}\right] + n(t) = V\left(s_{x,I}(t)\cos\omega_0 t - s_{x,Q}(t)\cos\omega_0 t\right) + \\ &+ n_{x,I}(t)\cos\omega_o t - n_{x,Q}(t)\sin\omega_o t \end{aligned} \tag{3.105}$$

donde $s_x(t)$ es la señal de banda base compleja transmitida, cuyas componentes en fase y cuadratura son $s_{x,I}(t)$ y $s_{x,Q}(t)$, mientras que $n(t)$ es la perturbación (ruido e interferencia) paso-banda total, cuyas componentes en fase y cuadratura son $n_{x,I}(t)$ y $n_{x,Q}(t)$. La potencia de $n(t)$ es N, y además se cumple que esta potencia coincide con la de las componentes en fase y cuadratura, es decir:

$$E\left[n^2(t)\right] = E\left[n_{x,I}^2(t)\right] = E\left[n_{x,Q}^2(t)\right] = N \tag{3.106}$$

Por otra parte, en el caso de las modulaciones BPSK y QPSK, la señal en banda base tiene la propiedad siguiente:

$$\left|s_x(t)\right|^2 = s_{x,I}^2(t) + s_{x,Q}^2(t) = 1 \tag{3.107}$$

Por consiguiente, la relación de señal a ruido a la entrada del demodulador es:

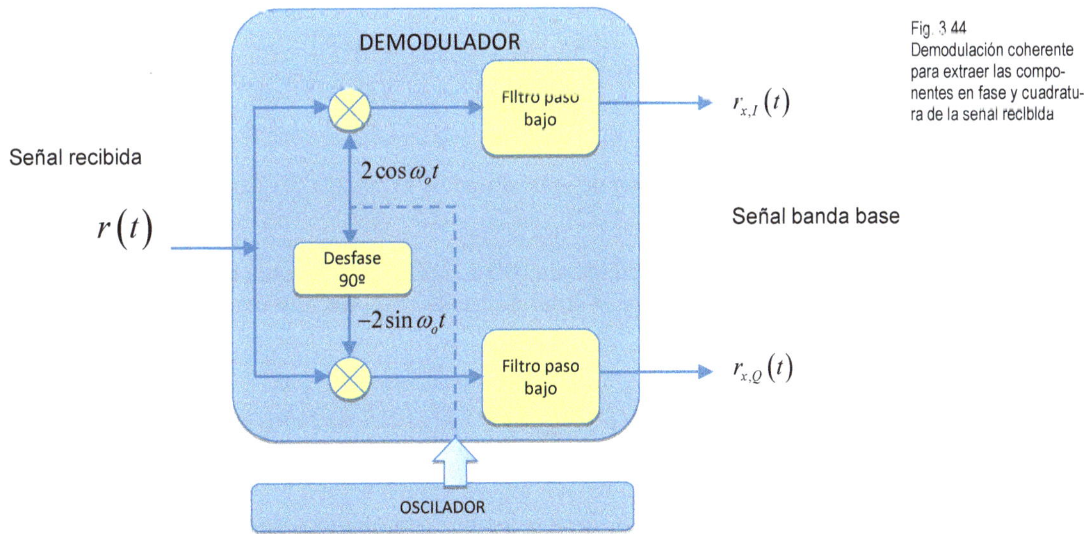

Fig. 3.44
Demodulación coherente para extraer las componentes en fase y cuadratura de la señal recibida

$$\gamma = \frac{\frac{V^2}{2}\left(E\left[s_{x,I}^2(t)\right]+E\left[s_{x,Q}^2(t)\right]\right)}{\frac{\left(E\left[n_{x,I}^2(t)\right]+E\left[n_{x,Q}^2(t)\right]\right)}{2}} = \frac{V^2}{2N} \quad (3.108)$$

Como se observa en la Fig. 3.44, el proceso de demodulación para extraer las componentes en fase y cuadratura que conforman la señal de banda base $r_x(t)$ se efectúa mediante un tono a la frecuencia portadora ω_0 generado por un oscilador. En concreto, para obtener la componente en fase $r_{x,I}(t)$, basta con multiplicar por un coseno de la frecuencia portadora y, a continuación, filtrar paso-bajo, mientras que para obtener la componente en cuadratura $r_{x,I}(t)$ hay que efectuar la multiplicación por un seno y, a continuación, también filtrar paso-bajo. Como resultado de este proceso, se obtienen las componentes en fase y cuadratura como:

$$r_{x,I}(t) = Vs_{x,I}(t) + n_{x,I}(t) \quad (3.109)$$

$$r_{x,Q}(t) = Vs_{x,Q}(t) + n_{x,Q}(t) \quad (3.110)$$

De forma equivalente, la señal de banda base compleja recuperada puede expresarse como:

$$r_x(t) = Vs_x(t) + n_x(t) = V\left(s_{x,I}(t) + js_{x,Q}(t)\right) + n_{x,I}(t) + jn_{x,Q}(t) \quad (3.111)$$

La relación de señal a ruido e interferente a la salida del demodulador, medida sobre la señal compleja de banda base $r_x(t)$, es, pues:

$$\gamma = \frac{V^2\left(E\left[s_{x,I}^2(t)\right]+E\left[s_{x,Q}^2(t)\right]\right)}{E\left[n_{x,I}^2(t)\right]+\left[n_{x,Q}^2(t)\right]} = \frac{V^2}{2N} \quad (3.112)$$

que coincide con la relación de señal a ruido a la entrada del demodulador de la expresión (3.108).

En caso de que la señal recibida sea BPSK, la Fig. 3.45 muestra el proceso de detección correspondiente a partir de la señal de banda base. En este caso, la señal paso-banda recibida es:

$$r(t) = V\sum_k s_k p(t - kT_S)\cos(\omega_0 t) + n(t) \quad (3.113)$$

Los símbolos (en este caso, igual a los bits) transmitidos son $s_k \in \{1,-1\}$ y $p(t)$ es un pulso rectangular de duración T_S.

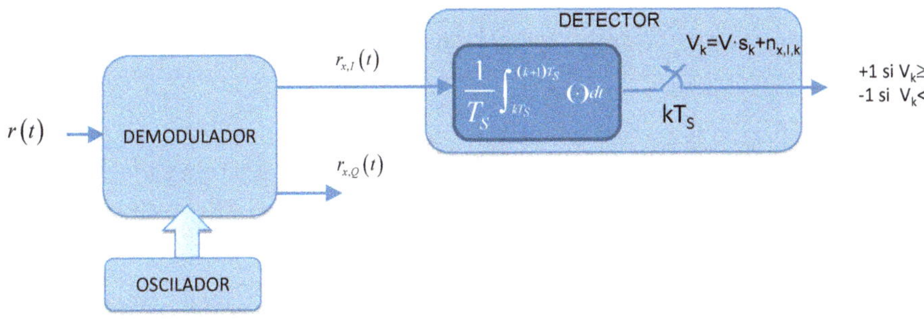

Fig. 3.45
Detección BPSK coherente

Puesto que los símbolos transmitidos únicamente tienen componente en fase, la detección se efectúa únicamente a partir de la componente en fase $r_{x,I}(t)$ de la señal de banda base:

$$r_{x,I}(t) = V\sum_k s_k p(t - kT_S) + n_{x,I}(t) \tag{3.114}$$

Sobre esta señal, se efectúa una integración durante un intervalo igual a la duración de los símbolos T_S y se obtiene a la salida:

$$V_k = V \cdot s_k + n_{x,I,k} \tag{3.115}$$

En estas circunstancias, la decisión se efectúa a partir de un umbral, que determina que se ha enviado un bit +1, si V_k es mayor que 0, o -1, en caso contrario. Así, dado que la perturbación $n_{x,I,k}$ sigue una estadística gaussiana de potencia N, se puede afirmar que la variable de salida V_k tendrá también una estadística gaussiana de media $V \cdot s_k$ y varianza N. Por consiguiente, la probabilidad de error de bit puede calcularse como:

$$P_b(\gamma) = \Pr\left[V_k \geq 0 \middle| s_k = -1\right]\Pr\left[s_k = -1\right] + \Pr\left[V_k < 0 \middle| s_k = 1\right]\Pr\left[s_k = 1\right] \tag{3.116}$$

donde $\Pr[s_k=-1]$ y $\Pr[s_k=1]$ son las probabilidades de que el emisor haya enviado un -1 o un 1, respectivamente. Considerando que ambas situaciones son equiprobables, se obtiene:

$$\begin{aligned} P_b(\gamma) &= \frac{1}{2}\int_0^\infty \frac{1}{\sqrt{2\pi N}} e^{-\frac{(x+V)^2}{2N}} dx + \frac{1}{2}\int_{-\infty}^0 \frac{1}{\sqrt{2\pi N}} e^{-\frac{(x-V)^2}{2N}} dx = \\ &= \int_{\frac{V}{\sqrt{N}}}^\infty \frac{1}{\sqrt{2\pi}} e^{-\frac{y^2}{2}} dy = \frac{1}{2} erfc\left(\frac{V}{\sqrt{2N}}\right) = \frac{1}{2} erfc\left(\sqrt{\gamma}\right) \end{aligned} \tag{3.117}$$

En caso de que la modulación sea QPSK, se tiene que la señal recibida será:

$$\begin{aligned} r(t) &= V\sum_k s_{k,I} p(t - kT_S)\cos(\omega_0 t) - \\ &-V\sum_k s_{k,Q} p(t - kT_S)\sin(\omega_0 t) + n(t) \end{aligned} \tag{3.118}$$

y ahora las componentes en fase y cuadratura de los símbolos enviados serán:

$$s_{k,I}, s_{k,Q} \in \left\{ \frac{+1}{\sqrt{2}}, \frac{-1}{\sqrt{2}} \right\} \tag{3.119}$$

La Fig. 3.46 muestra la estructura del detector coherente en este caso. Como se observa, es idéntica a dos procesos de detección BPSK efectuados en paralelo sobre las componentes en fase y cuadratura de la señal de banda base a la salida del demodulador.

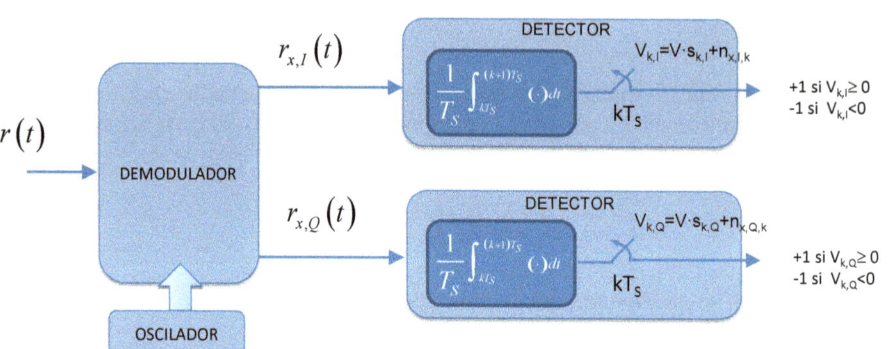

Fig. 3.46
Detección QPSK coherente

Las componentes en fase y cuadratura de la señal de banda base son:

$$r_{x,I}(t) = V\sum_k s_{k,I}\, p(t-kT_S) + n_{x,I}(t) \tag{3.120}$$

$$r_{x,Q}(t) = V\sum_k s_{k,Q}\, p(t-kT_S) + n_{x,Q}(t) \tag{3.121}$$

El proceso de cálculo de la probabilidad de error de cualquiera de las dos ramas es análogo al de la detección BPSK. Tomando, a modo de ejemplo, la componente en fase, se obtiene:

$$\begin{aligned} P_b(\gamma) &= \Pr\left[V_{k,I} \geq 0 \middle| s_{k,I} = \frac{-1}{\sqrt{2}} \right] \Pr\left[s_{k,I} = \frac{-1}{\sqrt{2}} \right] + \\ &+ \Pr\left[V_{k,I} < 0 \middle| s_{k,I} = \frac{+1}{\sqrt{2}} \right] \Pr\left[s_{k,I} = \frac{+1}{\sqrt{2}} \right] \end{aligned} \tag{3.122}$$

Y, considerando símbolos equiprobables, se obtiene:

$$\begin{aligned} P_b(\gamma) &= \frac{1}{2}\int_0^{\infty} \frac{1}{\sqrt{2\pi N}} e^{-\frac{\left(x+\frac{V}{\sqrt{2}}\right)^2}{2N}} dx + \frac{1}{2}\int_{-\infty}^{0} \frac{1}{\sqrt{2\pi N}} e^{-\frac{\left(x-\frac{V}{\sqrt{2}}\right)^2}{2N}} dx = \\ &= \int_{\frac{V}{\sqrt{2N}}}^{\infty} \frac{1}{\sqrt{2\pi}} e^{-\frac{y^2}{2}} dy = \frac{1}{2} erfc\left(\frac{V}{2\sqrt{N}}\right) = \frac{1}{2} erfc\left(\sqrt{\frac{\gamma}{2}}\right) \end{aligned} \tag{3.123}$$

Acceso por radio móvil

4.1 Introducción

El acceso por radio móvil ha de permitir el uso compartido de los recursos de radio disponibles en la estación base de un sistema de comunicaciones móviles para soportar diversas comunicaciones bidireccionales de diferentes usuarios sobre un mismo medio de transmisión.

Ello implica, en primer lugar, poder separar las comunicaciones de múltiples usuarios que comparten un mismo sentido de la comunicación, esto es, el enlace ascendente en el caso de las transmisiones del móvil a la base o el enlace descendente en el caso de las transmisiones de la base al móvil. Las denominadas *técnicas de acceso múltiple*, que se verán en la sección 4.2, son las encargadas de efectuar esta separación. En segundo lugar, también hay que poder separar las transmisiones efectuadas en el enlace ascendente de las efectuadas en el enlace descendente, ya que ambas utilizan el mismo medio de transmisión. De esta separación se encargan las denominadas *técnicas de duplexado*, que se verán en la sección 4.3.

Por último, en la sección 4.4 se estudian los mecanismos de gestión necesarios para poder utilizar, de forma eficiente, los recursos de radio disponibles en función de la técnica de acceso múltiple empleada, de acuerdo con las características de los usuarios que desean transmitir y las condiciones de radio que experimenten cada uno de ellos.

4.2 Técnicas de acceso múltiple

Las técnicas de acceso múltiple permiten compartir los recursos de radio entre diferentes usuarios, de manera que, como se observa en la Fig. 4.1, una misma estación base pueda soportar diversas comunicaciones simultáneamente. Se basan en la capacidad de separar las señales de diferentes usuarios en el receptor, a partir de alguna componente de ortogonalidad entre señales. Recuérdese que la ortogonalidad entre dos señales $u_i(t)$ y $u_j(t)$, con transformadas de Fourier respectivas $U_i(f)$ y $U_j(f)$, se define sobre un período de tiempo T o, equivalentemente, sobre una banda B como:

$$\int_T u_i(t)\, u_j^*(t)\, dt = \int_B U_i(f)\, U_j^*(f)\, df = 0 \tag{4.1}$$

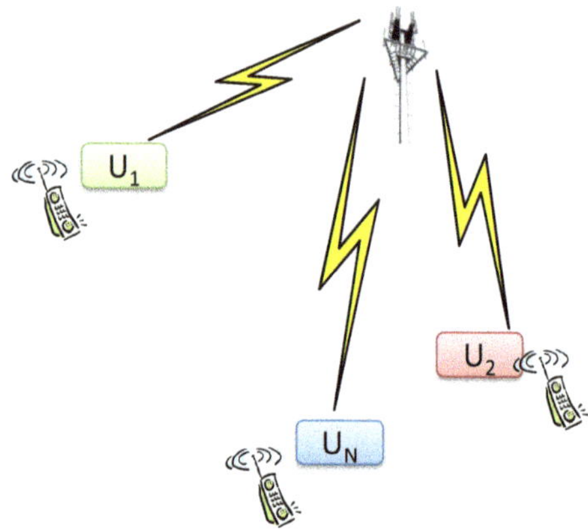

Fig. 4.1
Ilustración del concepto de acceso múltiple

En función de la componente de ortogonalidad empleada, existen distintas técnicas de acceso múltiple: FDMA (asociada a la primera generación de comunicaciones móviles, 1G), TDMA (presente en sistemas 2G como GSM), CDMA (utilizada, por ejemplo, en sistemas 3G como UMTS) y OFDMA (vinculada, por ejemplo, al 4G con LTE). Las secciones siguientes desarrollan los principios básicos asociados a las distintas técnicas.

4.2.1 Acceso múltiple FDMA

Cronológicamente, el acceso múltiple por división en frecuencia FDMA (*frequency division multiple access*) es la primera técnica de acceso múltiple en aparecer y la única factible en las transmisiones analógicas. Consiste en dividir el ancho de banda disponible en porciones más pequeñas, denominadas *radiocanales*, y asignar estas porciones a los distintos usuarios, que pueden hacer uso de las mismas durante todo el tiempo (v. Fig. 4.2). Así pues, cada usuario transmite en una banda frecuencial diferente. Claramente, en este caso, las señales transmitidas por los usuarios son ortogonales en la dimensión frecuencial, es decir, la condición de ortogonalidad de la expresión (4.1) se consigue gracias a que el producto de las señales en el dominio frecuencial es nulo, en tanto que no se solapan en frecuencia. Para separar la señal de interés de un usuario concreto, basta situar un filtro sobre la frecuencia de este usuario para seleccionar dicha señal y eliminar la del resto de usuarios que están accediendo al sistema. En la práctica, y para facilitar la realización práctica de los filtros, se deja una banda de guarda entre las bandas asociadas a los distintos usuarios. No obstante, el compromiso resultante ha de notarse, ya que bandas de guarda excesivamente grandes restan eficiencia al acceso, puesto que se desaprovecha banda.

La separación entre radiocanales, habitualmente homogénea en toda la banda disponible por un sistema, se denomina *canalización*, tal como se ilustra también en la Fig. 4.2.

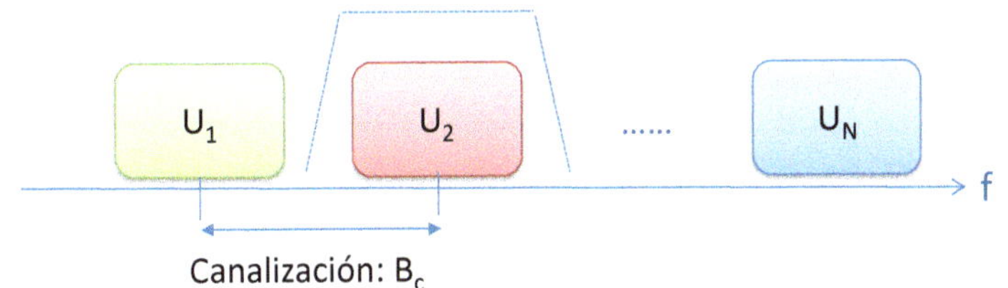

Fig. 4.2
Técnica de acceso múltiple FDMA

Conviene remarcar que la mayoría de los sistemas actuales tienen una componente de acceso múltiple FDMA que puede combinarse con otras técnicas de acceso múltiple. Ello es así porque la banda total disponible por un sistema suele ser grande (del orden de las decenas de MHz), por lo que se efectúa una subdivisión de la misma en bandas más pequeñas o radiocanales, que se asignan a diferentes transmisiones, con independencia de que, adicionalmente, sobre cada radiocanal se apliquen otras técnicas de acceso múltiple (TDMA, CDMA, OFDMA).

4.2.2 Acceso múltiple TDMA

En el acceso múltiple por división en tiempo TDMA (*time division multiple access*), los usuarios comparten la misma frecuencia, pero transmiten en intervalos de tiempo disjuntos. De esta manera, los usuarios son ortogonales en la dimensión temporal y, para separar la señal de interés de un usuario concreto, basta con escuchar el canal en el período de tiempo que está transmitiendo dicho usuario y omitir el resto del tiempo. Por consiguiente, la condición de ortogonalidad de la expresión (4.1) se consigue gracias a que las señales no se solapan temporalmente y, en consecuencia, el producto de señales en el tiempo es nulo.

Así, se define una trama de duración T_t s como el período sobre el cual todos los usuarios del sistema han tenido la oportunidad de transmitir información, y se denominan *ranuras* o *slots* los intervalos de duración T_{slot} s asignados a cada usuario. En estos intervalos temporales, los usuarios transmiten su señal mediante un formato denominado *ráfaga*, cuya duración es $T_r < T_{slot}$ (v. Fig. 4.3), de modo que dejan un cierto tiempo de guarda para asegurar que la ráfaga se recibe dentro del *slot*. Usualmente, la ráfaga que inyecta el usuario al canal incluye un campo de bits para facilitar el sincronismo en la recepción, campos de bits asociados a la señalización y campos de bits de datos codificados (que incluyen ya la redundancia añadida en el proceso de codificación de canal).

A modo de ejemplo, un sistema que emplea la técnica TDMA es el sistema de segunda generación GSM (*Global System for Mobile Communications*). En particular, el GSM emplea tramas de duración $T_t = 4{,}615$ ms, que se subdividen en 8 *time slots* cada uno, con una duración $T_{slot} = 576{,}9$ µs. Asimismo, se emplean ráfagas que, en su versión denominada "normal", tienen una duración de $T_r = 546{,}46$ µs y están compuestas por un total de 148 bits.

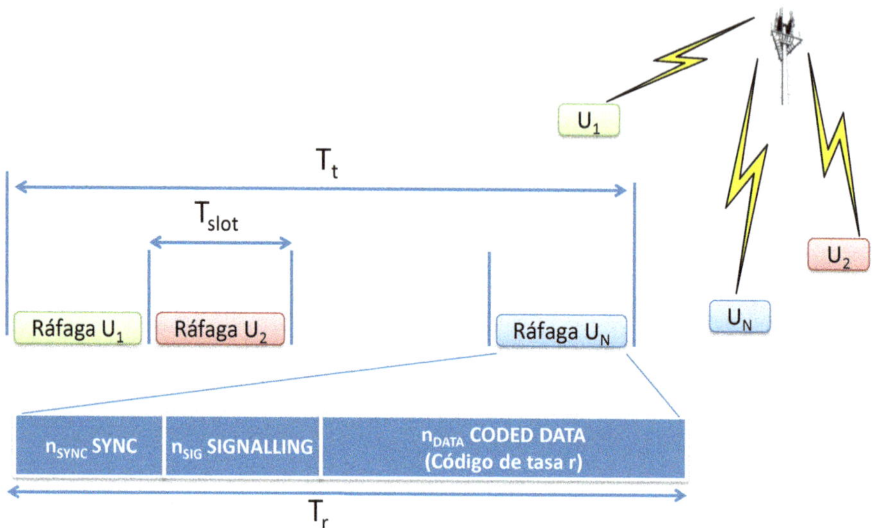

Fig. 4.3
Técnica de acceso múltiple TDMA

Es importante señalar que el acceso TDMA, en sentido estricto, es un acceso discontinuo, ya que el usuario no transmite durante todo el tiempo. No obstante, es posible soportar servicios en tiempo real de naturaleza continua (por ejemplo, un servicio de voz conversacional) sin que el usuario deje de tener la sensación de continuidad en la comunicación. Ello es posible mediante un *buffer* en el transmisor, que almacene la información generada y la entregue al canal en la ranura asignada, tal como se ilustra en el transmisor TDMA representado en la Fig. 4.4, donde se han incluido explícitamente el *buffer* y el procesado necesario para configurar los diferentes campos de la ráfaga a transmitir. Análogamente, en el receptor habrá otro *buffer* para almacenar la información recibida durante la ranura correspondiente y entregarla de forma continua al usuario. Este sistema implica un retardo que ha de ser inferior a la tolerancia del usuario para cada servicio.

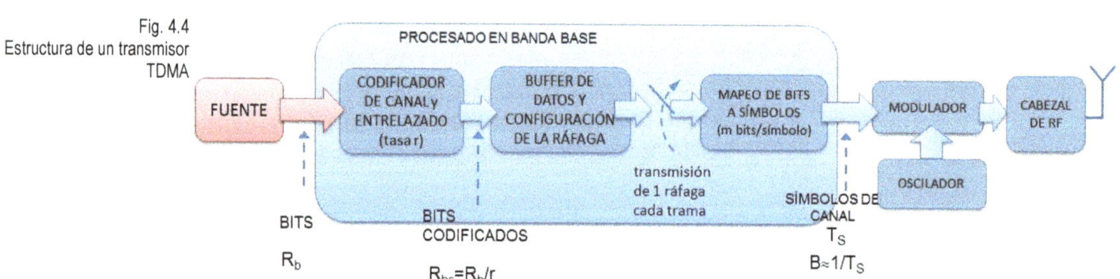

Fig. 4.4
Estructura de un transmisor TDMA

Teniendo en cuenta el transmisor de la Fig. 4.4, en que el usuario genera un flujo continuo de velocidad neta R_b b/s y la estructura de ráfaga representada en la Fig. 4.3, donde se asume que un usuario tiene un *slot* asignado por trama, la velocidad de transmisión bruta entregada al *buffer* será:

$$R_{bc} = \frac{R_b}{r} = \frac{n_{DATA}}{T_t} \quad (4.2)$$

Por otro lado, a la salida del *buffer* de datos, la velocidad de transmisión durante la ráfaga R_r (b/s) será:

$$R_r = \frac{n_{SYNC} + n_{SIG} + n_{DATA}}{T_r} = m \cdot B \tag{4.3}$$

Teniendo en cuenta que está velocidad únicamente se tendrá durante una fracción de tiempo T_r/T_t, mientras que el resto del tiempo no se transmitirá, y que de todos los bits enviados únicamente n_{DATA} son datos, para poder soportar la velocidad de transmisión neta R_b se tendrá que cumplir la igualdad siguiente:

$$R_r \frac{n_{DATA}}{n_{SYNC} + n_{SIG} + n_{DATA}} \frac{T_r}{T_t} = R_{bc} = \frac{R_b}{r} \tag{4.4}$$

Definiendo $\alpha_{DATA}=n_{DATA}/(n_{SYNC}+n_{SIG}+n_{DATA})$ como la fracción de bits enviados que corresponde a datos codificados, $\alpha_g=(T_{slot}-T_r)/T_{slot}$ como la fracción del tiempo de guarda respecto de la duración total del *slot* y $n_{slots}=T_t/T_{slot}$ como el número de *slots* por trama, la relación (4.4) puede expresarse como:

$$R_b = \frac{r \cdot R_r}{n_{slots}} \cdot \alpha_{DATA} \cdot (1-\alpha_g) = \frac{r \cdot m \cdot B}{n_{slots}} \cdot \alpha_{DATA} \cdot (1-\alpha_g) \tag{4.5}$$

Esta expresión pone de manifiesto, de forma explícita, la relación entre el ancho de banda B utilizado (o, equivalentemente, la velocidad de transmisión durante una ráfaga R_r) y la velocidad de transmisión del flujo de información R_b.

A modo de ejemplo, en el caso del sistema GSM ya comentado [1][2], la velocidad de transmisión neta para un usuario del servicio de voz es R_b = 13 kb/s, esto es, el codificador de voz genera un bloque de 260 bits cada 20 ms. Como ya se ha visto en el capítulo 3 (sección 3.4.3), tras la codificación de canal efectuada, los 260 bits se convierten en 456, lo que presenta una tasa r = 260/456 y da lugar a una velocidad de transmisión bruta de R_{bc} = 22,8 kb/s. Por otra parte, según el diseño de la capa física GSM, el número de *slots* por trama es n_{slots} = 8, el número de bits por ráfaga ($n_{SYNC}+n_{SIG}+n_{DATA}$) es 148 y la duración de la ráfaga es T_r = 546,46 μs, con lo cual resulta que la señal se inyecta al canal de radio a una velocidad $R_r \approx$ 270,8 kb/s y la fracción del tiempo de guarda de las ráfagas es α_g = 0,053. Con base en esto, de (4.5) se deduce que la fracción de bits enviados correspondiente a datos codificados ha de ser α_{DATA} = 0,711. Este valor se consigue enviando en cada ráfaga 114 bits de datos codificados, de un total de 148 bits transmitidos, y limitando que un usuario solo transmita datos codificados en 24 de cada 26 tramas, por lo que α_{DATA} = (114/148) · (24/26) = 0,711.

Por otra parte, como ya se ha mencionado anteriormente, en la práctica no se suelen encontrar accesos TDMA puros, sino que suelen ser un híbrido entre TDMA y FDMA, aunque a veces no se mencione explícitamente la componente de acceso FDMA y se dé por supuesta. El motivo es que el ancho de banda total asignado a un sistema suele ser relativamente grande, de modo que tecnológicamente sería complicado emplear una única portadora y supondría que los usuarios deberían efectuar accesos muy breves y de alta velocidad. Por tanto, se subdivide la banda en varias portadoras o radiocanales

(FDMA) y, sobre cada una de ellas, se define una estructura de trama (acceso TDMA). Esta combinación híbrida TDMA/FDMA es la que se utiliza en el ejemplo mencionado del sistema GSM, en que la banda se subdivide con una canalización de 200 kHz y sobre cada radiocanal se aplica la estructura de trama de 8 *slots* comentada.

En cuanto a los mecanismos de sincronización temporal para la recuperación de la ráfaga de un usuario determinado, el campo de bits de sincronismo consta de una secuencia conocida por el receptor, que permite determinar las referencias temporales a partir de la propia señal. Las secuencias de sincronismo son secuencias especiales con propiedades de autocorrelación específicas, de modo que, para sincronizar el sistema, se buscan estas secuencias en la señal recibida mediante un correlador. Unas de las secuencias utilizadas son las denominadas *secuencias de Barker*. Estas secuencias tienen un máximo de correlación cuando la secuencia está perfectamente alineada, mientras que la autocorrelación es igual a cero cuando la señal está desplazada. En la Fig. 4.5, se ilustra el proceso de sincronización. Como puede apreciarse, consiste en efectuar un proceso de correlación entre la señal recibida y la secuencia de sincronismo conocida, almacenada localmente en un registro. Así, cuando la señal recibida contenga los bits de la secuencia de sincronismo, en la salida del sumador se irán obteniendo los diferentes valores de la autocorrelación de dicha secuencia, en función del desplazamiento temporal entre la secuencia de sincronismo recibida y la local. Los valores obtenidos se comparan con un cierto umbral, de modo que, gracias a las propiedades de autocorrelación de la secuencia, la salida del sumador presentará un máximo cuando la secuencia recibida esté alineada con la secuencia local, lo que activará la salida del comparador y marcará el instante de recepción de la ráfaga. En todo caso, dada una secuencia de sincronismo, puede ocurrir que, por errores del canal, el receptor no detecte la señal de sincronismo y, por tanto, se pierda la ráfaga. También puede ocurrir que el ruido del canal se confunda con la secuencia de sincronismo.

Fig. 4.5
Proceso de sincronización en TDMA

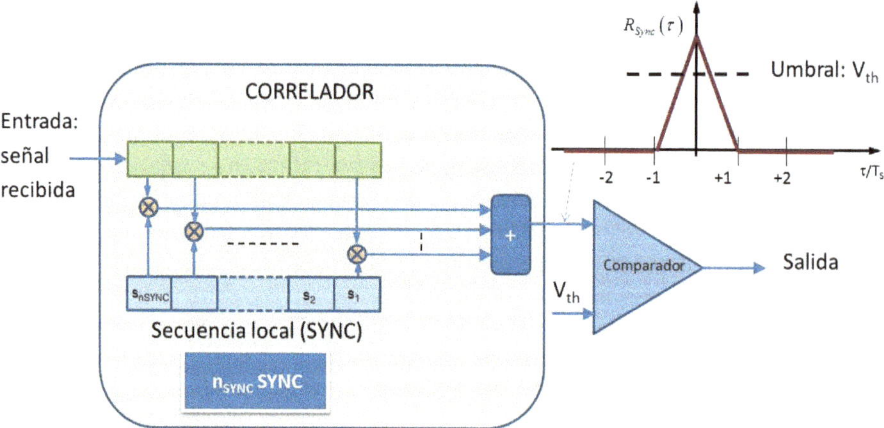

Otro aspecto importante a considerar con relación al acceso TDMA es que requiere un alto grado de sincronismo entre los diferentes usuarios, para que las transmisiones de cada uno de ellos puedan encajar dentro de la ranura temporal correspondiente. Para facilitar la realización práctica de la sincronización entre usuarios y permitir una cierta tolerancia, se deja un cierto tiempo de guarda entre ranuras consecutivas, utilizando ráfagas de duración más corta que la duración del *time slot*, como se ha comentado anteriormente. No obstante, el compromiso resultante ha de notarse, ya que tiempos de guarda excesivamente grandes restan eficiencia al acceso, en la medida que se desaprovecha tiempo de transmisión de información.

La visión de una estructura de trama temporal, en que se reciben sucesivamente las ráfagas de los distintos usuarios, es desde el punto de vista de la estación base. Esto es, en el caso del enlace ascendente, la temporización del sistema ha de referirse al instante de recepción de las señales en la estación base, y para ello es necesario establecer un patrón de tiempos común. Una manera práctica de lograrlo es mediante la generación de una señal de referencia, que se difunde en sentido descendente para determinar el instante de inicio de la trama. El problema radica en que, al estar los distintos móviles a diferente distancia, los retardos de propagación son distintos para cada uno de ellos y, por tanto, desde el punto de vista de los terminales, la trama se inicia en instantes de tiempo absolutos diferentes para cada usuario. A partir del instante de recepción de la señal de referencia, y puesto que cada usuario ya sabe cuál es la ranura que tiene asignada, el usuario de la primera trama transmitirá su ráfaga nada más detectar la señal de referencia, el usuario de la segunda ranura se esperará T_s s desde el momento en que detecte la señal de referencia para empezar a transmitir, y así sucesivamente. La Fig. 4.6 muestra, pues, lo que podría ocurrir con las transmisiones efectuadas. El usuario de la primera ranura detecta la señal de referencia T_p s después de que haya salido de la estación base (T_p es el retardo de propagación desde la estación base hasta la ubicación de dicho usuario). Entonces, transmite su ráfaga, la cual, a su vez, tarda T_p s en llegar a la estación base. En consecuencia, la ráfaga llega a la estación base retrasada $2T_p$ s respecto al instante de inicio del *slot* en que debería haber llegado. Si este retardo es significativo en relación con la duración de un *slot*, la ráfaga del primer usuario invade el *slot* del usuario adyacente y provoca que se solapen las dos ráfagas en el receptor, de modo que se rompe el principio básico del mecanismo de acceso, que supone ortogonalidad temporal en las transmisiones, y ello provoca que ambas ráfagas se detecten con errores.

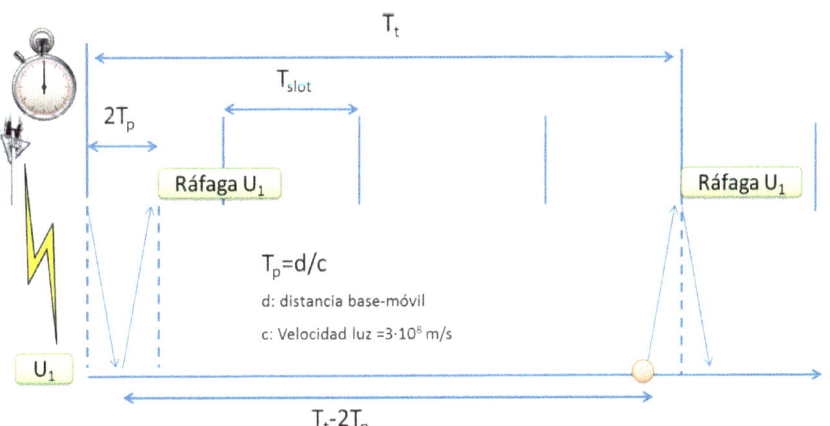

Fig. 4.6
Impacto del retardo de propagación en TDMA e ilustración del concepto *timing advance*

A la vista de lo anterior, cabe buscar una solución al problema, que mantenga la ortogonalidad temporal de las señales. Una posible opción sería proveer un tiempo de guarda suficientemente grande para que, considerando la máxima diferencia de tiempos de propagación posible dentro de una célula (un móvil junto a la base y el otro, en el extremo del área de cobertura), la ráfaga nunca pudiera llegar a solaparse con el *slot* siguiente. No obstante, si el radio de la célula puede ser grande, el tiempo de guarda necesario también lo será y, por tanto, se perderá eficiencia en el acceso, de manera muy significativa.

Una solución adecuada es incorporar un mecanismo de avance temporal (*timing advance*, TA) en el sistema, de manera que cada terminal anticipe la transmisión de su ráfaga de acuerdo con su retardo de propagación con respecto a la estación base. Así, para evitar que la ráfaga llegue "tarde" a la estación base, el móvil ha de anticipar $2T_p$ s el instante en que inyecta la ráfaga al canal. En realidad, lo que haría el usuario, a partir de la recepción de la última señal de referencia, sería esperar un tiempo $(T_r\text{-}2T_p)$ s y después empezar a transmitir, tal como se aprecia en la Fig. 4.6. Con este procedimiento, la ráfaga quedaría bien encajada dentro de la estructura de la trama definida por la estación base.

El tiempo de adelanto $2T_p$ es el denominado *avance temporal* o *timing advance* y se relaciona con la distancia d a la que se encuentra el móvil de la base a través de la velocidad de la luz $c = 3\cdot 10^8$ m/s como:

$$TA = 2T_p = \frac{2d}{c} \tag{4.6}$$

A la vista de lo anterior, resulta claro que, para implementar el *timing advance*, han de medirse los retardos de propagación de cada móvil y comunicarlos a cada uno de los terminales para que efectúen las correcciones correspondientes. Nótese que esta medida solo puede hacerse en la estación base, ya que es ella la que tiene la referencia temporal del sistema. Además, puesto que el móvil se va desplazando, el tiempo de propagación hasta la estación base irá variando, de manera que este deberá actualizarse periódicamente. El procedimiento a seguir será, pues, el siguiente:

1. La primera ráfaga que envía el móvil a la red es una ráfaga especial, denominada habitualmente *ráfaga de acceso*, mucho más corta que la ráfaga normal, para evitar solaparse con el *slot* adyacente, incluso si el móvil se encuentra en el extremo de la célula.

2. El tiempo transcurrido entre el inicio de la trama y el momento en que la estación base recibe la ráfaga del móvil es de $2T_p$ s, con lo que la estación base puede medir el avance temporal.

3. La estación base comunica al móvil el valor del avance temporal a aplicar a través de un canal de señalización en el enlace descendente.

4. Para la transmisión en la trama siguiente, el móvil ya está sincronizado y puede utilizar la ráfaga normal.

5. A medida que el móvil se vaya acercando o se vaya alejando de la estación base, el retardo de propagación variará, con lo que el mecanismo de medida/corrección del avance temporal a aplicar se irá ejecutando dinámicamente.

Llegados a este punto, conviene subrayar que, en tanto que el envío inicial de la ráfaga de acceso se efectúa sin ningún tipo de avance temporal, si el móvil se encontrara a mucha distancia de la base, podría llegar a ocurrir que, debido al tiempo de propagación, esta ráfaga llegara a solaparse con el *slot* siguiente. Por consiguiente, en función del tiempo de guarda de esta ráfaga de acceso, podrá establecerse una distancia máxima a la que puedan encontrarse los terminales para evitar que dicho solape llegue a producirse y asegurar que el acceso TDMA funcione correctamente. En concreto, la distancia máxima vendrá dada por el hecho que el retardo de $2T_p$ entre el instante de llegada esperado y el instante de llegada real de la ráfaga de acceso deberá ser inferior al tiempo de guarda $T_{g,a}$ de la ráfaga de acceso. Así, a la máxima distancia posible d_{max}, deberá cumplirse que:

$$T_{g,a} = 2T_{p,\max} = \frac{2d_{\max}}{c} \quad \Rightarrow \quad d_{\max} = \frac{cT_{g,a}}{2} \tag{4.7}$$

A modo de ejemplo, en el sistema GSM, el tiempo de guarda de la ráfaga de acceso es $T_{g,a} = 252$ µs, lo que da lugar en teoría a $d_{max} = 37{,}8$ km.

El lector interesado en profundizar más sobre las características del sistema GSM puede encontrar información en [1]-[5].

4.2.3 Acceso múltiple CDMA

El acceso CDMA es más reciente que FDMA y TDMA y, en principio, mucho menos evidente que estos dos, ya que en CDMA los usuarios transmiten al mismo tiempo y a la misma frecuencia. La ortogonalidad se consigue añadiendo una nueva dimensión, la secuencia de código, que a su vez originará el ensanchamiento espectral de la señal. Así, en CDMA se asigna un código diferente a cada usuario, que ha de permitir detectar en el receptor la señal de dicho usuario separada de las demás transmisiones [6][7][8][9]. La Fig. 4.7 ilustra este principio general de funcionamiento y refleja que en la estación de base existen diferentes receptores, preparados para captar, cada uno de ellos, la secuencia de código de un usuario distinto.

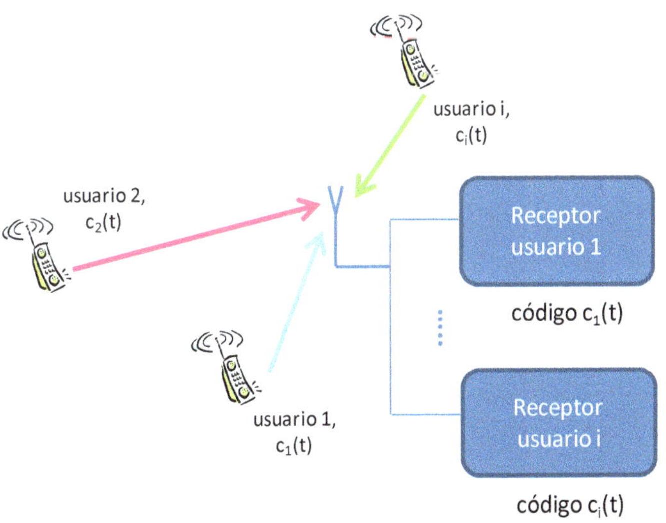

Fig. 4.7
Técnica de acceso múltiple CDMA

4.2.3.1 Señales de espectro ensanchado: transmisión

El proceso de generación de una señal en espectro ensanchado queda reflejado en el diagrama de bloques que se muestra en la Fig. 4.8, donde se ha introducido el subíndice 1 en la notación de las diferentes señales involucradas para reflejar que se considera la transmisión del que denominaremos *usuario 1*. El elemento diferencial respecto del transmisor convencional es la incorporación del bloque de *spreading*, que efectúa la traslación entre símbolos codificados y símbolos de canal. La operación de *spreading*, detallada en la Fig. 4.9, consiste en multiplicar el tren de símbolos codificados, $d_1(t)$, por los elementos de la secuencia de código, $c_1(t)$. La secuencia de código se caracteriza porque se genera a una velocidad mucho más rápida que el tren de símbolos codificados, de manera que, si la duración de un símbolo codificado es de T_d s, la duración de un elemento de la secuencia de código –denominado *chip*– será de T_c s, y en general $T_c \ll T_d$. De esta manera, los símbolos que se envían al canal quedan expresados en banda base con la señal:

$$s_{x,1}(t) = d_1(t) \cdot c_1(t) = \sum_{k=-\infty}^{\infty} d_{1,k} \sum_{l=0}^{N_c-1} c_{1,l} rect_{T_c}(t - lT_c - kT_d) \tag{4.8}$$

donde la señal con los símbolos codificados es:

$$d_1(t) = \sum_{k=-\infty}^{\infty} d_{1,k} rect_{T_d}(t - kT_d) \tag{4.9}$$

y la secuencia de código:

$$c_1(t) = \sum_{k=-\infty}^{\infty} \sum_{l=0}^{N_c-1} c_{1,l} rect_{T_c}(t - lT_c - kT_d) \tag{4.10}$$

En la notación anterior, $rect_T(t)$ denota un pulso rectangular comprendido entre $t = 0$ y $t = T$.

Nótese que los símbolos de canal tienen una duración T_S s igual a la del *chip*, esto es, $T_S = T_c$. Siendo la velocidad de generación de la secuencia de código $W = 1/T_c$ *chip*/s, el ancho de banda, B, de la señal en espectro ensanchado generada viene dado por:

$$B \approx \frac{1}{T_S} = \frac{1}{T_c} = W \tag{4.11}$$

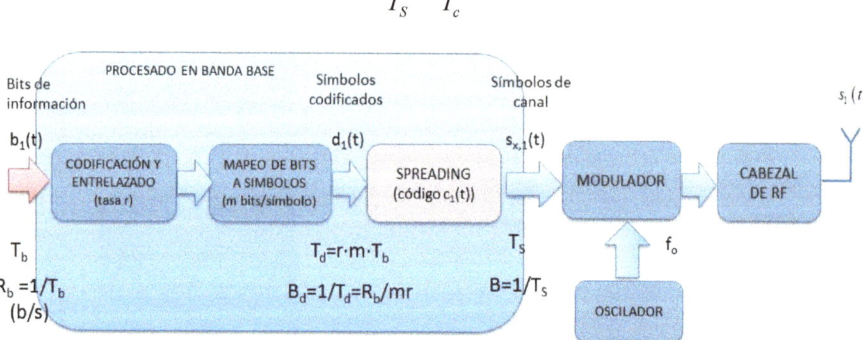

Fig. 4.8
Diagrama de bloques del transmisor CDMA

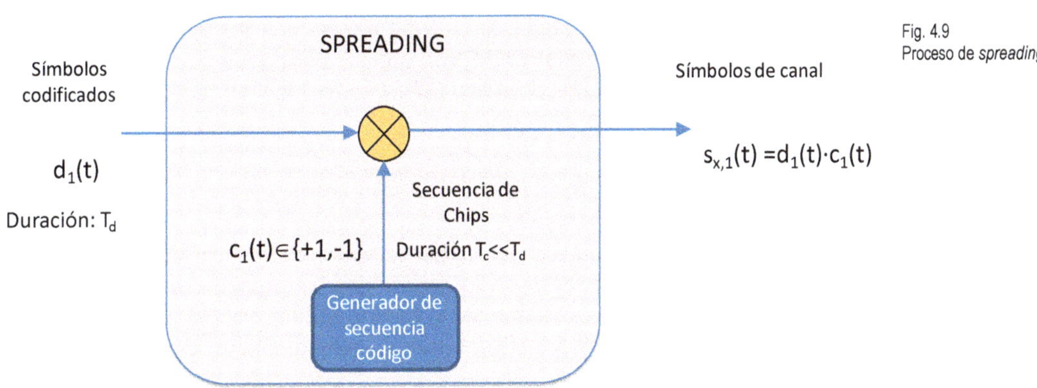

Fig. 4.9
Proceso de *spreading*

La Fig. 4.10 muestra un ejemplo del proceso de generación de la señal en espectro expandido para el caso en que los símbolos codificados se correspondan con una modulación BPSK ($d_{1,k} \in \{+1,-1\}$), la secuencia de código $c_1(t)$ sea de longitud $N_c = 8$ *chips*, tome valores {+1,-1,+1,-1,-1,+1,-1,+1} y se cumpla que la duración de un símbolo codificado coincida con un período completo de la secuencia de código, esto es, $T_d = N_c \cdot T_c$. En estas condiciones, puede verse que, al ser la señal resultante la modulación de la secuencia de símbolos codificados por la secuencia de código, en términos temporales se enviará al canal bien la secuencia de código (si el símbolo codificado es +1), bien la secuencia de código invertida (si el símbolo codificado es -1). En términos espectrales, este proceso provoca el ensanchamiento espectral de la señal (v. Fig. 4.11), ya que la densidad espectral de potencia de la secuencia de símbolos codificados y la de la señal modulada por la secuencia de código vienen dadas, respectivamente, por:

$$S_{d_1}(f) = T_d \frac{\sin^2(\pi T_d f)}{(\pi T_d f)^2} \tag{4.12}$$

$$S_{s_{x,1}}(f) = T_c \frac{\sin^2(\pi T_c f)}{(\pi T_c f)^2} \tag{4.13}$$

Cabe destacar que, al ser la secuencia de código una señal configurada por *chips* de valor +1 o -1, el proceso de multiplicación por dicha secuencia no modifica la potencia de la señal a la entrada, de modo que el proceso de ensanchamiento espectral viene acompañado de una disminución del valor máximo de la densidad espectral de potencia en un factor:

$$\frac{S_{d_1}(0)}{S_{s_{x,1}}(0)} = \frac{T_d}{T_c} = N_c \tag{4.14}$$

Para reflejar este efecto, suele emplearse el denominado *factor de ensanchamiento* (*spreading factor*), definido como:

$$SF = \frac{W}{B_d} = \frac{T_d}{T_c} = N_c \tag{4.15}$$

La relación entre el ancho de banda de la señal transmitida $B \approx W$ y la velocidad de transmisión neta R_b para una señal CDMA se obtiene considerando el efecto conjunto de la codificación de canal (r), el *spreading* (SF) y la modulación (m):

$$\frac{B}{R_b} = \frac{W}{R_b} = \frac{T_b}{T_c} = \frac{T_d}{T_c m \cdot r} = \frac{SF}{m \cdot r} \tag{4.16}$$

El hecho que la energía de la señal se distribuya sobre una banda grande al viajar en espectro expandido sobre el interfaz radio explica que las primeras aplicaciones de las señales en espectro expandido se dieran en el ámbito militar, ya que una señal de estas características resulta más indetectable y tiende a confundirse con el nivel de ruido del sistema.

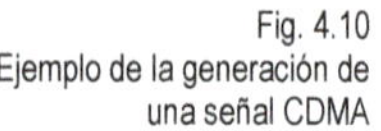

Fig. 4.10
Ejemplo de la generación de una señal CDMA

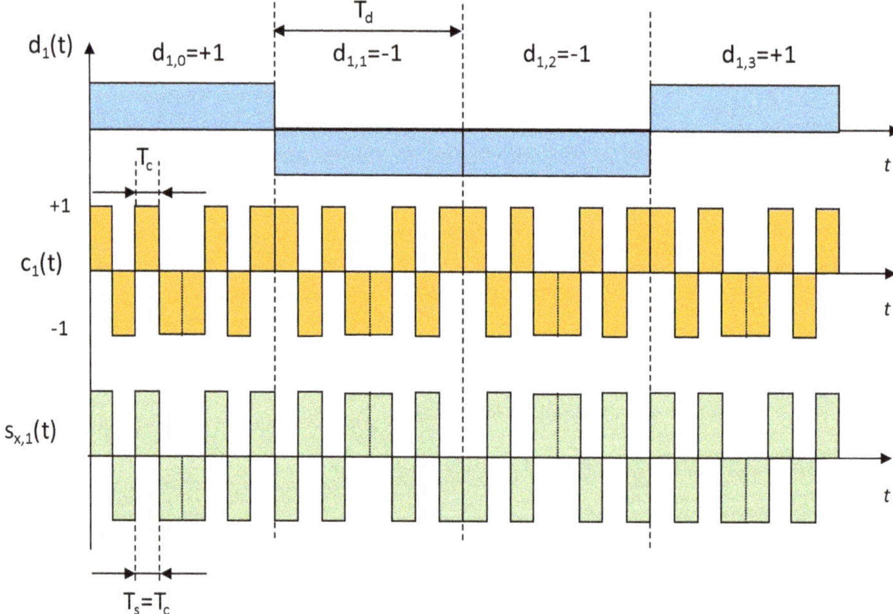

Fig. 4.11
Impacto del proceso de *spreading* en términos frecuenciales

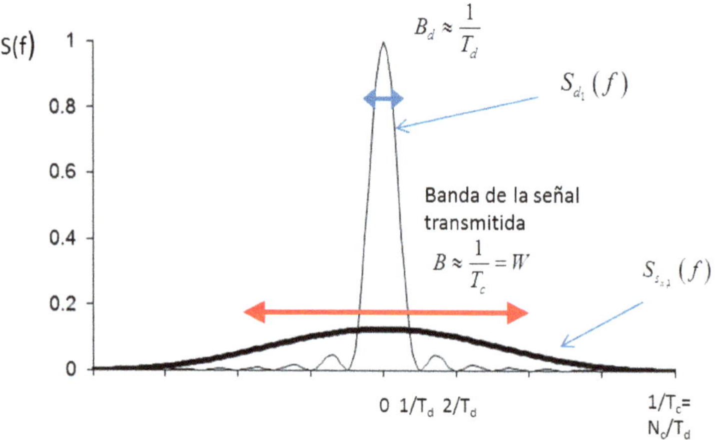

4.2.3.2 Señales de espectro ensanchado: recepción

El principio básico para la recuperación de una señal de espectro ensanchado CDMA queda reflejado en el diagrama de bloques de la Fig. 4.12. El elemento diferencial respecto del receptor convencional es la incorporación del bloque de *despreading*, que efectúa la traslación entre símbolos de canal y símbolos codificados recuperados. La operación de *despreading*, detallada en la Fig. 4.13, consiste básicamente en multiplicar la señal recibida en banda base por los elementos de la secuencia de código $c_1(t)$ que se ha empleado en transmisión para generar la señal transmitida.

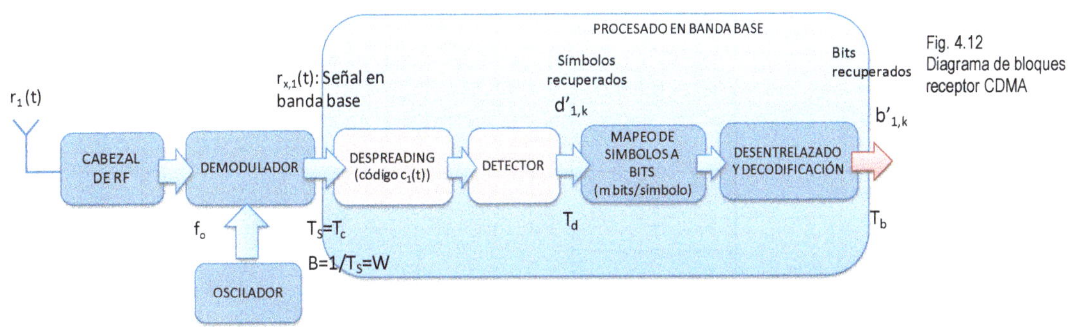

Fig. 4.12
Diagrama de bloques del receptor CDMA

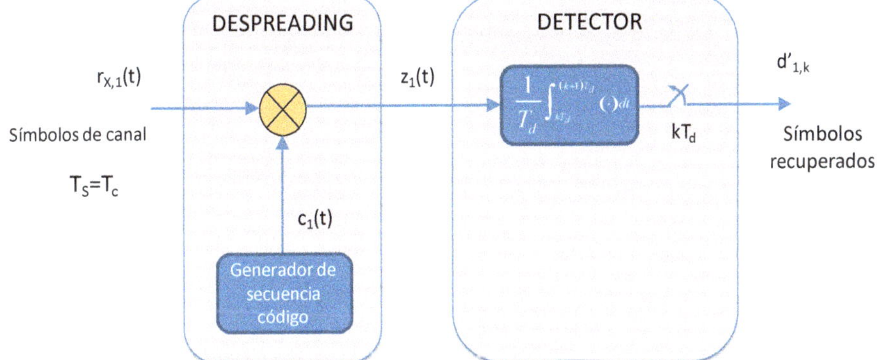

Fig. 4.13
Proceso de *despreading* y de detección de una señal CDMA

La Fig. 4.14 muestra el mismo ejemplo de la Fig. 4.10, en el cual, por simplicidad, se supone el caso ideal en que el canal no ha introducido ningún retardo ni ningún efecto indeseado, de manera que la señal recibida en banda base $r_{x,1}(t)$ es exactamente la misma que se ha generado en transmisión $s_{x,1}(t)$, esto es:

$$r_{x,1}(t) = s_{x,1}(t) = d_1(t) \cdot c_1(t) \tag{4.17}$$

Teniendo en cuenta que el producto *chip* a *chip* de la secuencia de código siempre da +1, es decir:

$$c_1(t) \cdot c_1(t) = 1 \tag{4.18}$$

la señal recibida después de realizar el *despreading* es:

$$z_1(t) = d_1(t) \cdot c_1(t) \cdot c_1(t) = d_1(t) \tag{4.19}$$

de manera que las muestras cada T_d s a la salida del integrador se corresponden con los símbolos originalmente enviados. En términos frecuenciales, la Fig. 4.15 ilustra cómo, al multiplicar por la secuencia de código local, el espectro ensanchado vuelve a recuperar su ancho de banda original (*despreading*).

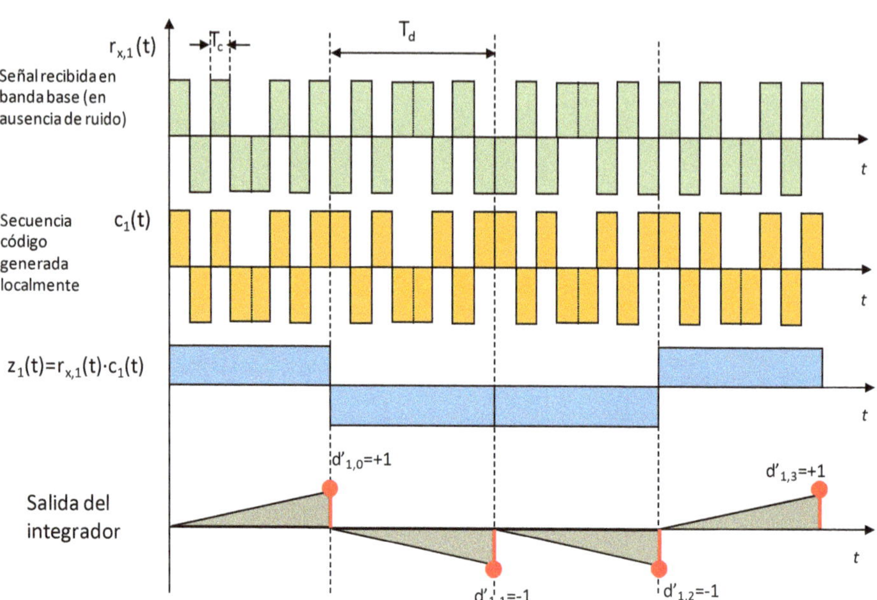

Fig. 4.14
Ejemplo de detección de una señal CDMA

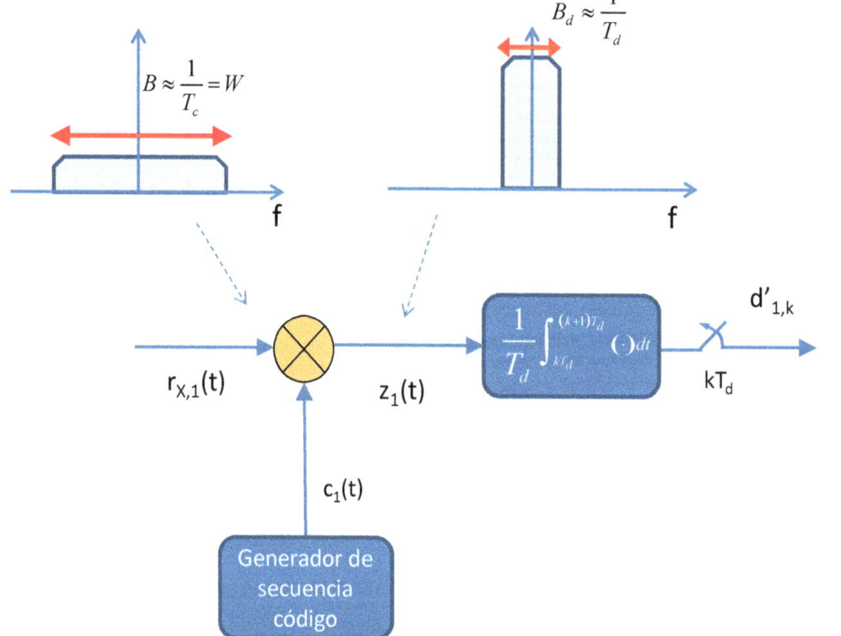

Fig. 4.15
Ilustración del proceso de *despreading* desde una perspectiva frecuencial

Analizado el concepto básico de recuperación de la señal CDMA en condiciones ideales, las subsecciones siguientes profundizan en diversos aspectos a tener en cuenta cuando se considera la recepción CDMA en condiciones más realistas.

4.2.3.2.1 Sincronización en CDMA

Una de las premisas fundamentales para que el proceso de recepción explicado funcione correctamente es asegurar que el generador de secuencia de código local proporciona una secuencia que esté perfectamente alineada temporalmente con la secuencia de código de la señal recibida. Para lograr este alineamiento, es preciso emplear en el receptor mecanismos de sincronización.

En efecto, teniendo en cuenta que, en la práctica, la señal recibida tendrá un cierto retardo de propagación τ_1, la señal recibida en banda base será, en realidad:

$$r_{x,1}(t) = d_1(t-\tau_1)c_1(t-\tau_1) \tag{4.20}$$

Para que el proceso de recepción se lleve a cabo correctamente, es necesario que la generación de la secuencia código local en el receptor esté perfectamente alineada con la señal recibida. Así, considerando –como se ilustra en la Fig. 4.16– que la secuencia código local se genera con un retardo τ', el bloque de sincronización ha de conseguir que $\tau' = \tau_1$, ya que solo en este caso se recupera adecuadamente la señal de datos:

$$z_0(t) = d_1(t-\tau_1)c_1(t-\tau_1)c_1(t-\tau') = d_1(t-\tau_1) \tag{4.21}$$

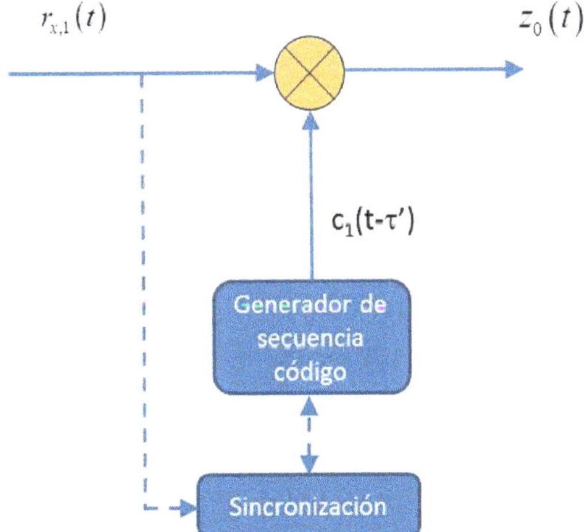

Fig. 4.16
Sincronización de la secuencia de código generada localmente en un receptor CDMA

La implementación del bloque de sincronización sigue el mismo principio que el explicado en el apartado 4.2.2 para el caso de la sincronización de una ráfaga TDMA: aprovechar las propiedades de correlación de una secuencia conocida. Así, en el caso CDMA, se busca que la propia secuencia de código CDMA exhiba un pico de correlación en el origen, idealmente:

$$R_{c_1c_1}(\tau) = \frac{1}{T_d}\int_{T_d} c_1(t+\tau)c_1(t)\,dt \approx \delta(\tau) \tag{4.22}$$

Suponiendo que, en la secuencia recibida, los símbolos $d_1(t)$ son pilotos conocidos a priori (y que, por tanto, podemos omitir en la formulación) para el sincronismo, el proceso de sincronización se ilustra en la Fig. 4.17. Partiendo de un decalaje arbitrario entre la señal recibida y la secuencia generada localmente, se lleva a cabo la correlación entre ambas y se compara con un umbral. Si no se alcanza el pico de correlación, el retardo con que se genera la secuencia local ha de corregirse, y el proceso se repite hasta alcanzar el máximo, que indica que en ese instante ambas secuencias están perfectamente alineadas. El lector interesado puede acudir a [8] para más detalles acerca del proceso de sincronización.

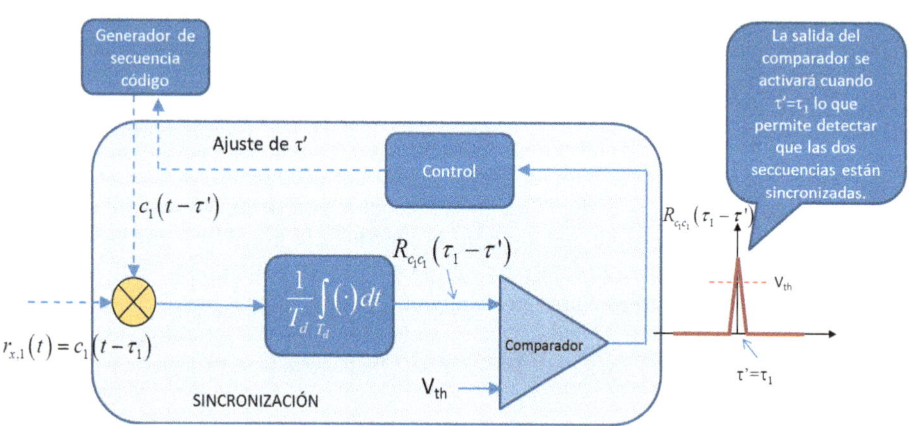

Fig. 4.17
Proceso de sincronización de secuencias de código en CDMA

4.2.3.2.2 *Recepción de una señal de espectro ensanchado CDMA en presencia de ruido*

Como ya se ha comentado, las señales de espectro ensanchado tienen la característica de que su densidad espectral de potencia se distribuye sobre un ancho de banda elevado, de modo que a la entrada del receptor tienden a confundirse con el nivel de ruido. Por ello, es importante analizar cómo influye el ruido a la entrada del receptor sobre la recepción de una señal de espectro ensanchado como CDMA.

En la Fig. 4.18, se muestra el proceso de recepción en las señales involucradas en cada punto del receptor en este caso. Análogamente, la Fig. 4.19 muestra el mismo proceso desde un punto de vista frecuencial.

Por simplicidad en la notación, y puesto que ya se ha visto el proceso de sincronización, consideramos la referencia $t = 0$ en el receptor y la secuencia local perfectamente sincronizada con la recibida. Suponiendo también, por simplicidad, ganancia unitaria del cabezal de RF y del demodulador, y siendo P_1 la potencia de señal a la entrada del receptor y $n_x(t)$ el ruido en banda base, de potencia P_N, igual a la potencia de ruido equivalente a la entrada del receptor, la señal recibida en banda base se escribe como:

$$r_{x,1}(t)=\sqrt{P_1}d_1(t)c_1(t)+n_x(t) \tag{4.23}$$

El ruido $n_x(t)$ está distribuido sobre una banda $B \approx W$, de modo que presenta una densidad espectral de potencia de ruido $N_0 = P_N/W$. La relación de señal a ruido a la entrada es, pues, $SNR_1 = P_1/P_N$.

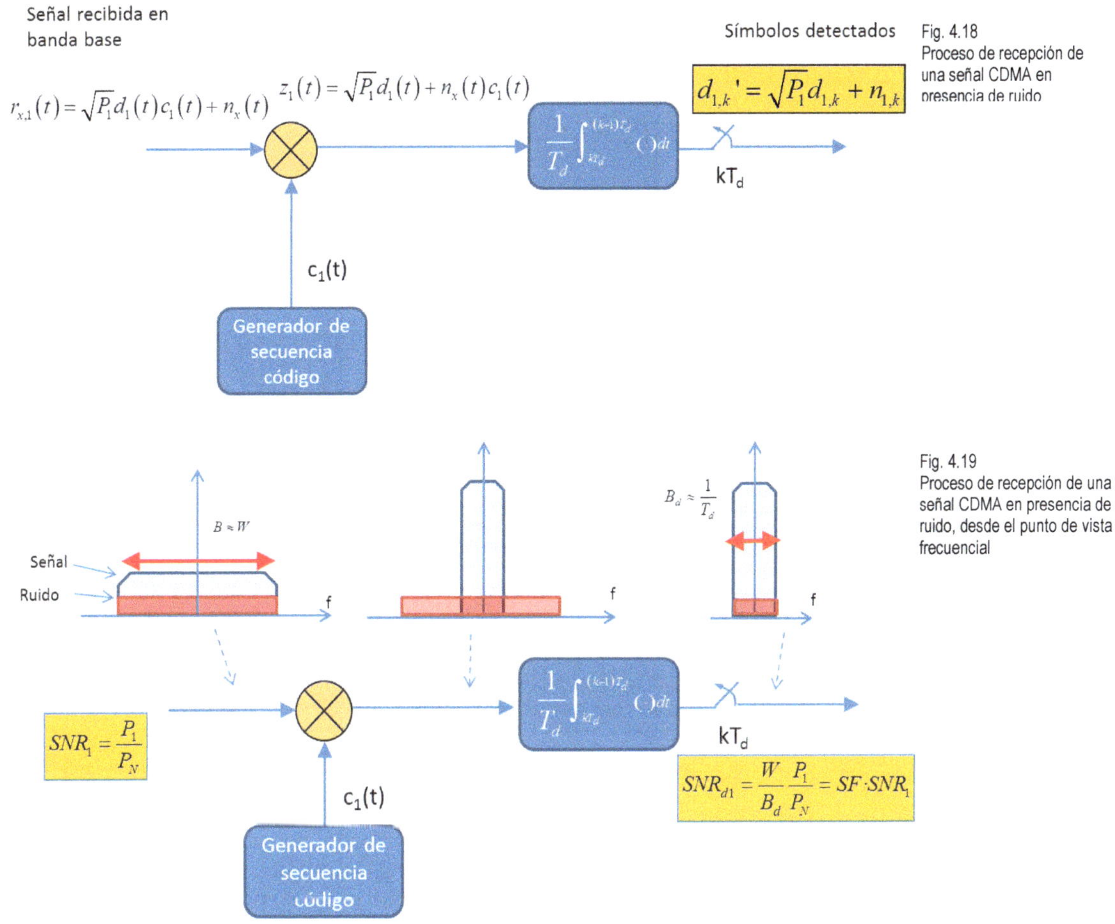

Fig. 4.18
Proceso de recepción de una señal CDMA en presencia de ruido

Fig. 4.19
Proceso de recepción de una señal CDMA en presencia de ruido, desde el punto de vista frecuencial

A la salida del *despreading*, la señal está contaminada por un ruido dado por:

$$n'(t) = n_x(t)c_1(t) \tag{4.24}$$

cuya autocorrelación se expresa como:

$$R_{n'}(\tau) = E\left[n_x(t)n_x^*(t+\tau)\right]c_1(t)c_1(t+\tau) = N_0\delta(\tau) \tag{4.25}$$

y su potencia asociada viene dada por:

$$E\left[\left|n'(t)\right|^2\right] = E\left[\left|n_x(t)\right|^2\right] = P_N \tag{4.26}$$

Como puede observarse, el ruido $n'(t)$ a la salida del *despreading* sigue siendo blanco y ocupando un ancho de banda $B \approx W$, como se aprecia en la Fig. 4.19.

Tras el proceso de integración, tal como refleja la Fig. 4.18, los símbolos detectados sobre la variable de decisión a la salida del muestreo vienen dados por:

$$d_{1,k}' = \sqrt{P_1} d_{1,k} + n_{1,k} \tag{4.27}$$

Estos símbolos están contaminados por una componente de ruido expresada como:

$$n_{1,k} = \frac{1}{T_d} \int_{kT_d}^{(k+1)T_d} n_x(t) c_1(t) dt \tag{4.28}$$

Así, la potencia de ruido a la salida del muestreo viene dada por:

$$\begin{aligned} E\left[\left|n_{1,k}\right|^2\right] &= \frac{1}{T_d^2} \int_{kT_d}^{(k+1)T_d} \int_{kT_d}^{(k+1)T_d} E\left[n_x(t_1) c_1(t_1) n_x^*(t_2) c_1(t_2)\right] dt_1 dt_2 = \\ &= \frac{1}{T_d^2} \int_{kT_d}^{(k+1)T_d} \int_{kT_d}^{(k+1)T_d} R_{n'}(t_2 - t_1) dt_1 dt_2 \end{aligned} \tag{4.29}$$

y, sustituyendo (4.25) en esta última expresión, resulta:

$$E\left[\left|n_{1,k}\right|^2\right] = \frac{1}{T_d^2} \int_{kT_d}^{(k+1)T_d} \int_{kT_d}^{(k+1)T_d} N_0 \delta(t_1 - t_2) dt_1 dt_2 = \frac{N_0}{T_d} = N_0 B_d = \frac{P_N}{W} B_d \tag{4.30}$$

Recordando que se ha definido el *spreading factor* como $SF = W/B_d$, se observa que el receptor CDMA consigue reducir la potencia de ruido a la salida del integrador respecto a la potencia de ruido equivalente a la entrada del receptor en un factor igual a SF, ya que:

$$E\left[\left|n_{1,k}\right|^2\right] = \frac{P_N}{SF} \tag{4.31}$$

En términos de relación de señal a ruido, y puesto que el integrador se comporta como un filtro de paso bajo de banda $B_d = 1/T_d$, tal como se muestra en la Fig. 4.19, puede decirse que la relación de señal a ruido a la salida del integrador es:

$$SNR_{d1} = \frac{W}{B_d} \frac{P_1}{P_N} = SF \cdot SNR_1 \tag{4.32}$$

Como se aprecia, la relación de señal a ruido mejora en un factor igual a SF respecto a la observada a la entrada del receptor SNR_1. Así, dado que $SF >> 1$, la señal puede recibirse correctamente, incluso con $SNR_1 < 0$ dB a la entrada.

4.2.3.2.3 *Recepción de una señal de espectro ensanchado CDMA en presencia de ruido y de una interferencia de banda estrecha*

A continuación, se analiza el impacto de una señal interferente de banda estrecha en el proceso de recepción de una señal de espectro ensanchado. La Fig. 4.20 muestra las señales en cada punto del receptor en este caso, mientras que la Fig. 4.21 muestra el mismo proceso desde el punto de vista frecuencial. Extendiendo la ecuación (4.23) para incorporar la presencia de una señal interferente $\sqrt{I}\cdot i_x(t)$ (expresada en banda base), se formula la señal recibida en banda base como:

$$r_{x,1}(t) = \sqrt{P_1}d_1(t)c_1(t) + \sqrt{I}\cdot i_x(t) + n_x(t) \tag{4.33}$$

donde se considera que la señal $|i_x(t)|$ está normalizada a la unidad, de modo que la potencia de la interferente resulta ser *I*. Por tanto, la relación de señal a ruido e interferente a la entrada del receptor será, en este caso:

$$\gamma_{o,1} = \frac{P_1}{P_N + I} \tag{4.34}$$

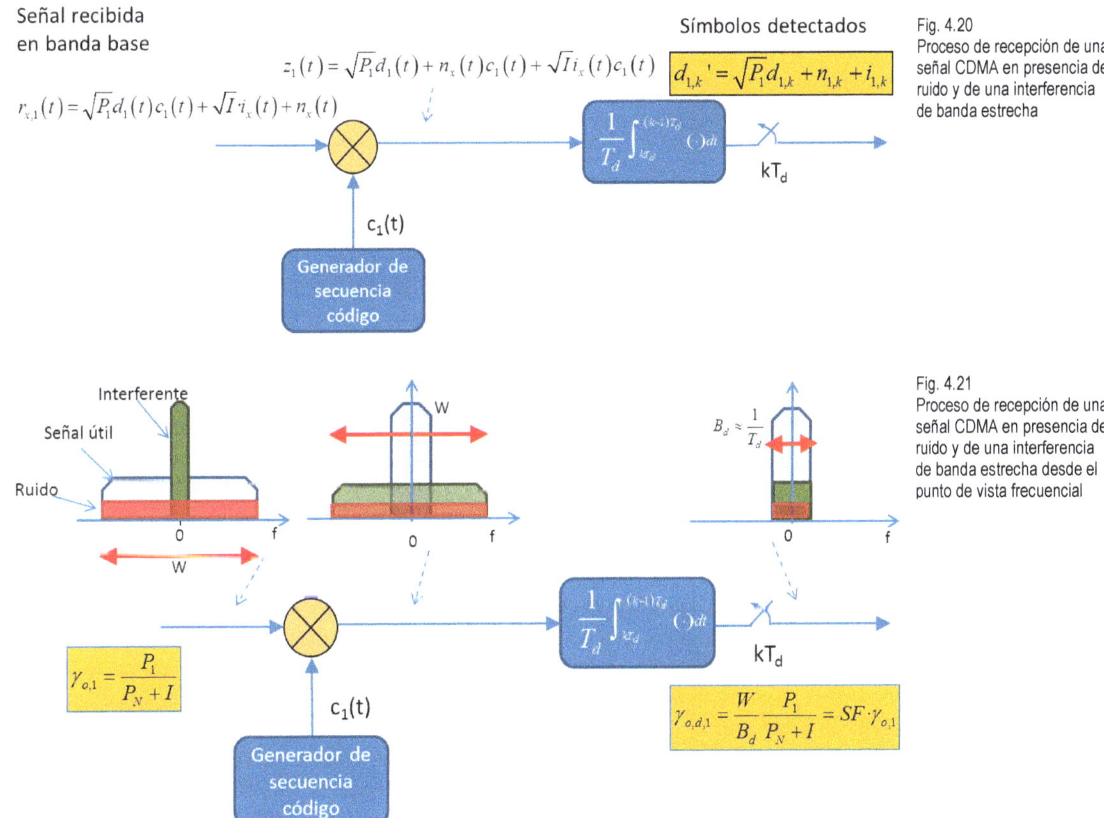

Fig. 4.20
Proceso de recepción de una señal CDMA en presencia de ruido y de una interferencia de banda estrecha

Fig. 4.21
Proceso de recepción de una señal CDMA en presencia de ruido y de una interferencia de banda estrecha desde el punto de vista frecuencial

Tras el *despreading*, al multiplicar por la secuencia de código, se obtiene:

$$z_1(t) = \sqrt{P_1}d_1(t) + n_x(t)c_1(t) + \sqrt{I}i_x(t)c_1(t) \tag{4.35}$$

Como se ilustra en la Fig. 4.21, al multiplicar la interferencia por $c_1(t)$, se convierte en una señal de espectro ensanchado distribuida sobre una banda *W*, con densidad espectral $I_o = I/W$. Por consiguiente, los símbolos detectados a la salida del integrador y del muestreo estarán contaminados no solo por el ruido, sino también por una componente de interferencia definida por:

$$i_{1,k} = \frac{\sqrt{I}}{T_d} \int_{kT_d}^{(k+1)T_d} i_x(t) c_1(t) \, dt \tag{4.36}$$

cuya potencia se puede calcular fácilmente considerando que la densidad espectral de la interferencia a la salida del *despreading* es $I_o = I/W$ y que el integrador actúa como un filtro de paso bajo de banda $B_d = 1/T_d$:

$$E\left[\left|i_{1,k}\right|^2\right] \approx \frac{I}{W} B_d \tag{4.37}$$

Por consiguiente, a la salida del integrador, la relación de señal a ruido e interferente vendrá dada por:

$$\gamma_{o,d,1} = \frac{W}{B_d} \frac{P_1}{P_N + I} = SF \cdot \gamma_{o,1} \tag{4.38}$$

Como se observa, a la salida del integrador la relación de señal a ruido e interferente de la entrada del receptor $\gamma_{o,1}$ se ve multiplicada por el factor *SF*.

4.2.3.2.4 *Impacto de la propagación multicamino en señales CDMA: el receptor* rake

En los apartados anteriores, se ha considerado que a la entrada del receptor CDMA únicamente existía una réplica de la señal recibida. Sin embargo, debido a los efectos del multicamino, la señal recibida realmente está compuesta por la contribución de las múltiples réplicas recibidas a través de diferentes caminos de propagación.

En el caso de un acceso CDMA, al tratarse de una transmisión de espectro ensanchado, el ancho de banda de la señal será habitualmente superior al ancho de banda de coherencia del canal ($W >> B_{coh}$), por lo que, a priori, la señal recibida estaría afectada por distorsión. Sin embargo, puesto que la propia señal CDMA incorpora una componente de ortogonalidad asociada a la secuencia de código, los efectos de la propagación multicamino diferirán respecto al caso de un acceso FDMA o TDMA. En concreto, observando que la estructura básica del receptor CDMA (Fig. 4.13) no es más que un filtro adaptado a la secuencia de código, y aprovechando las propiedades de autocorrelación de la secuencia de código gracias a las cuales la secuencia recibida se puede distinguir de versiones retrasadas de la misma, se podría extender la estructura del receptor para intentar recuperar la energía asociada a los diferentes caminos de propagación mediante la incorporación de un filtro adaptado sincronizado con cada uno de los caminos de propagación existentes. La estructura resultante, conocida como receptor *rake* [10], se ilustra en la Fig. 4.22. Cada rama del receptor (denominada *finger*) recupera la señal asociada a un determinado camino de propagación.

El principio del receptor *rake* puede entenderse fácilmente con un ejemplo de un canal con únicamente dos rayos con $\tau_0 = 0$:

$$h(\tau) = h_0\delta(\tau) + h_1\delta(\tau - \tau_1) \tag{4.39}$$

La señal recibida en banda base a la entrada del receptor *rake*, prescindiendo del ruido, sería:

$$r_{x,1}(t) = h_0 d_1(t)c_1(t) + h_1 d_1(t-\tau_1)c_1(t-\tau_1) \tag{4.40}$$

Según la estructura del receptor *rake*, a la salida del integrador la contribución del primer *finger* sería:

$$\begin{aligned} &\frac{h_o^*}{T_d}\int_{T_d} r_{x,1}(t)c_1(t)dt = |h_0|^2\, d_1(t) + h_1 h_o^* d_1(t-\tau_1)\frac{1}{T_d}\int_{T_d} c_1(t-\tau_1)c_1(t)dt = \\ &= |h_0|^2\, d_1(t) + h_1 h_o^* d_1(t-\tau_1)R_{c_1c_1}(\tau_1) \approx |h_0|^2\, d_1(t) \end{aligned} \tag{4.41}$$

donde se ha considerado que la secuencia de código presenta una función de autocorrelación con un pico en el origen, según la expresión (4.22), y, por tanto, la correlación $R_{c_1c_1}(\tau_1)$ entre la secuencia de código y la secuencia de código decalada τ_1 es aproximadamente nula.

Equivalentemente, la contribución del segundo *finger* a la salida del integrador sería:

$$\begin{aligned} &\frac{h_1^*}{T_d}\int_{T_d} r_{x,1}(t+\tau_1)c_1(t)dt = h_0 h_1^* d_1(t+\tau_1)\frac{1}{T_d}\int_{T_d} c_1(t+\tau_1)c_1(t)dt + \\ &+|h_1|^2\, d_1(t) = h_0 h_1^* d_1(t+\tau_1)R_{c_1c_1}(\tau_1) + |h_1|^2\, d_1(t) \approx |h_1|^2\, d_1(t) \end{aligned} \tag{4.42}$$

Así, en el primer *finger*, separamos la contribución del primer eco y, en el segundo *finger*, la del segundo eco; además, vemos cómo las dos contribuciones están perfectamente alineadas temporalmente, con lo que a la salida se sumarán constructivamente. Así, los símbolos detectados a la salida serán:

$$d'_{1,k} = \left(|h_0|^2 + |h_1|^2\right)d_{1,k} \tag{4.43}$$

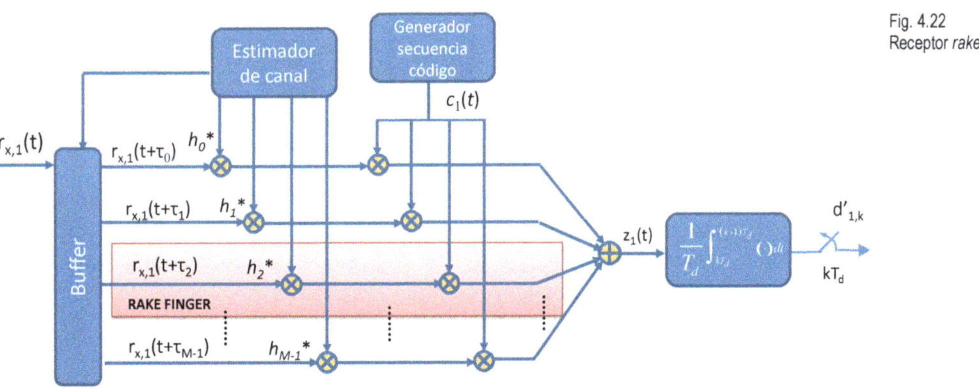

Fig. 4.22
Receptor *rake*

El ejemplo anterior puede generalizarse al caso de un canal de M rayos, contaminado con ruido e interferencia, en el cual la señal a la entrada sería:

$$r_{x,1}(t)=\sqrt{P_1}\sum_{m=0}^{M-1}h_m d_1(t-\tau_m)c_1(t-\tau_m)+n_x(t) \quad (4.44)$$

donde el término $n_x(t)$ refleja, de modo genérico, el ruido más la interferencia a la entrada, de potencia P_N+I.

A partir de la estructura del receptor *rake* de la Fig. 4.22, se obtiene que los símbolos detectados a la salida del integrador son:

$$d_{1,k}'\approx\sqrt{P_1}d_{1,k}\sum_{m=0}^{M-1}|h_m|^2+\sum_{m=0}^{M-1}\frac{1}{T_d}h_m^*\int_{kT_d}^{(k+1)T_d}n_x(t+\tau_m)c_1(t)\,dt \quad (4.45)$$

donde se observa que el primer término contiene los símbolos enviados $d_{1,k}$ mientras que el segundo término es el ruido y la interferencia agregados para los diferentes *fingers*. En concreto, para cada *finger*, el término $n_x(t+\tau_m)\cdot c_1(t)$ estará distribuido sobre una banda W y tendrá una densidad espectral de potencia $(P_N+I)/W$, de forma análoga a como se ha visto en los apartados anteriores. Por otro lado, teniendo en cuenta que el ruido de los diferentes *fingers* está incorrelado, la potencia total de ruido será la suma de la de cada *finger*. De este modo, se puede calcular la relación de señal a ruido e interferente a la salida del integrador como:

$$\gamma_{d1,TOT}=\frac{P_1\left(\sum_{m=0}^{M-1}|h_m|^2\right)^2}{\frac{P_N+I}{W}B_d\sum_{m=0}^{M-1}|h_m|^2}=\sum_{m=0}^{M-1}|h_m|^2\,SF\cdot\frac{P_1}{P_N+I} \quad (4.46)$$

Obsérvese que el término $|h_m|^2\cdot SF\cdot P_1/(P_N+I)$ no es más que la relación de señal a ruido e interferente asociada al m-ésimo camino de propagación, denotada como $\gamma_{d,1,m}$. Por consiguiente, la relación de señal a ruido e interferente total a la salida puede expresarse como:

$$\gamma_{d,1,TOT}=\sum_{m=0}^{M-1}\gamma_{d,1,m} \quad (4.47)$$

Así, se observa que el comportamiento del receptor *rake* es análogo al de un combinador MRC (v. apartado 3.4.5.1.2), ya que consigue sumar constructivamente las réplicas de la señal llegadas por diferentes caminos de propagación. Nótese, sin embargo, que la estructura *rake* aprovecha la "diversidad" natural que introduce la propia propagación multicamino gracias a las propiedades de autocorrelación de la secuencia de código asociada a la propia señal, que permiten que réplicas de la misma señal con diferentes retardos sean ortogonales entre sí. En cambio, en el contexto de un acceso FDMA o TDMA, puesto que una señal no exhibe ninguna característica de ortogonalidad consigo misma, por una parte, las réplicas originan distorsión (ISI), ya que no pueden separarse entre sí, y, por otra, la diversidad ha de conseguirse mediante la incorporación de varias antenas, por ejemplo, lo que permite disponer de múltiples réplicas de la señal transmitida, separadas en la medida que se detectan en antenas separadas.

4.2.3.3 CDMA multiusuario

En el acceso múltiple CDMA, cada usuario genera su señal en espectro ensanchado, de la manera explicada en los apartados anteriores, pero con la particularidad de que cada uno de ellos recurrirá a una secuencia de código distinta. Por tanto, desde el punto de vista espectral, la señal transmitida por los distintos usuarios tendrá la misma apariencia, una señal en espectro expandido, pero, en realidad, en el proceso de transmisión las señales habrán sido moduladas por secuencias de código diferentes.

Visto el proceso de generación y recuperación de la señal para un usuario de referencia (usuario 1), queda pendiente ver el efecto que los demás usuarios producen sobre este mismo usuario, los cuales, como se ha dicho, transmiten al mismo tiempo y a la misma frecuencia. Para ello, consideremos n usuarios transmitiendo simultáneamente hacia la estación base. La señal en banda base en el receptor del usuario 1 se formula como:

$$r_{x,1}(t)=\sqrt{P_1}d_1(t)c_1(t)+\sum_{i=2}^{n}\sqrt{P_i}d_i(t-\Delta\tau_i)c_i(t-\Delta\tau_i)+n_x(t) \qquad (4.48)$$

donde P_i es la potencia de la señal del usuario i a la entrada del receptor del usuario 1 y $\Delta\tau_i$ es el retardo de la señal del usuario i respecto de la señal del usuario 1. Al multiplicar por la secuencia de código local $c_1(t)$, suponiendo sincronización perfecta con la señal recibida, se obtiene:

$$z_1(t)=r_{x,1}(t)\cdot c_1(t)=\sqrt{P_1}d_1(t)+\sum_{i=2}^{n}\sqrt{P_i}d_i(t-\Delta\tau_i)c_i(t-\Delta\tau_i)c_1(t)+n_x(t)c_1(t) \qquad (4.49)$$

Por un lado, como ya se ha visto y se ilustra en la Fig. 4.23, la señal del usuario 1 recupera su banda original $1/T_d$, ya que $c_1(t)\cdot c_1(t)=1$. Por otro lado, puesto que las secuencias de código son distintas entre sí, las señales del resto de usuarios siguen ensanchadas, ya que, en general, el producto entre secuencias de código diferentes $c_i(t-\Delta\tau_i)\cdot c_1(t)$ variará temporalmente a nivel de período de *chip* T_c (esto es, tomará valores +1 o -1 en cada T_c, de manera prácticamente aleatoria), lo que corresponderá a un ancho de banda de $1/T_c=W$, aproximadamente.

A la salida del integrador, y puesto que el receptor no es más que un correlador, la influencia de los demás usuarios vendrá dada fundamentalmente por la correlación cruzada que presenten las secuencias de código entre sí. En particular:

$$d_{1,k}'=\sqrt{P_1}d_{1,k}+\sum_{i=2}^{n}\frac{\sqrt{P_i}}{T_d}\int_{kT_d}^{(k+1)T_d}d_i(t-\Delta\tau_i)c_i(t-\Delta\tau_i)c_1(t)\,dt+n_{1,k} \qquad (4.50)$$

Así pues, sobre la variable de decisión $d_{1,k}'$, se identifican el término de señal útil $d_{1,k}$, la componente de ruido $n_{1,k}$ y la contribución de interferencia multiusuario, $i_{1,k}$, dada por:

$$i_{1,k} = \sum_{i=2}^{n} \frac{\sqrt{P_i}}{T_d} \int_{kT_d}^{(k+1)T_d} d_i(t-\Delta\tau_i)c_i(t-\Delta\tau_i)c_1(t)\,dt \tag{4.51}$$

Puede observarse que la interferencia multiusuario depende de la potencia de la señal recibida de cada usuario, P_i, y de los retardos $\Delta\tau_i$ de las señales de los diferentes usuarios, así como de las propiedades de correlación cruzada de las secuencias de código de diferentes usuarios:

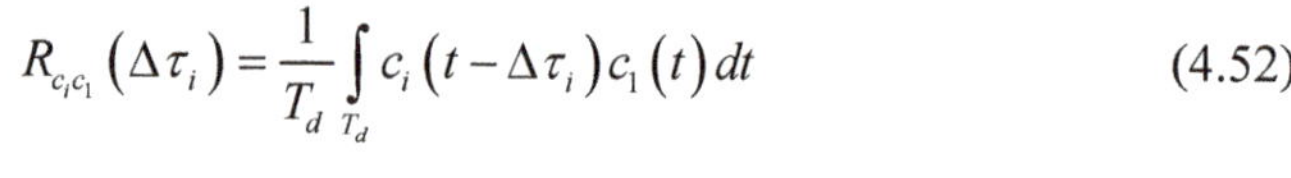

$$R_{c_i c_1}(\Delta\tau_i) = \frac{1}{T_d} \int_{T_d} c_i(t-\Delta\tau_i)c_1(t)\,dt \tag{4.52}$$

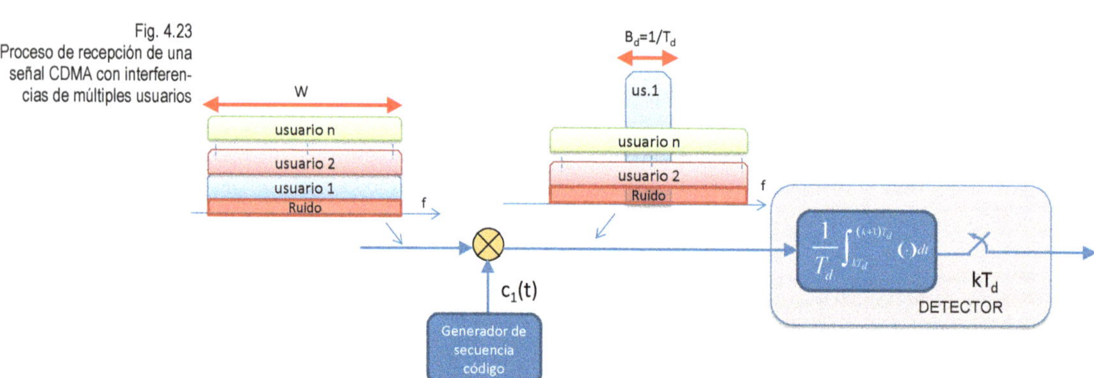

Fig. 4.23
Proceso de recepción de una señal CDMA con interferencias de múltiples usuarios

Con el fin de facilitar la recuperación correcta de los símbolos de canal $d_{1,k}$, interesará claramente que el término $i_{1,k}$ sea el más bajo posible. Por tanto, cuanto menor sea la correlación cruzada entre secuencias de código, más fácilmente podrá alcanzarse este objetivo. En este sentido, llegados a este punto, resulta apropiado discutir el impacto del término $i_{1,k}$ dependiendo del tipo de secuencias de código empleadas y sus propiedades de correlación.

4.2.3.3.1 Recepción CDMA multiusuario con códigos ortogonales

Si dos señales son ortogonales cuando su producto escalar es nulo, un conjunto de secuencias código son ortogonales si cualquier pareja de secuencias $c_i(t)$, $c_j(t)$ cumple:

$$\frac{1}{T_d} \int_{T_d} c_i(t)c_j^*(t)\,dt = 0 \tag{4.53}$$

Por ejemplo, la familia c_0=[1,1,1,1], c_1=[1,1,-1,-1], c_2=[1,-1,1,-1], y c_3=[1,-1,-1,1] cumple esta propiedad, de manera que tendremos cuatro secuencias distintas de 4 *chips* de longitud cada una, ortogonales entre sí. De manera equivalente, se podrían identificar ocho secuencias ortogonales de longitud 8, 16 secuencias de longitud 16, etc., configurando lo que se conoce como familia de códigos OVSF (*orthogonal variable spreading factor*) [11], que son empleados, por ejemplo, en el sistema UMTS [12].

Con una familia de códigos ortogonales, y en unas condiciones de operación en que existiera sincronización perfecta a nivel de *chip* entre las señales de los diferentes usuarios ($\Delta\tau_i = 0$), la interferencia multiusuario sería nula:

$$\begin{aligned} i_{1,k} &= \sum_{i=2}^{n} \frac{\sqrt{P_i}}{T_d} \int_{kT_d}^{(k+1)T_d} d_i\left(t-\Delta\tau_i\right) c_i\left(t-\Delta\tau_i\right) c_1(t)\, dt = \\ &= \sum_{i=2}^{n} \frac{\sqrt{P_i}\, d_{i,k}}{T_d} \int_{kT_d}^{(k+1)T_d} c_i(t) c_1(t)\, dt = 0 \end{aligned} \tag{4.54}$$

La Fig. 4.24a ilustra, a modo de ejemplo, el proceso de recepción de la señal del usuario 1, que emplea el código $c_1 = [1,1,-1,-1]$, en presencia de la señal del usuario 3, que emplea el código $c_3 = [1,-1,-1,1]$ cuando existe sincronización perfecta entre ambos usuarios. Como se observa, la contribución de la señal del usuario 3 sobre la interferencia $i_{1,k}$, que no es sino el resultado de la integración de $d_3(t) \cdot c_3(t) \cdot c_1(t)$ al finalizar cada intervalo T_d, y que se representa con puntos en la figura, toma siempre el valor 0.

Sin embargo, si las señales no están sincronizadas a nivel de *chip* ($\Delta\tau_i \neq 0$), el nivel de interferencia puede ser grande, ya que con los códigos ortogonales habituales:

$$\frac{1}{T_d} \int_{T_d} c_i\left(t-\Delta\tau_i\right) c_j(t)\, dt \neq 0 \tag{4.55}$$

Este efecto se ilustra a modo de ejemplo en la Fig. 4.24b, que representa la misma situación de antes pero en caso de desplazamiento de 1 *chip* entre las secuencias de los dos usuarios ($\Delta\tau_3 = T_c$). Como se aprecia, en este caso las secuencias desplazadas dejan de ser ortogonales, por lo que la contribución del usuario 3 sobre la interferencia $i_{1,k}$ ya no es nula.

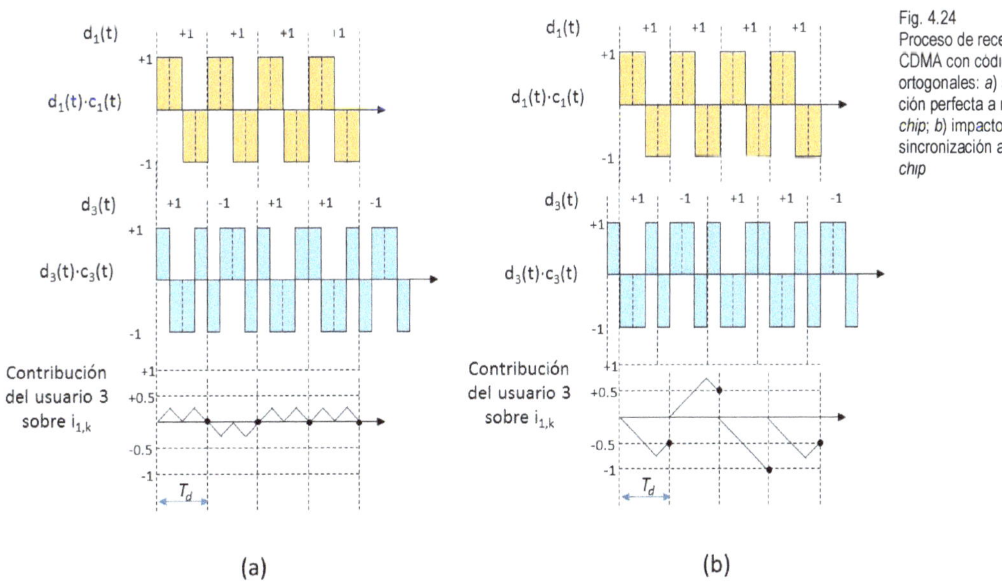

Fig. 4.24
Proceso de recepción CDMA con códigos ortogonales: *a)* sincronización perfecta a nivel de *chip*; *b)* impacto de la no sincronización a nivel de *chip*

En el enlace descendente, la base transmite las señales de los usuarios perfectamente sincronizadas, de modo que llegan todas al mismo tiempo al receptor móvil, por lo que resulta viable emplear secuencias de código ortogonales. Por el contrario, en el enlace ascendente, es mucho más complicado sincronizar las señales recibidas de los usuarios a nivel de *chip* y, por tanto, no suelen utilizarse códigos ortogonales. Conviene remarcar que, en la práctica, aun estando las señales perfectamente sincronizadas en el enlace descendente, las réplicas de las señales debidas a la propagación multicamino ocasionan una cierta pérdida de ortogonalidad, de modo que queda una cierta interferencia residual.

4.2.3.3.2 Recepción CDMA multiusuario con códigos no ortogonales

A pesar de que la formulación de las técnicas de acceso múltiple se realiza aplicando el principio de ortogonalidad entre señales, en el acceso CDMA se aprecia que esta condición se puede relajar. En efecto, puesto que el nivel de la interferencia multiusuario está vinculado a las propiedades de correlación cruzada entre secuencias, es posible plantear un funcionamiento adecuado del mecanismo de acceso múltiple si el nivel de correlación cruzada entre secuencias es suficientemente bajo. De esta manera, en caso de que no puedan utilizarse códigos ortogonales (bien por no disponer de un número suficiente de secuencias para el número de usuarios a los que se desea dar servicio, bien porque las condiciones de propagación y de retardo entre usuarios hagan que se pierda la ortogonalidad), puede considerarse la operación con familias de secuencias de código que cumplan:

$$R_{c_i c_j}(\tau) = \frac{1}{T_d} \int_{T_d} c_i(t+\tau) c_j^*(t)\, dt << 1 \qquad i \neq j \tag{4.56}$$

Hay diversas familias de secuencias de código (por ejemplo, las secuencias de Gold, las secuencias de Kasami, etc.) [13]-[15] que son amplias y exhiben esta propiedad, de manera que resultan adecuadas para su utilización en sistemas CDMA, particularmente en el enlace ascendente.

Con este tipo de secuencias de código, la interferencia multiusuario asociada $i_{1,k}$ de la expresión (4.51) ya no es nula. En este sentido, y en términos de cuantificación del impacto que origina la interferencia multiusuario $i_{1,k}$, una aproximación comúnmente aceptada, en tanto que dicha interferencia multiusuario a la salida del *despreading* es de espectro ensanchado, es suponer que se puede modelar como ruido blanco dentro de la banda útil $B_d = 1/T_d$, con densidad espectral de potencia:

$$I_o \approx \sum_{i=2}^{n} \frac{P_i}{W} \tag{4.57}$$

Por consiguiente, a la salida del integrador (filtro de banda B_d), la potencia interferente será:

$$E\left[\left|i_{1,k}\right|^2\right] = I_o B_d \approx \sum_{i=2}^{n} \frac{P_i}{W} B_d = \frac{1}{SF} \sum_{i=2}^{n} P_i \tag{4.58}$$

Y la relación de señal a ruido e interferente:

$$\gamma_{o,d,1} = \frac{P_1}{(N_o + I_o)B_d} = \frac{W}{B_d}\frac{P_1}{P_N + \sum_{i=2}^{n} P_i} = SF \cdot \gamma_{o,1} \qquad (4.59)$$

De esta manera, se aprecia que la interferencia total a la entrada del receptor se reduce en un factor SF, como ya se había observado en el comportamiento del receptor CDMA frente a ruido y frente a una interferencia de banda estrecha.

4.2.4 Acceso múltiple OFDMA

La técnica de acceso múltiple OFDMA (*orthogonal frequency division multiple access*) se basa en el mecanismo de transmisión multiportadora denominado OFDM (*orthogonal frequency division multiplex*) que permite multiplexar un conjunto de símbolos sobre un conjunto de subportadoras ortogonales. Gracias a las propiedades de ortogonalidad de dichas subportadoras, es posible efectuar la transmisión simultánea de todos los símbolos manteniendo la capacidad de separación de los mismos en la recepción.

La diferencia fundamental entre OFDM y OFDMA es, simplemente, que en OFDM todos los símbolos enviados en las diferentes subportadoras pertenecen a un mismo usuario, mientras que en OFDMA se multiplexan símbolos de diferentes usuarios.

Si bien la técnica de transmisión OFDM es ampliamente conocida desde los años sesenta, su aplicación práctica en el ámbito de las comunicaciones inalámbricas es mucho más reciente, principalmente debido a la complejidad de los equipos transmisores y receptores involucrados. Hoy en día, la utilizan sistemas tales como la televisión digital terrestre, según el estándar DVB-T, o las redes inalámbricas de área local (Wi-Fi), según los estándares IEEE 802.11a/g. Análogamente, la técnica de acceso múltiple OFDMA es utilizada por el sistema de comunicaciones móviles LTE (*Long Term Evolution*) de cuarta generación (4G) y por su evolución denominada LTE-*Advanced.*

4.2.4.1 Generación de una señal OFDM/OFDMA

La característica fundamental de la técnica OFDM es la subdivisión de la banda total de transmisión B en un conjunto de K_S subportadoras, que presentan la propiedad de ser ortogonales. Asumiendo la notación de señales complejas que se ha venido utilizando a lo largo de este libro, dichas subportadoras pueden formularse en banda base como:

$$x_l(t) = e^{j2\pi l\Delta f t} rect_{T_u}(t) \qquad 0 \le l \le K_S - 1 \qquad (4.60)$$

donde $f_l = l\Delta f$ es la frecuencia de la subportadora l-ésima y $rect_{T_u}(t)$, un pulso rectangular comprendido entre $t = 0$ y $t = T_u$. Por su parte, la separación entre subportadoras se fija de valor igual al inverso de la duración del pulso rectangular, es decir:

$$\Delta f = \frac{1}{T_u} \qquad (4.61)$$

De este modo, se puede comprobar que el conjunto de subportadoras cumple la condición de ortogonalidad, es decir, la integración del producto de cualquier pareja de subportadoras m, l en un intervalo de duración T_u es igual a 0, excepto cuando $m = l$:

$$R_{x_m,x_l}(t)=\frac{1}{T_u}\int_0^{T_u} x_m(t)x_l^*(t)\,dt=\frac{1}{T_u}\int_0^{T_u} e^{j2\pi(m-l)\Delta ft}dt=\frac{1}{T_u}\int_0^{T_u} e^{j2\pi(m-l)\frac{t}{T_u}}dt=\begin{cases}1 & \text{si } m=l\\ 0 & \text{si } m\neq l\end{cases} \quad (4.62)$$

Es muy importante insistir en que esta propiedad de ortogonalidad entre subportadoras se consigue, precisamente, gracias a que la duración del pulso T_u se ha definido como el inverso de la separación entre subportadoras Δf, según (4.61).

A efectos ilustrativos, la Fig. 4.25 muestra la evolución temporal de la parte real de un conjunto de seis subportadoras OFDM, mientras que la Fig. 4.26 presenta el módulo del espectro de cada una de estas subportadoras. Como puede apreciarse en esta figura, para cada frecuencia múltiplo de $1/T_u$ únicamente existe la contribución espectral de una de las subportadoras, mientras que el resto presentan nulos o, dicho de otra manera, las diferentes subportadoras están superpuestas en frecuencia, excepto en las frecuencias múltiplo de $1/T_u$. Esta es la diferencia principal entre un acceso puramente FDMA, en que la banda total B se subdivide en canales no solapados en frecuencia, y la transmisión OFDM (o, equivalentemente, OFDMA), en que la banda total B se subdivide en subportadoras que sí se solapan. Gracias a esta característica, con OFDMA se puede conseguir una utilización más eficiente de la banda total disponible B que con FDMA.

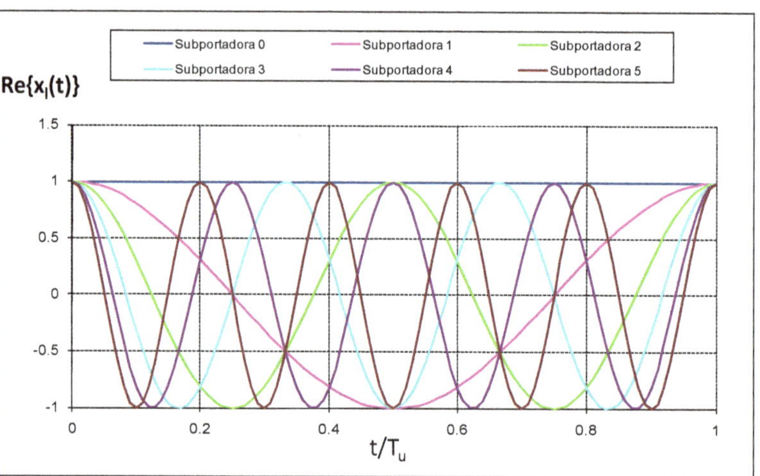

Fig. 4.25
Ejemplo de la señal temporal correspondiente a seis subportadoras OFDM

La Fig. 4.27 presenta la estructura general de un transmisor OFDM. Como puede apreciarse, el multiplexado OFDM se ejecuta sobre los símbolos complejos codificados $d(t)$ resultantes de aplicar, sobre los bits a enviar $b(t)$, los procesos de codificación y entrelazado y el mapeo de bits codificados a símbolos según la modulación considerada, tal como se ha visto en las diferentes estructuras de transmisor que han aparecido a lo largo del libro. Suponiendo que se dispone de K_S subportadoras separadas $\Delta f = 1/T_u$, el multiplexado OFDM se efectúa tomando K_S símbolos codificados simultáneamente cada vez, para obtener a la salida un símbolo de canal (denominado *símbolo OFDM*) de duración T_u. El proceso se repite para obtener un símbolo OFDM cada T_S. Cabe señalar, en este punto, que la duración T_u es inferior a la separación T_S entre símbolos OFDM consecutivos, dejándose un intervalo de guarda de duración T_S-T_u. Como se verá en la sección 4.2.4.3, este intervalo de guarda se utiliza para enviar el denominado *prefijo cíclico*.

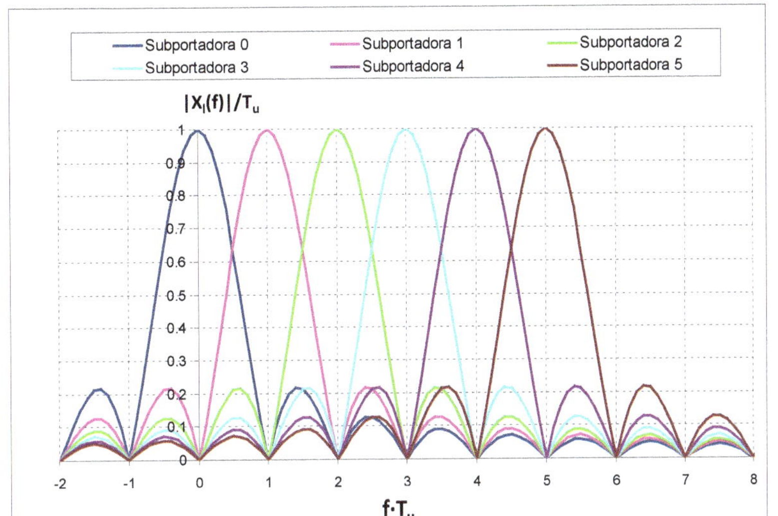

Fig. 4.26
Ejemplo del espectro correspondiente a seis subportadoras OFDM

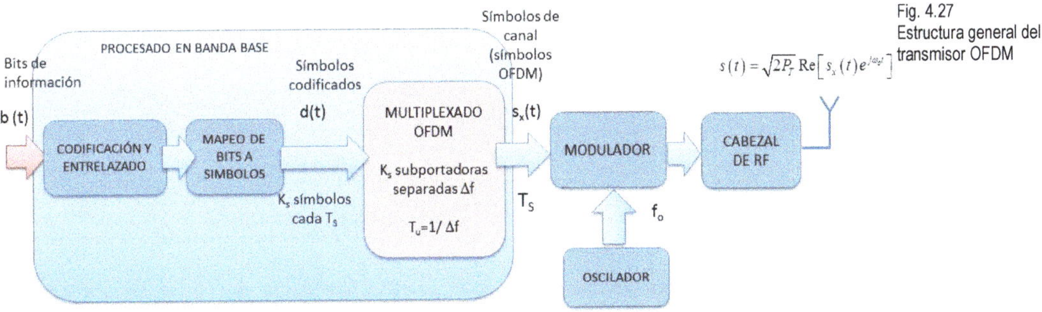

Fig. 4.27
Estructura general del transmisor OFDM

$s(t)=\sqrt{2P_T}\,\mathrm{Re}\left[s_x(t)e^{j\omega_0 t}\right]$

La Fig. 4.28 muestra la estructura del proceso de multiplexado OFDM ejecutado sobre el conjunto de K_S símbolos codificados $d_{0,0}, d_{1,0}, \ldots, d_{K_S-1,0}$. La notación empleada refleja que el símbolo $d_{l,0}$ es el que se envía en la subportadora l en el instante $t = 0$. Tal como se aprecia en la figura, tras multiplicar cada símbolo por su correspondiente subportadora y sumar para los K_S símbolos, se obtiene el símbolo OFDM $s_0(t)$ enviado en el instante $t = 0$ como:

$$s_0(t) = \sum_{l=0}^{K_S-1} d_{l,0} e^{j2\pi l \Delta f t} rect_{T_u}(t) \tag{4.63}$$

De modo análogo, considerando los símbolos OFDM $s_k(t-k\cdot T_S)$ enviados en cada instante de tiempo $t = k\cdot T_S$, se obtiene la señal de banda base $s_x(t)$ resultante del multiplexado OFDM (v. Fig. 4.27) como:

$$s_x(t) = \sum_{k=-\infty}^{\infty} s_k(t - kT_S) \tag{4.64}$$

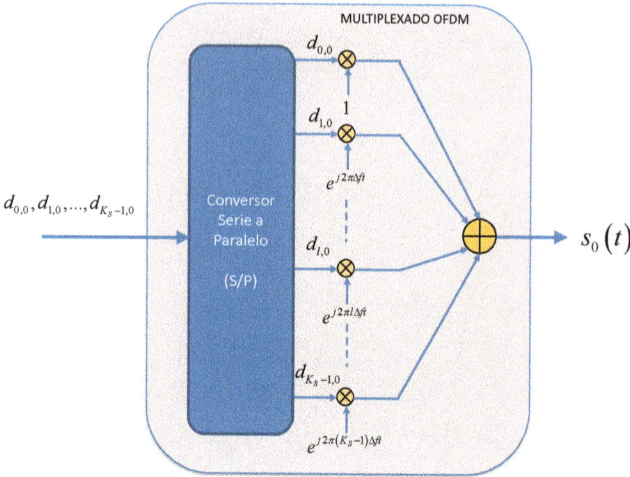

Fig. 4.28
Estructura del multiplexado OFDM

El ancho de banda ocupado por la señal de banda base transmitida $s_x(t)$ será aproximadamente igual al número de subportadoras, multiplicado por la separación entre las mismas, esto es:

$$B \approx K_S \cdot \Delta f \tag{4.65}$$

Centrándonos en el símbolo OFDM $s_0(t)$ transmitido en $t = 0$ según la expresión (4.63), su espectro viene dado por:

$$S_0(f) = T_u \sum_{l=0}^{K_S-1} d_{l,0} \frac{\sin\left(\pi\left(f - l\Delta f\right)T_u\right)}{\pi\left(f - l\Delta f\right)T_u} e^{-j\pi(f-l\Delta f)T_u} \tag{4.66}$$

Como puede apreciarse en esta última expresión, el valor del espectro de la señal transmitido en una subportadora genérica m (esto es, en la frecuencia $m \cdot \Delta f$) es:

$$S_0(m\Delta f) = T_u d_{m,0} \tag{4.67}$$

lo que refleja que el espectro "muestreado" en frecuencia en la subportadora m se obtiene directamente del símbolo enviado $d_{m,0}$. Con objeto de ilustrar esta observación, la Fig. 4.29 muestra, a modo de ejemplo, el espectro de un símbolo OFDM compuesto por $K_S = 6$ subportadoras en que se multiplexa la secuencia de símbolos {2,1,-2,3,1,-1} correspondientes a una modulación ASK multinivel. En la figura, se representan también las muestras de dicho espectro, tomadas cada Δf. Como puede apreciarse, los símbolos multiplexados coinciden exactamente con estas muestras espectrales. Esto sugiere que, en tanto que los símbolos a multiplexar se pueden interpretar como las "muestras frecuenciales" de la señal a transmitir $s_0(t)$, para obtener las muestras temporales de esta señal basta con efectuar la transformada discreta inversa de Fourier (*inverse discrete Fourier transform* o IDFT) de dichos símbolos.

A efectos de formular la implementación del transmisor OFDM basado en IDFT, consideramos el símbolo OFDM a transmitir $s_0(t)$ de (4.63), muestreado con una frecuencia de muestreo múltiplo de la separación entre subportadoras, esto es:

$$f_m = N_S \Delta f \tag{4.68}$$

De este modo, se obtienen las muestras temporales del símbolo a transmitir como:

$$s_0(n) = \sum_{l=0}^{K_S-1} d_{l,0} e^{j\frac{2\pi l \Delta f n}{f_m}} = \sum_{l=0}^{K_S-1} d_{l,0} e^{j\frac{2\pi l n}{N_S}} = \sum_{l=0}^{N_S-1} X(l) e^{j\frac{2\pi l n}{N_S}} \qquad n = 0,1,\ldots,N_S-1 \tag{4.69}$$

donde $X(l)$ es una secuencia compuesta por los símbolos a transmitir $d_{0,0}, d_{1,0}, \ldots, d_{K_S-1,0}$ completada con ceros hasta llegar a tener N_S valores. La expresión resultante en (4.69) es justamente la IDFT de la secuencia $X(l)$:

$$s_0(n) = N_S \cdot IDFT[X(l)] \qquad n = 0,1,\ldots,N_S-1 \tag{4.70}$$

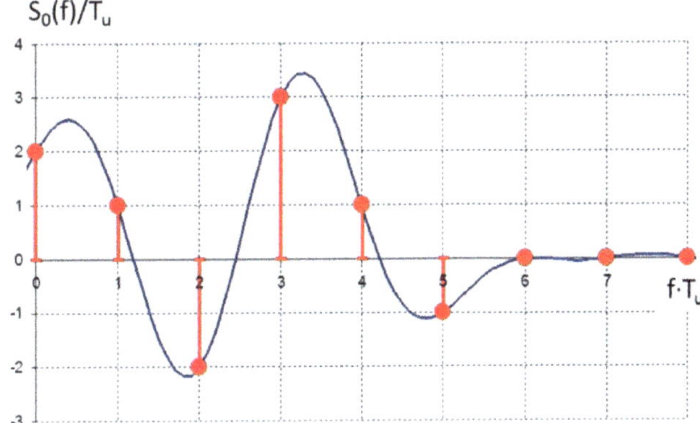

Fig. 4.29
Ilustración del espectro muestreado del símbolo OFDM, compuesto por una secuencia de símbolos {2,1,-2,3,1,-1}. Para simplificar, en el dibujo se ha prescindido del término de fase lineal de la expresión (4.66), lo que equivale a suponer el pulso rectangular comprendido entre $t = -T_u/2$ y $T_u/2$

De acuerdo con la formulación planteada, la Fig. 4.30 muestra la estructura del transmisor OFDM implementado mediante una IDFT de N_S muestras. Como puede apreciarse, las entradas a la IDFT son los símbolos a transmitir, completados con ceros, y sus salidas son las N_S muestras temporales que componen el símbolo OFDM a transmitir $s_0(n)$. Por consiguiente, para generar la señal que finalmente se transmitirá, es preciso utilizar un proceso de conversión D/A a partir de las muestras obtenidas.

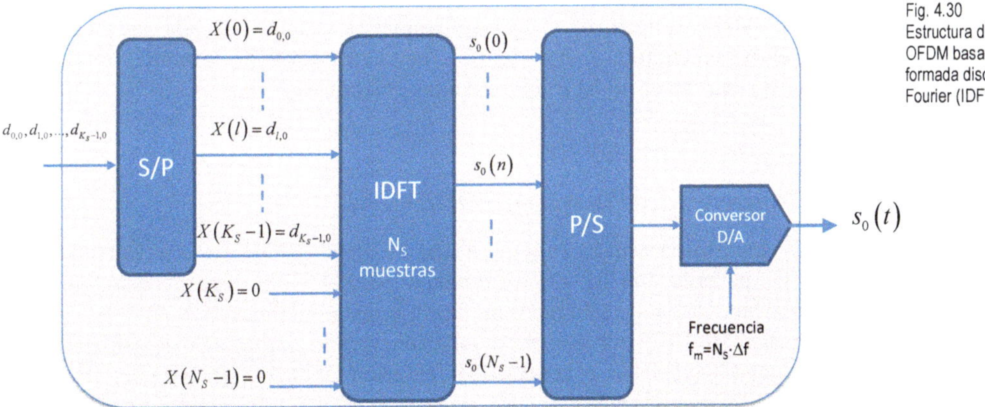

Fig. 4.30
Estructura del transmisor OFDM basado en la transformada discreta inversa de Fourier (IDFT)

La implementación del transmisor OFDM basado en IDFT es mucho más sencilla y eficiente que la del transmisor de la Fig. 4.28, y no requiere tener que emplear múltiples osciladores. Por consiguiente, es la implementación que se utiliza en la práctica. En relación con el valor de N_S, este se corresponde con el número de muestras en frecuencia empleadas para efectuar la IDFT y, en la práctica, se suele escoger un valor que sea potencia de 2, en tanto que permite que el cálculo de la IDFT se efectúe mediante un algoritmo de transformada inversa rápida de Fourier (*inverse fast Fourier transform* o IFFT), que permite acelerar notablemente el proceso.

La Fig. 4.31 muestra la generalización del transmisor OFDM en el caso de multiplexar señales de diferentes usuarios, que da lugar a la técnica de acceso múltiple OFDMA. Como puede comprobarse, la única diferencia entre el transmisor OFDM y el OFDMA es que los símbolos a la entrada de la IDFT pertenecen a diferentes usuarios, de modo que, a la salida, cada usuario estará transmitiendo en un conjunto de subportadoras diferente.

Fig. 4.31
Estructura del transmisor OFDMA

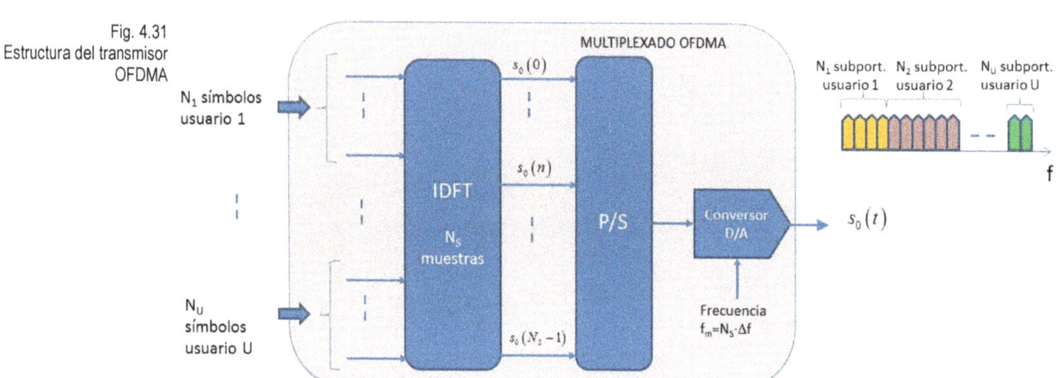

Es importante remarcar que la estructura del transmisor OFDMA es muy flexible y que basta con modificar las entradas de la IDFT para variar las subportadoras que se asignan a cada usuario. Por consiguiente, la técnica OFDMA proporciona una forma sencilla de acomodar diferentes anchos de banda (y, en consecuencia, diferentes velocidades de transmisión) a los diferentes usuarios, en función de los requerimientos de servicio de cada uno, simplemente a base de asignar más o menos subportadoras por usuario según sus necesidades. La granularidad en el ancho de banda asignado sería idealmente de una subportadora, es decir, Δf, si bien en la práctica algunos sistemas suelen agrupar las subportadoras en conjuntos. Por ejemplo, en el caso de LTE, la unidad mínima de asignación a un usuario es de 12 subportadoras consecutivas.

4.2.4.2 Recepción de una señal OFDM/OFDMA

La Fig. 4.32 muestra la estructura general del receptor OFDM (o, equivalentemente, OFDMA). De acuerdo con los procedimientos generales del resto de estructuras de recepción que han aparecido a lo largo del libro, la señal recibida en la antena es procesada por la etapa de RF y por el demodulador encargado de trasladar la señal a banda base. Una vez en banda base, el proceso de detección OFDM se encarga de extraer los símbolos enviados en cada subportadora, a razón de K_S símbolos cada T_S, y, a partir de ahí, se efectúa el mapeo de símbolos a bits, según la modulación empleada en cada símbolo, y, finalmente, el proceso de desentrelazado y decodificación de canal, para obtener los bits de información recuperados.

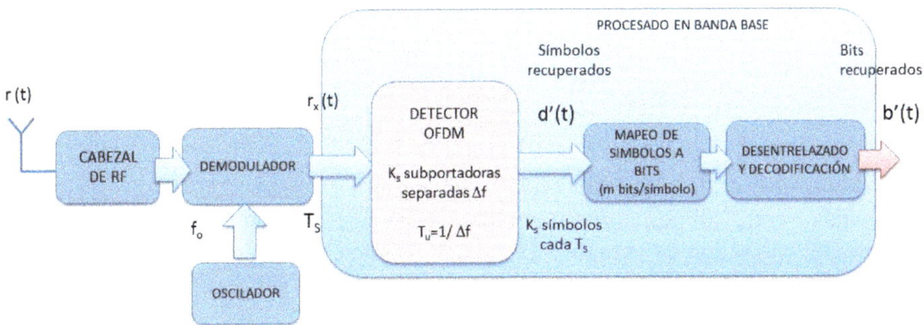

Fig. 4.32
Estructura general del receptor OFDM

Centrándonos en el proceso de detección OFDM, la Fig. 4.33 ilustra la extracción de los diferentes símbolos si se efectuara un proceso clásico de detección coherente. La señal recibida en banda base $r_x(t)$ se procesa en K_S ramas paralelas, en cada una de las cuales se multiplica por la subportadora correspondiente y se efectúa un proceso de integración durante el intervalo T_u correspondiente a la duración del símbolo OFDM.

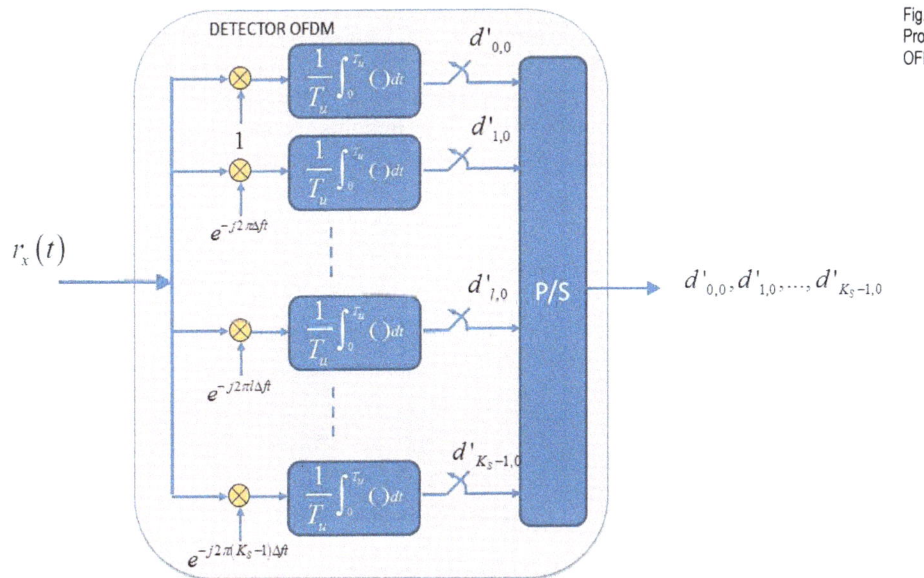

Fig. 4.33
Proceso de detección OFDM

Si prescindimos del ruido y de los efectos del canal, el símbolo OFDM recibido en $t = 0$ será igual al símbolo OFDM transmitido:

$$r_x(t)\Big|_{0\le t\le T_u} = s_0(t) = \sum_{l=0}^{K_S-1} d_{l,0} e^{j2\pi l\Delta f t} rect_{T_u}(t) \qquad (4.71)$$

En consecuencia, la salida de la rama l-ésima del detector vendrá dada por:

$$d'_{l,0} = \sum_{n=0}^{K_S-1} d_{l,0} \frac{1}{T_u} \int_0^{T_u} e^{j2\pi(n-l)\Delta f t} dt = d_{l,0} \qquad (4.72)$$

Cabe señalar que, en la expresión (4.72), la integral es 0 para todo $n \neq l$, gracias a la ortogonalidad entre subportadoras, tal como se ha visto anteriormente en (4.62). Por consiguiente, a la salida de la rama l-ésima del detector, se extrae el símbolo $d_{l,0}$ enviado en la subportadora l-ésima, sin interferencias del resto de subportadoras.

Si bien la estructura de detector de la Fig. 4.33 permite ilustrar fácilmente el proceso de detección, presenta la complejidad de que requiere un número elevado de osciladores locales para generar las diferentes subportadoras con que multiplicar la señal recibida. Por consiguiente, la estructura de receptor empleada realmente en la práctica no es esta, sino que se basa en una implementación digital, tal como se muestra en la Fig. 4.34. Debido a que los símbolos enviados en cada subportadora no son más que las muestras frecuenciales de la señal transmitida, tomadas cada Δf, para obtener estas muestras basta con efectuar la transformada discreta de Fourier (*discrete Fourier transform* o DFT) de las N_S muestras temporales de la señal recibida en banda base que componen el símbolo OFDM recibido y muestreado a la frecuencia $f_m = N_S \cdot \Delta f$. El procesado efectuado en el detector es, pues, el inverso a la IDFT que se utiliza en el transmisor. En la figura, se observa que a la salida de la DFT se obtienen N_S muestras, de las cuales únicamente se consideran las correspondientes a las K_S subportadoras empleadas en la transmisión y que se corresponderán con los símbolos recuperados, mientras que las demás muestras de salida (que se habían puesto a 0 en el transmisor de la Fig. 4.30) se descartan.

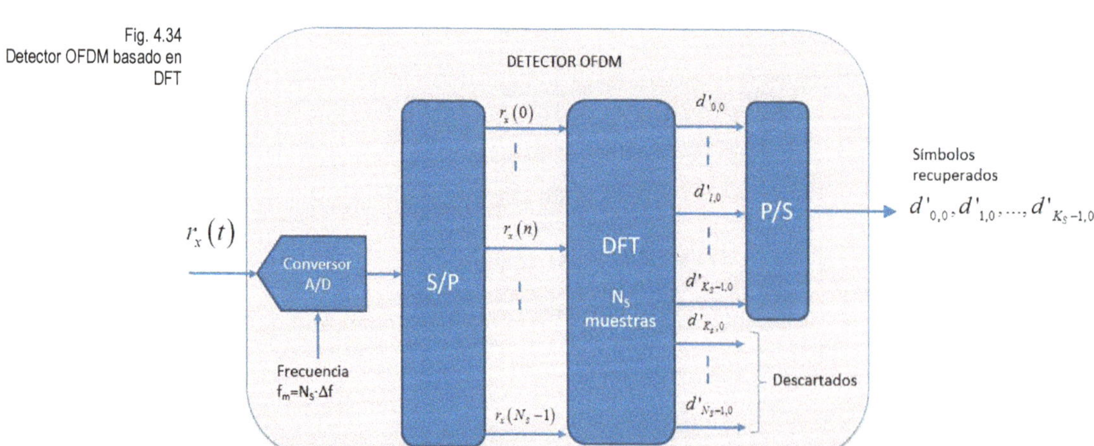

Fig. 4.34
Detector OFDM basado en DFT

Del mismo modo que ocurre en el transmisor, el valor de N_S en el receptor también se escoge como potencia de 2 para poder calcular la DFT de forma rápida mediante el algoritmo FFT (*fast Fourier transform*).

4.2.4.3 *Impacto de la propagación multicamino sobre una señal OFDM/OFDMA*

Tal como hemos visto en el capítulo 2, en cualquier sistema de comunicaciones móviles la señal captada en el receptor es la contribución de múltiples réplicas de la señal originalmente transmitida, cada una correspondiente a un camino de propagación diferente y, por tanto, recibidas en diferentes instantes de tiempo y con diferentes amplitudes y fases. Con objeto de estudiar el impacto de esta propagación multicamino sobre una señal OFDM (o, equivalentemente, OFDMA), consideramos la señal transmitida en banda base $s_x(t)$ según (4.64), compuesta por un tren de símbolos OFDM, cada uno de los cuales tiene duración T_u y está formado por K_S subportadoras. Adicionalmente, para ilustrar mejor el efecto del canal, consideramos inicialmente que no existe ningún intervalo de guarda entre símbolos OFDM consecutivos, de modo que $T_u = T_S$. Bajo estas consideraciones, la señal transmitida es:

$$s_x(t) = \sum_{k=-\infty}^{\infty} s_k(t - kT_S) = \sum_{k=-\infty}^{\infty} \sum_{l=0}^{K_S-1} d_{l,k} e^{j2\pi l \Delta f t} rect_{T_u}(t - kT_u) \tag{4.73}$$

En esta última expresión, denotamos como $d_{l,k}$ el símbolo que se envía en la subportadora l-ésima del k-ésimo símbolo OFDM transmitido que empieza en $t = kT_S = kT_u$.

Por otra parte, consideramos la siguiente respuesta impulsional del canal, compuesta por M réplicas diferentes:

$$h(\tau) = \sum_{m=0}^{M-1} h_m \delta(\tau - \tau_m) \tag{4.74}$$

En esta expresión, hemos prescindido de la variación temporal del canal, asumiendo que es mucho más lenta que la duración de los símbolos enviados T_u, y que, por tanto, todos los símbolos enviados se ven afectados por la misma respuesta impulsional. Sobre la base de esta consideración, la señal recibida en banda base se formula como:

$$r_x(t) = \sum_{m=0}^{M-1} h_m s_x(t - \tau_m) = \sum_{m=0}^{M-1} h_m \sum_{k=-\infty}^{\infty} \sum_{l=0}^{K_S-1} d_{l,k} e^{j2\pi l \Delta f (t-\tau_m)} rect_{T_u}(t - \tau_m - kT_u) \tag{4.75}$$

La Fig. 4.35 ilustra gráficamente la evolución temporal de la señal recibida, compuesta por las M réplicas resultantes del multicamino. En la figura, se muestra además la señal que se tomaría durante el proceso de detección del símbolo OFDM $s_0(t)$ mediante la integración durante un intervalo de duración $T_u = T_S$ (o de forma equivalente haciendo la DFT de las muestras recibidas en este intervalo). Como se aprecia, únicamente para la primera réplica, el período de integración coincide exactamente con el símbolo OFDM $s_0(t)$ deseado, mientras que, para el resto de réplicas, se está integrando parte del símbolo $s_0(t)$ y parte del símbolo anterior $s_{-1}(t)$, que por consiguiente resulta en interferencia intersimbólica.

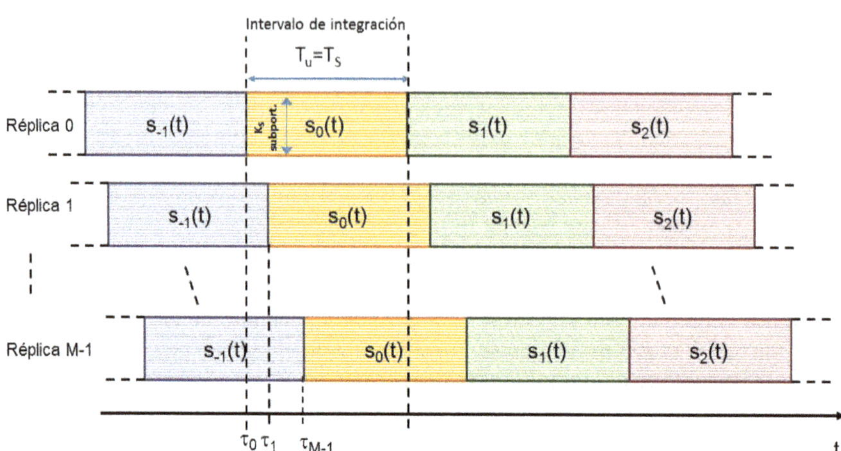

Fig. 4.35
Impacto de la propagación multicamino sobre una señal OFDM

Desde el punto de vista matemático, si consideramos ahora la salida de la rama n-ésima del detector OFDM al efectuar la detección del símbolo OFDM $s_0(t)$ y suponemos, sin pérdida de generalidad, que $\tau_0 = 0$ y $h_0 = 1$ para el primer camino de propagación, se obtiene:

$$\begin{aligned} d'_{n,0} &= \frac{1}{T_u}\int_0^{T_u} r_x(t)\, e^{-j2\pi n\Delta f t}\,dt = \\ &= d_{n,0} \\ &+ \frac{1}{T_u}\sum_{m=1}^{M-1} h_m e^{-j2\pi n\Delta f \tau_m}\left(d_{n,-1}\tau_m + d_{n,0}\left(T_u - \tau_m\right)\right) \\ &+ \frac{1}{T_u}\sum_{\substack{l=0 \\ l\neq n}}^{K_S-1}\sum_{m=1}^{M-1} h_m e^{-j2\pi l\Delta f \tau_m}\left(d_{l,-1}\int_0^{\tau_m} e^{j2\pi(l-n)\Delta f t}\,dt + d_{l,0}\int_{\tau_m}^{T_u} e^{j2\pi(l-n)\Delta f t}\,dt\right) \end{aligned} \tag{4.76}$$

Analizando esta expresión, vemos que el símbolo detectado $d'_{n,0}$ se compone, además del símbolo deseado $d_{n,0}$, proveniente de la integración de la réplica $m = 0$, por los términos interferentes siguientes:

- interferencia intersimbólica asociada a las diferentes réplicas de la portadora n-ésima, que se aprecia en el segundo sumando de (4.76) y que hace que la salida dependa del símbolo anterior;
- interferencia entre subportadoras, que se aprecia en el tercer sumando de (4.76) y que hace que la salida dependa de los símbolos enviados en las subportadoras diferentes de la demodulada ($l \neq n$). En definitiva, esto pone de manifiesto que uno de los efectos de la propagación multicamino sobre una señal OFDM es la pérdida de ortogonalidad entre las diferentes subportadoras. Desde el punto de vista matemático, esta pérdida de ortogonalidad es debida a que las integrales que aparecen en el último sumando no incluyen la totalidad del intervalo T_u del símbolo OFDM, por lo que estas integrales ya no son 0, a diferencia de lo que ocurría en la condición de ortogonalidad de (4.62).

Estos dos efectos negativos de interferencia intersimbólica y pérdida de ortogonalidad entre subportadoras son tanto más significativos cuanto mayor sea el retardo asociado a las diferentes réplicas del canal τ_m en relación con la duración del símbolo $T_u = T_S$, esto es, cuanto más dispersivo sea el canal.

Con objeto de combatir estos dos efectos negativos de la propagación multicamino, la solución utilizada en OFDM es emplear en la transmisión el denominado *prefijo cíclico*. Consiste en alargar la transmisión de cada símbolo OFDM hasta una duración total de $T_S = T_u + T_P$ a base de repetir, al principio del símbolo, las muestras temporales de la señal (generadas por la IDFT) que se corresponden con los últimos T_P segundos del símbolo, tal como se ilustra en el ejemplo de la Fig. 4.36.

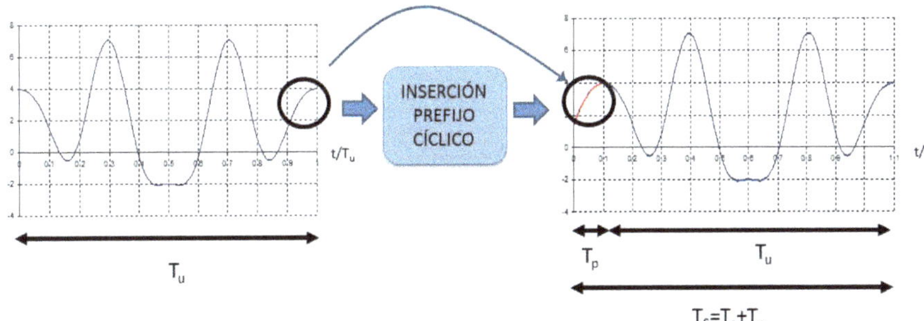

Fig. 4.36
Proceso de inserción del prefijo cíclico en una señal OFDM

La Fig. 4.37 presenta la modificación de los bloques de multiplexado OFDM en la transmisión y del detector OFDM en la recepción cuando se emplea prefijo cíclico. El bloque de extracción del prefijo cíclico en el receptor simplemente descarta las muestras de señal recibidas durante el intervalo T_P del prefijo cíclico antes de efectuar el proceso de detección mediante la DFT.

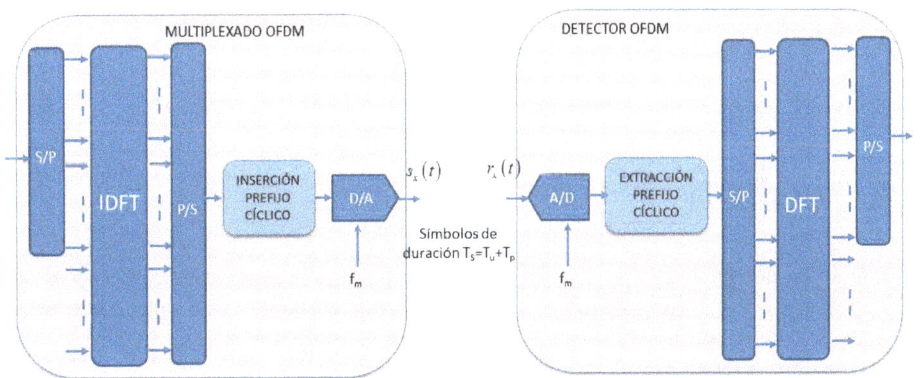

Fig. 4.37
Inserción y extracción del prefijo cíclico dentro de la estructura del transmisor y del receptor OFDM

Con objeto de analizar el impacto de la utilización del prefijo cíclico en una señal OFDM, la Fig. 4.38 muestra la evolución temporal de la señal recibida como resultado de la propagación multicamino con M réplicas, así como el intervalo de integración que se consideraría en la recepción para detectar las subportadoras del símbolo $s_0(t)$. Como puede apreciarse, el intervalo de integración excluye el prefijo cíclico y, por tanto, tiene una duración de T_u. En la figura, se observa que ahora no existe interferencia intersimbólica, puesto que, al integrar en un intervalo temporal inferior a la separación entre símbolos consecutivos T_P+T_u y haber escogido una duración del prefijo cíclico T_P superior a la diferencia temporal entre la primera y la última réplica (T_P> τ_{M-1}-τ_0), en ninguna de las réplicas se incluyen muestras del símbolo $s_{-1}(t)$. Cabe remarcar que esta eliminación de la interferencia intersimbólica se podría haber conseguido igualmente, de forma más simple si cabe, dejando un tiempo T_P sin transmitir y sin necesidad de repetir las muestras del final del símbolo, como hace el prefijo cíclico. Sin embargo, la inclusión del prefijo cíclico permite que, como se observa en la figura, en cualquiera de las réplicas consideradas el intervalo de integración T_u incluya exactamente la duración de un símbolo OFDM completo. Efectivamente, se aprecia que las muestras del símbolo $s_0(t)$ que están fuera del intervalo de integración en las réplicas 1 a M-1 coinciden exactamente con las que se han añadido en el prefijo cíclico al principio, de modo que la integración de cada réplica contiene todas las muestras del símbolo y, por consiguiente, se restaura la ortogonalidad entre subportadoras.

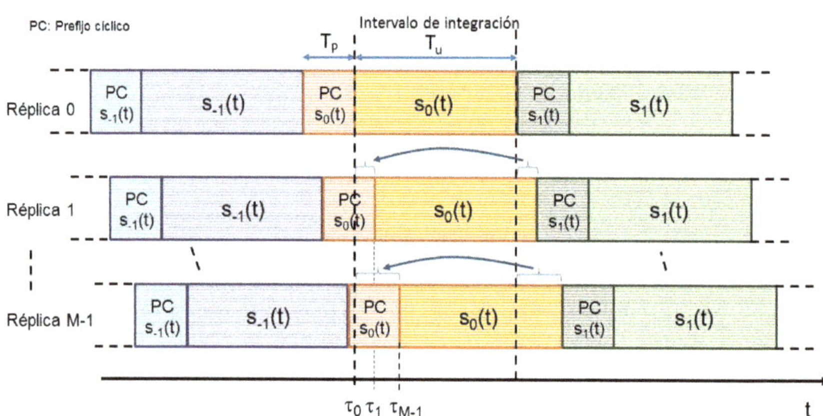

Fig. 4.38
Impacto de la propagación multicamino sobre una señal OFDM con prefijo cíclico

Desde una perspectiva matemática, la señal transmitida para el símbolo $s_0(t)$ al utilizarse prefijo cíclico viene dada por:

$$\begin{aligned} s_0(t) &= \sum_{l=0}^{K_S-1} d_{l,0} e^{j2\pi l\Delta ft} rect_{T_u}(t) + \sum_{l=0}^{K_S-1} d_{l,0} e^{j2\pi l\Delta f(t+T_u)} rect_{T_P}(t+T_P) = \\ &= \sum_{l=0}^{K_S-1} d_{l,0} e^{j2\pi l\Delta ft} rect_{T_u}(t) + \sum_{l=0}^{K_S-1} d_{l,0} e^{j2\pi l\Delta ft} rect_{T_P}(t+T_P) \end{aligned} \quad (4.77)$$

donde se ha considerado que el prefijo cíclico está comprendido entre $t = -T_P$ y $t = 0$, mientras que el símbolo está entre $t = 0$ y $t = T_u$. De acuerdo con esta señal transmitida y el modelo de respuesta impulsional considerado, la salida del detector OFDM para la rama n-ésima es ahora:

$$\begin{aligned} d'_{n,0} &= d_{n,0} + \frac{1}{T_u} \sum_{l=0}^{K_S-1} \sum_{m=1}^{M-1} h_m e^{-j2\pi l\Delta f\tau_m} \left(d_{l,0} \int_0^{\tau_m} e^{j2\pi(l-n)\Delta ft} dt + d_{l,0} \int_{\tau_m}^{T_u} e^{j2\pi(l-n)\Delta ft} dt \right) = \\ &= d_{n,0} + \frac{1}{T_u} \sum_{l=0}^{K_S-1} \sum_{m=1}^{M-1} h_m e^{-j2\pi l\Delta f\tau_m} d_{l,0} \int_0^{T_u} e^{j2\pi(l-n)\Delta ft} dt = d_{n,0} \sum_{m=0}^{M-1} h_m e^{-j2\pi n\Delta f\tau_m} \end{aligned} \quad (4.78)$$

Como se observa, el símbolo detectado a la salida de la rama n-ésima se corresponde con el enviado en la subportadora n-ésima y no existe ningún tipo de interferencia intersimbólica ni del resto de subportadoras. Obsérvese, en la expresión (4.78), que la interferencia de los símbolos $d_{l,0}$ enviados en el resto de subportadoras $l \neq n$ se cancela gracias a la integral de la función exponencial compleja sobre el intervalo completo T_u, de acuerdo con la condición de ortogonalidad entre subportadoras.

En cualquier caso, aunque no haya interferencia, se aprecia en (4.78) que el símbolo detectado a la salida está afectado por un factor multiplicativo, que depende de las amplitudes y los retardos de las diferentes componentes multicamino. Este factor puede relacionarse de forma sencilla con la respuesta frecuencial del canal $H(f)$, que se obtiene como la transformada de Fourier de la respuesta impulsional $h(\tau)$, esto es:

$$H(f) = \sum_{n=0}^{M-1} h_n e^{-j2\pi f \tau_n} \tag{4.79}$$

Concretamente, de acuerdo con (4.78) y (4.79), el término multiplicativo a la salida no es más que el valor de la respuesta frecuencial del canal para la frecuencia $n\Delta f$, correspondiente a la subportadora n-ésima, de modo que:

$$d'_{n,0} = d_{n,0} H(n\Delta f) \tag{4.80}$$

A la vista de esta última expresión, el proceso de multiplexación y detección OFDM (o, equivalentemente, OFDMA) incluyendo el prefijo cíclico puede modelarse como un conjunto de K_S canales en paralelo, cada uno asociado a una subportadora y en que se transmite un símbolo, y que se ve multiplicado por la respuesta frecuencial del canal en dicha subportadora, tal como se ilustra en la Fig. 4.39.

En definitiva, gracias a la utilización del prefijo cíclico, se ha transformado un canal con dispersión y, por tanto, selectivo en frecuencia, en un conjunto de K_S canales en paralelo, no selectivos en frecuencia. Esto, además, sugiere la posibilidad de modificar independientemente los parámetros de transmisión de cada canal, por ejemplo variando adaptativamente la modulación o la codificación de los símbolos que se envían en cada uno, en función del estado del canal en cada subportadora.

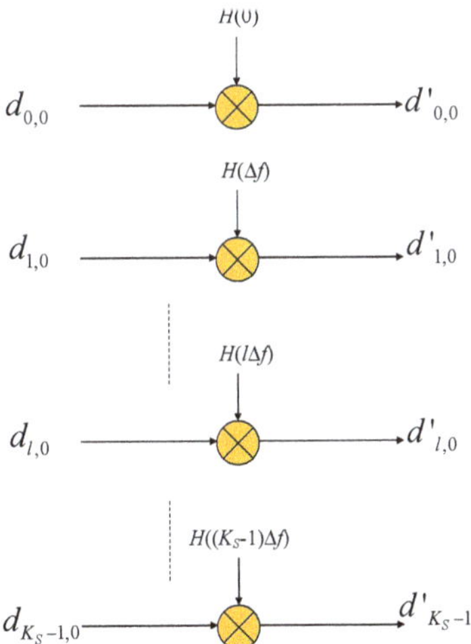

Fig. 4.39 Modelo equivalente de la transmisión y recepción OFDM /OFDMA como K_S canales en paralelo

En todo caso, y como consecuencia del efecto del canal, los diferentes símbolos recibidos se verán, según (4.80), escalados en amplitud y rotados en fase respecto a los símbolos enviados, de modo que en la recepción será necesario aplicar mecanismos para compensar dichas variaciones. Una posibilidad que se emplea habitualmente es multiplicar cada uno de los símbolos detectados $d'_{n,0}$ por un factor que compense la respuesta frecuencial del canal a cada frecuencia $H(n\,\Delta f)$. Este proceso se denomina *ecualización* en el dominio de la frecuencia [16], en tanto que permite llevar a cabo la ecualización del canal no como un filtrado en el dominio temporal, como se realiza típicamente en los sistemas convencionales, sino como un proceso efectuado directamente sobre el dominio de la frecuencia, que consiste simplemente en multiplicar cada símbolo por un coeficiente dependiente de la respuesta frecuencial del canal asociada a dicho símbolo. A modo de ejemplo, en el caso de una ecualización de mínimo error cuadrático medio (*minimum mean square error* o MMSE) en un canal con potencia total de ruido N, el valor del coeficiente por el que se multiplicaría el símbolo $d'_{n,0}$ sería [17]:

$$W_n = \frac{H^*(n\Delta f)}{\left|H(n\Delta f)\right|^2 + N} \tag{4.81}$$

El valor de la respuesta frecuencial del canal $H(n\Delta f)$ para llevar a cabo este proceso de ecualización se estima utilizando símbolos piloto conocidos *a priori*, que se envían en determinados instantes en las diferentes subportadoras.

La ecualización en el dominio de la frecuencia supone, en general, un cálculo menos complejo que la ecualización clásica en el dominio temporal, particularmente en canales muy dispersivos, como cuando se pretende efectuar una transmisión con un ancho de banda elevado. Por este motivo, la técnica de transmisión OFDM/OFDMA resulta eficiente desde la perspectiva de poder utilizar anchos de banda elevados con un incremento reducido de la complejidad de los ecualizadores. A modo de ejemplo, en [18] se presenta la comparativa entre la ecualización en el dominio temporal y en el dominio frecuencial, en términos del número de multiplicaciones requeridas por símbolo en función del grado de distorsión del canal, y se llega a la conclusión de que la complejidad de la ecualización en el dominio frecuencial se incrementa mucho más lentamente con la longitud de la respuesta impulsional del canal que la ecualización en el dominio temporal. En concreto, los resultados de [18] demuestran que el número de multiplicaciones por símbolo requerido por la ecualización en el dominio temporal puede llegar a ser hasta un orden de magnitud superior al requerido por la ecualización en el dominio frecuencial.

Con relación al prefijo cíclico, aunque resulte una solución muy atractiva para poder eliminar la dispersión del canal ocasionada por el multicamino, hay que tener presente que su utilización introduce una ineficiencia, en tanto que únicamente una fracción $T_u/(T_P+T_u)$ de la potencia transmitida se destina a la parte útil de los símbolos transmitidos. Equivalentemente, la velocidad de transmisión en un sistema con prefijo cíclico es de $1/(T_P+T_u)$ símbolos/s por subportadora, inferior al valor $1/T_u$ que se obtendría si no se empleara el prefijo cíclico. Teniendo esto en cuenta, es preciso escoger el valor de la duración del prefijo cíclico como el mínimo valor posible que permite hacer frente a la dispersión del canal dada por la duración del multicamino en términos del *delay spread* (D_s). En particular, un criterio adecuado sería:

$$T_p > D_s \qquad (4.82)$$

A modo de ejemplo, en LTE se utiliza $T_u = 1/\Delta f = 1/15$ kHz = 66,67 μs, y la duración del prefijo cíclico (en su versión normal) es de $T_P = 4{,}68$ μs, lo que da como resultado $T_S = T_P + T_u = 71{,}35$ μs, adecuado para el *delay spread* que puede encontrarse en la mayoría de entornos habituales de operación.

Por otra parte, el funcionamiento correcto logrado por el prefijo cíclico asume que la respuesta del canal $h(\tau,t)$ no cambia a lo largo de un símbolo T_u, esto es, $h(\tau,t) \approx h(\tau)$ durante T_u. En consecuencia, la elección de T_u (y, equivalentemente, de la separación entre subportadoras $\Delta f = 1/T_u$) debe hacerse teniendo en cuenta la variabilidad temporal del canal asociada con la frecuencia Doppler dependiente de la velocidad de los terminales ($f_d = v/\lambda$), o con el tiempo de coherencia τ_c. De modo genérico, debe cumplirse:

$$T_u << \tau_c \approx \frac{1}{5{,}58 f_d} \qquad (4.83)$$

lo que habitualmente se suele traducir, en términos de frecuencia, aproximadamente por:

$$\Delta f >> f_d \qquad (4.84)$$

A modo de ejemplo, para v = 120 km/h y f = 2 GHz, se tiene que f_d = 222 Hz, mientras que en LTE la separación entre subportadoras es Δf = 15 kHz, por lo que la condición (4.84) se cumple holgadamente.

4.3 Técnicas de duplexado

Las técnicas de duplexado permiten la comunicación "dúplex" (transmisión y recepción simultáneas) del sistema, necesaria en la gran mayoría de servicios de comunicaciones móviles. Así pues, tal como se refleja en la Fig. 4.40, las técnicas de duplexado permiten la coexistencia entre el enlace ascendente (*uplink* o UL) y el enlace descendente (*downlink* o DL) asociado a la comunicación de un usuario determinado. Nótese que las técnicas de duplexado son complementarias a las técnicas de acceso múltiple, las cuales permiten que coexistan diferentes comunicaciones asociadas a diversos usuarios.

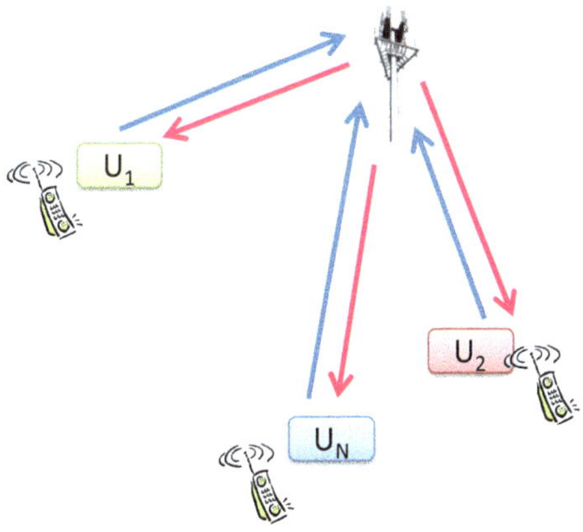

Fig. 4.40
Ilustración del concepto de duplexado

4.3.1 Duplexado FDD

En el caso del duplexado FDD (*frequency division duplex*), el enlace ascendente (UL) y el enlace descendente (DL) operan en bandas de frecuencia distintas. Como se ilustra en la Fig. 4.41, la guarda de duplexado es la diferencia entre las frecuencias f_{up} del UL y f_{down} del DL.

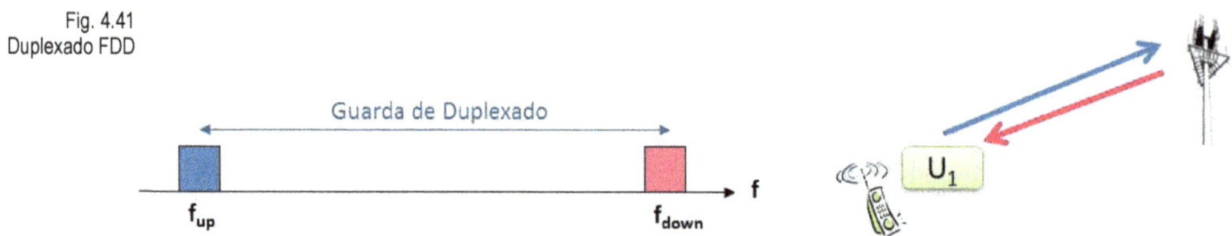

Fig. 4.41
Duplexado FDD

Dado que las señales UL y DL se transmiten simultáneamente y que el nivel de potencia transmitido a la salida del emisor (que puede ser típicamente del orden de 20 a 40 dBm) es mucho mayor que el nivel de señal recibido (que puede llegar a valores del orden de los -100 dBm), es preciso asegurar un aislamiento suficiente para evitar que la señal del transmisor interfiera sobre la del receptor. Este concepto se ilustra gráficamente en la Fig. 4.42, en que el emisor y el receptor de una estación de base comparten la misma antena para el UL y para el DL. Si no se aplicara ninguna medida de protección, tal como se observa en la parte inferior de la figura, a la entrada del receptor la diferencia entre la potencia de la señal DL y la potencia recibida del UL tomaría valores muy elevados, de hasta 140 dB, con los rangos de potencias mencionados. Si bien, gracias a la separación frecuencial proporcionada por la guarda de duplexado, los filtros del cabezal de RF del receptor presentan una cierta selectividad Δ_S que permite atenuar la señal del DL, es muy difícil en la práctica que dicha selectividad pueda compensar, por si sola, las diferencias de potencia anteriormente mencionadas, ya que, como orden de magnitud, difícilmente es posible conseguir selectividades superiores a 60-70 dB. Así pues, es preciso emplear mecanismos de protección adicionales para incrementar el aislamiento UL-DL, más allá del que puede proporcionar la selectividad de los filtros del receptor.

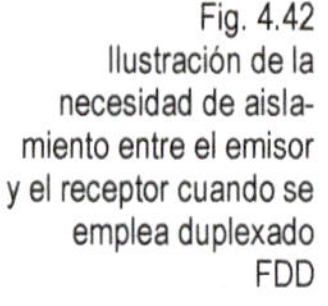

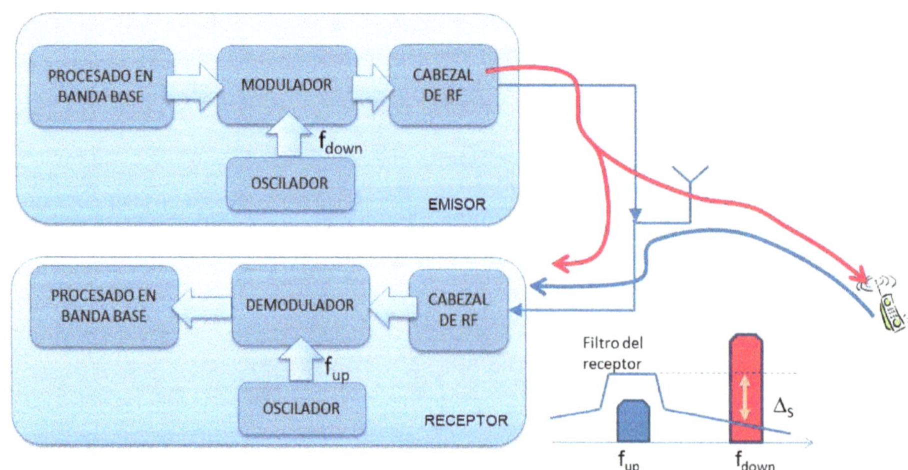

Fig. 4.42
Ilustración de la necesidad de aislamiento entre el emisor y el receptor cuando se emplea duplexado FDD

Una primera posibilidad, ilustrada en la Fig. 4.43, es emplear antenas diferentes para transmitir y recibir. En este caso, las pérdidas de propagación L_A asociadas a la separación física entre las antenas permiten incrementar el aislamiento entre las señales DL y UL de un receptor con selectividad Δ_S (dB) hasta un total de L_A(dB) + Δ_S(dB). Como orden de magnitud, L_A puede llegar a ser de hasta 70 dB, dependiendo de la distancia entre las antenas y del diagrama de radiación de las mismas [19].

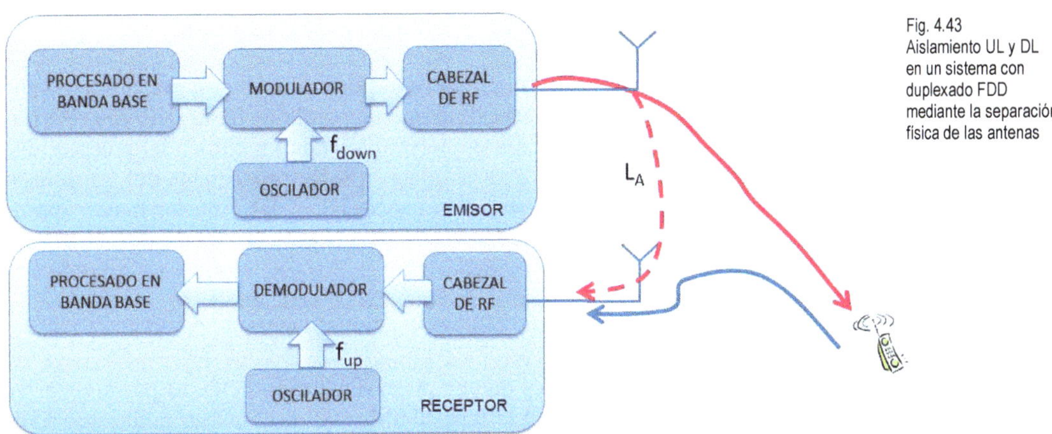

Fig. 4.43
Aislamiento UL y DL en un sistema con duplexado FDD mediante la separación física de las antenas

El principal problema de emplear antenas separadas para la transmisión y la recepción es que da lugar a estaciones de base excesivamente voluminosas. Por este motivo, aunque esta era la técnica empleada usualmente por los primeros sistemas móviles, progresivamente se ha tendido a compartir la misma antena para transmitir y para recibir. En este caso, tal como se ilustra en la Fig. 4.44, es preciso emplear un dispositivo denominado *duplexor* para asegurar el aislamiento necesario entre UL y DL. Un duplexor es un dispositivo de tres puertas a las cuales se conectan, respectivamente el transmisor, la antena y el receptor. La señal inyectada por la puerta del transmisor se traslada hacia la antena, mientras que la señal recibida de la antena se traslada hacia el receptor. La atenuación L_{DUP} entre la puerta del transmisor y la del receptor puede llegar a tomar valores elevados, del orden de los 80 dB [20]. De este modo, el aislamiento total entre las señales DL y UL en el receptor se incrementa hasta L_{DUP}(dB) + Δ_S(dB).

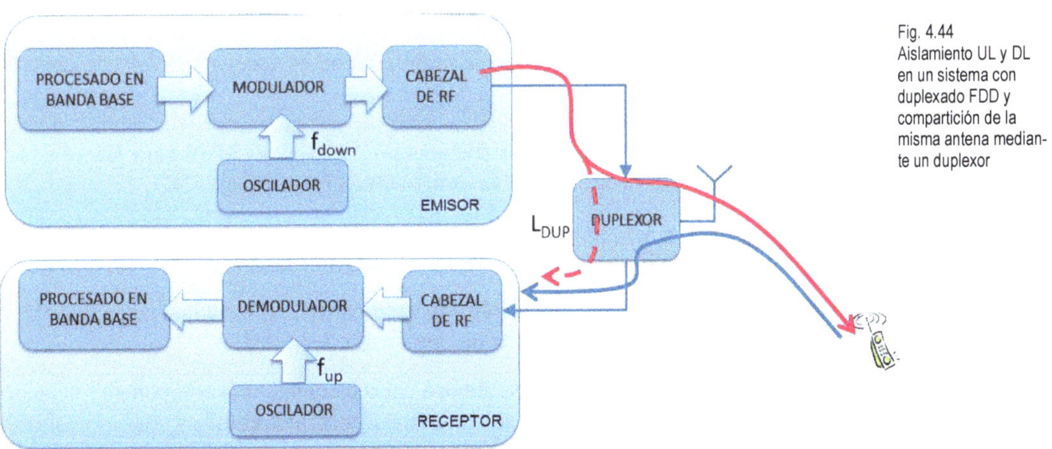

Fig. 4.44
Aislamiento UL y DL en un sistema con duplexado FDD y compartición de la misma antena mediante un duplexor

Conviene hacer notar que, si bien el concepto presentado en la Fig. 4.44 se ilustra para el transmisor y el receptor de la estación base, también sería aplicable al terminal móvil en que se comparte la misma antena para transmitir y para recibir. En estas circunstancias, cabe puntualizar que, en los sistemas FDD que empleen la técnica de acceso múltiple TDMA, en la medida que el terminal no está transmitiendo durante todo el tiempo, es posible evitar la necesidad del duplexor en el terminal móvil a base de desplazar temporalmente la estructura de trama del UL y la del DL, de modo que no coincidan en el terminal móvil en los mismos instantes para transmitir y para recibir.

Con independencia del aislamiento proporcionado por el duplexor o por la separación física de las antenas, es igualmente necesario que la guarda de duplexado sea relativamente grande (del orden de las decenas de MHz) para que los filtros del receptor dispongan de la selectividad necesaria para eliminar la señal proveniente del transmisor. Debido a esta elevada separación entre frecuencias UL y DL, mucho mayor que la banda de coherencia del canal (v. sección 2.2.3.2), los desvanecimientos rápidos que afectarán las señales UL y DL serán independientes. Por este motivo, en caso de emplearse, por ejemplo, técnicas de control de potencia en lazo abierto (v. sección 3.4.1), no será posible llegar a compensar los desvanecimientos rápidos en FDD.

En relación con los sistemas móviles que emplean duplexado FDD, se puede citar, en primer lugar, a modo de ejemplo, el sistema GSM, que combina un duplexado FDD con el acceso FDMA/TDMA [21], de manera que:

- La banda GSM900 incluye las frecuencias 880-915 MHz para UL y 925-960 MHz para DL, de modo que se implementa el duplexado FDD.
- Los 35 MHz UL y DL se dividen en radiocanales con canalización de 200 kHz, de modo que se implementa una componente de acceso FDMA.
- Cuando se asigna a una estación base un radiocanal UL, el radiocanal DL correspondiente siempre tiene una guarda de duplexado de 45 MHz (por ejemplo, si la frecuencia UL es 880.6 MHz, la frecuencia DL es 925.6 MHz).
- La explotación de un radiocanal se lleva a cabo mediante una componente de acceso TDMA, de manera que se definen ocho *slots* temporales dentro de una estructura de trama de duración 4,615 ms.

Por su parte, el sistema UMTS también presenta un modo de operación que emplea duplexado FDD, aunque, en este caso, se combina con el acceso CDMA, de acuerdo con las características siguientes [22]:

- La banda UMTS2100 incluye las frecuencias 1920-1980 MHz para UL y 2110-2170 MHz para DL, de modo que se implementa el duplexado FDD.
- Los 60 MHz UL y DL se dividen en radiocanales con canalización de 5 MHz, de modo que se implementa una componente de acceso FDMA.
- Cuando se asigna a una estación base un radiocanal UL, el radiocanal DL correspondiente siempre tiene una guarda de duplexado de 90 MHz.
- La explotación de un radiocanal se lleva a cabo mediante una componente de acceso CDMA, de manera que todos los usuarios transmiten al mismo tiempo sobre la frecuencia asignada en UL y cada uno con su secuencia de código correspondiente,

mientras que la estación base transmite, en la frecuencia asignada en DL, simultáneamente la señal destinada a los diferentes terminales móviles, utilizando también para cada uno de ellos la secuencia de código correspondiente.

Finalmente, cabe señalar que el sistema LTE presenta también un modo de operación con duplexado FDD, que en este caso se combina con el acceso OFDMA, de manera que [23]:

- Existen múltiples bandas definidas para su explotación en modo FDD. Las principales son la banda 3 (UL: 832-862 MHz, DL: 791-821 MHz), la banda 7 (UL: 1.710-1.785 MHz, DL: 1.805-1.880 MHz) y la banda 20 (UL: 2.500-2.570 MHz, DL: 2.620-2.690 MHz).
- Se emplea canalización flexible. En la banda 3, puede emplearse canalización de 1,4, 3, 5, 10, 15 o 20 MHz. En las bandas 7 y 20, únicamente de 5, 10, 15 o 20 MHz.
- La explotación de un radiocanal se lleva a cabo mediante una componente de acceso OFDMA, de manera que los usuarios transmiten en subportadoras distintas. La asignación de subportadoras a usuarios se efectúa en bloques de 12 subportadoras contiguas, y puede cambiarse con una granularidad temporal de 1 ms.

4.3.2 Duplexado TDD

En el caso del duplexado TDD (*time division duplex*), el enlace ascendente (UL) y el enlace descendente (DL) operan en la misma frecuencia, y parte del tiempo se dedica a la transmisión UL y el resto, a la transmisión DL. Así, tal como se muestra en la Fig. 4.45, temporalmente existe una estructura de trama en que parte del tiempo (Δt_{UL}) se destina al enlace UL y parte del tiempo (Δt_{DL}), al DL. El punto de conmutación marca el instante de cambio de un enlace a otro. A base de modificar el punto de conmutación y asignar más o menos tiempo dentro de la trama al UL o al DL, es posible y sencillo dar más o menos capacidad a uno u otro enlace para acomodar el tráfico asimétrico.

Al trabajar a la misma frecuencia, los desvanecimientos rápidos son los mismos en UL y en DL, a diferencia de lo que ocurre en FDD. Así, es posible conocer el desvanecimiento de un enlace según las medidas del otro, lo que permite implementar, por ejemplo, técnicas de control de potencia en lazo abierto para compensar los desvanecimientos rápidos.

Fig. 4.45
Duplexado TDD

Nótese que, en TDD, a diferencia del caso FDD, al no existir transmisión simultánea UL-DL, es posible utilizar la misma antena para transmitir y recibir, sin necesidad de un duplexor. De esta manera, tal como se muestra en la Fig. 4.46, basta con realizar la conmutación entre la cadena emisora y la receptora en el momento en que se cambia de sentido en la comunicación.

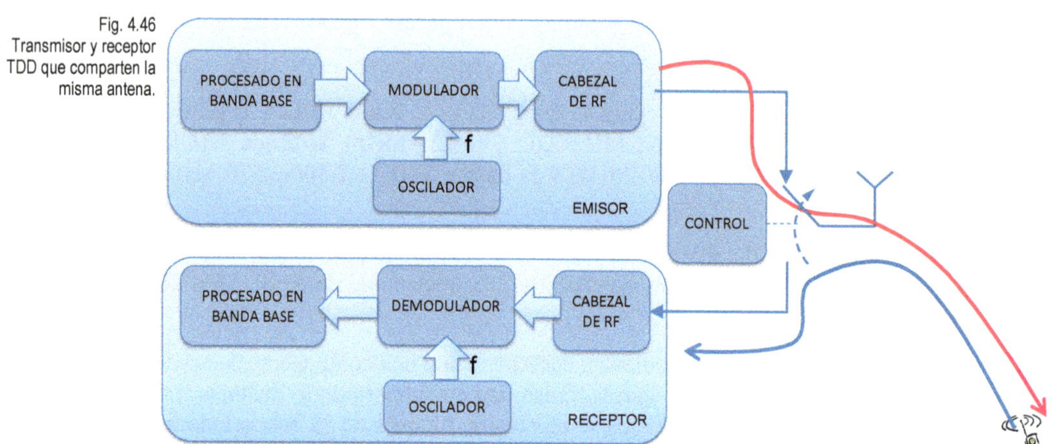

Fig. 4.46 Transmisor y receptor TDD que comparten la misma antena.

A modo de ejemplo, señalamos que el sistema UMTS tiene definido un modo de operación con duplexado TDD, que se combina con un acceso híbrido TDMA/CDMA. Si bien este modo de operación no ha llegado a implementarse nunca en Europa, sus características son [24]:

- La banda UMTS2100 incluye las frecuencias 1.900-1.920 MHz y 2.010-2.025 MHz para la explotación del modo TDD.
- Los 35 MHz se dividen en radiocanales con canalización de 5 MHz, implementando así una componente de acceso FDMA. Al ser la banda de operación TDD, cuando se asigna a una estación base un radiocanal se emplea tanto en UL como en DL.
- Sobre un radiocanal se define una trama de 10 ms con 15 *slots*, que se reparten entre UL y DL.
- En cada *slot*, pueden transmitir varios usuarios multiplexados en código (componente de acceso CDMA). Los usuarios que transmiten pueden cambiarse de *slot* a *slot* (componente de acceso TDMA).

Por su parte, el sistema LTE también tiene definido un modo de operación con duplexado TDD [23], que se combina con un acceso OFDMA, de acuerdo con las características siguientes:

- Existen múltiples bandas disponibles para su explotación en modo TDD [23]. La asignada a operadores en España es la banda 38, que incluye las frecuencias 2.570-2.620 MHz.
- Se emplea canalización flexible, puesto que pueden utilizarse separaciones entre canales de 5, 10, 15 o 20 MHz.

- Sobre un radiocanal, se define una estructura de trama de 10 ms (o de 5 ms), subdividida en subtramas de 1 ms, que se reparten entre UL y DL.
- En cada subtrama, pueden transmitir varios usuarios multiplexados en diferentes subportadoras, de acuerdo con la componente OFDMA. La asignación de subportadoras a usuarios se efectúa en bloques de 12 subportadoras contiguas y puede cambiarse con una granularidad temporal de 1 ms.

4.4 Gestión del acceso por radio

Puesto que la calidad de servicio que requieren los distintos usuarios puede ser diferente (p. ej., en términos de la velocidad de transmisión), también lo será la cantidad de recursos de radio necesarios para soportar los diferentes enlaces por radio. Por otro lado, puesto que los recursos de radio son un bien escaso, es importante utilizarlos de la forma más eficiente posible. Por ejemplo, deben evitarse situaciones tales como que *slots* TDMA queden vacíos debido a que el usuario no tiene datos que transmitir, que demasiados usuarios CDMA transmitan simultáneamente para no generar excesivas interferencias o que el tiempo de subida (bajada) en un duplexado TDD quede vacío, a la vez que los usuarios generen más tráfico de bajada (subida). Así, el diseño de un acceso por radio eficiente requiere incorporar funcionalidades de gestión del mismo, para poder explotar los recursos de radio de manera dinámica y adaptada a las necesidades y a las condiciones que se presenten en cada momento.

4.4.1 Acceso TDMA

En el caso del acceso TDMA, se debe gestionar la asignación de los *slots* de la trama a los distintos usuarios. En el caso del servicio de voz, puesto que la velocidad de transmisión es constante y la misma para todos los usuarios, se asigna un *slot* por trama a cada usuario y esta asignación se mantiene durante toda la comunicación. Sin embargo, para los servicios de datos, puesto que la generación de tráfico es variable (los usuarios no siempre tienen datos para transmitir) y los usuarios pueden tener diferentes requerimientos de velocidad de transmisión y/o diferentes prioridades, se utiliza una estrategia de *scheduling* para decidir la asignación de *slots* a los usuarios en cada trama. Así, por ejemplo, en el sistema GPRS, en una trama existen *slots* específicos de datos, que son compartidos por varios usuarios, y en cada trama se puede cambiar de usuario, a la vez que es posible asignar múltiples *slots* a un mismo usuario en una misma trama. La Fig. 4.47 ilustra el concepto básico del mecanismo de *scheduling*, en que se multiplexan los flujos de datos de los diferentes usuarios a los *slots* físicos siguiendo una cierta lógica, implementada en forma de algoritmo. Dentro de la estructura de trama, se ubican *slots* para enviar información de control y comunicar a los usuarios las asignaciones de *slots*.

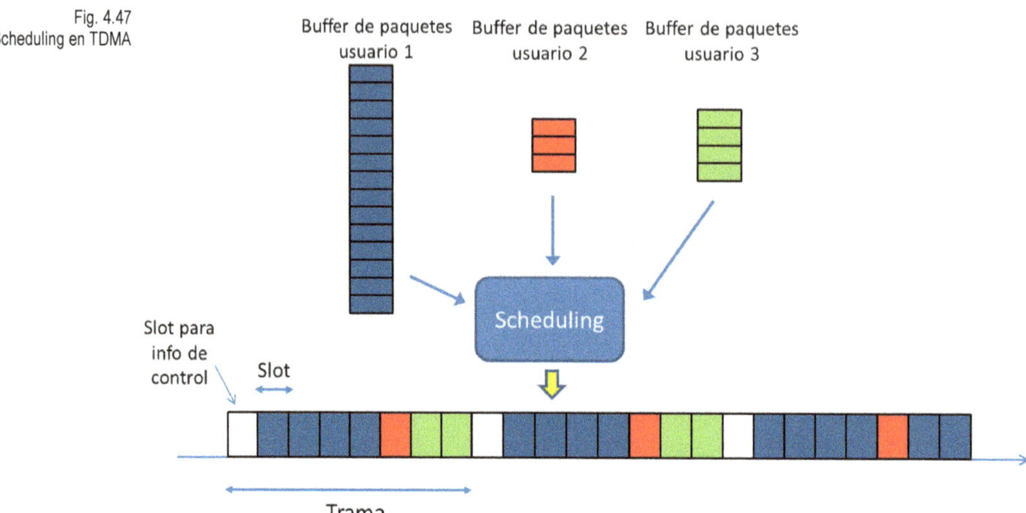

Fig. 4.47
Scheduling en TDMA

4.4.2 Acceso CDMA

En el caso de los sistemas CDMA, en la medida en que estos en Europa se asocian a 3G y se utilizan para proveer diferentes tipos de servicio (p. ej., servicios conversacionales como los de voz, videollamada, etc., los servicios de *streaming*, los servicios interactivos como el acceso a Internet, aplicaciones diversas de *smartphones*, etc., los servicios *best effort* como el e-mail, etc.), la QoS viene establecida por diferentes factores, que dependen de cada servicio en cuestión. Usualmente, se establecen como parámetros de calidad para cada servicio la velocidad de transmisión (R_b) y la tasa de error máxima aceptable ($P_{b,max}$).

Es importante destacar, como se señala en la Fig. 4.48, que en CDMA la relación de señal a ruido e interferente mínima para asegurar una cierta tasa de error $P_{b,max}$ se establece a la salida del detector ($\gamma_{o,d,min}$), debido a que, como se ha visto en el apartado 4.2.3.2, el *despreading* y la detección en CDMA reducen la potencia de ruido e interferente, a diferencia del receptor no CDMA. Por otra parte, y en tanto que CDMA involucra servicios con diferentes velocidades de transmisión R_b, el requisito de $\gamma_{o,d,min}$ se suele traducir en términos de $(E_b/N_o)_{d,min}$ también a la salida del detector, ya que permite explicitar el impacto de la velocidad de transmisión sobre la potencia necesaria:

$$\left(\frac{E_b}{N_o}\right)_d = \gamma_{o,d}\cdot\frac{B_d}{R_b} \geq \left(\frac{E_b}{N_o}\right)_{d,\min} \tag{4.85}$$

Nótese, además, que, para una determinada *chip rate* W, el requisito de la velocidad de transmisión necesaria R_b determina el factor de *spreading* SF o la ganancia de procesado (W/R_b) con que trabajan la transmisión y la recepción CDMA, según las relaciones (4.15) y (4.16) que se han visto en el apartado 4.2.3.1. Por ejemplo, con $W = 3{,}84$ M*chips*/s, $R_b = 128$ kb/s con modulación QPSK ($m = 2$) y sin codificación de canal ($r = 1$), $B_d = R_b/2 = 64$ kHz, $SF = W/B_d = 60$ y $W/R_b = 30$.

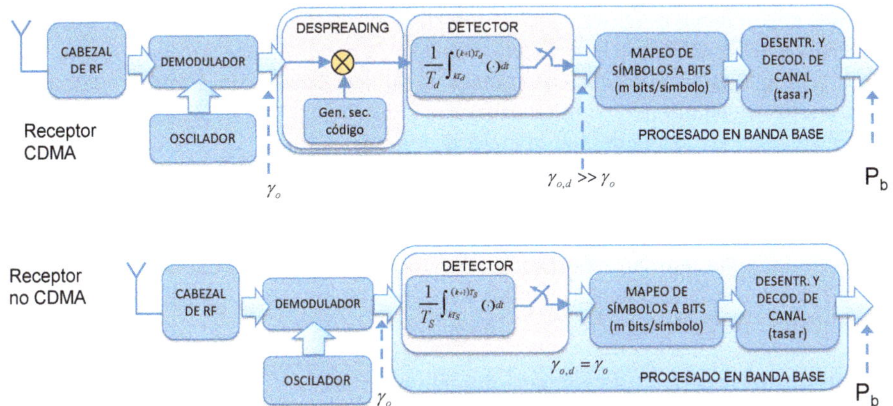

Fig. 4.48
Punto de medida de la relación de señal a ruido e interferente en un receptor CDMA, y diferencia respecto de un receptor no CDMA

Hechas estas puntualizaciones en relación con el acceso CDMA, y puesto que el principal elemento que afecta la calidad de un enlace por radio es la interferencia originada por el resto de usuarios CDMA, es necesario, en primera instancia, realizar una caracterización de este fenómeno para después poder determinar los mecanismos de gestión del acceso apropiados. Así pues, retomando la ecuación (4.85) reformulada ya en términos de $(E_b/N_o)_d$, y considerando la transmisión simultánea de n usuarios hacia una estación base (v. Fig. 4.49), a la salida del detector del usuario i-ésimo se tendría:

$$\left(\frac{E_b}{N_o}\right)_{d,i} = \frac{W}{R_{b,i}} \frac{P_i}{P_N + \sum_{\substack{j=1 \\ j \neq i}}^{n} P_j} \tag{4.86}$$

Nótese que esta expresión surge de combinar las expresiones (4.85) y (4.59), asumiendo que se emplean secuencias de código no ortogonales, como es habitual en el enlace ascendente de un sistema CDMA.

La ecuación anterior evidencia la necesidad de realizar un control de potencia en el acceso CDMA como mecanismo de control de la interferencia y, en consecuencia, de la calidad experimentada en cada enlace por radio. En efecto, si la potencia transmitida por los distintos usuarios fuera la misma y estos se encontraran a distintas distancias de la estación base, las potencias recibidas en cada caso serían distintas y aquellos usuarios que se encontraran más próximos observarían mejor $(E_b/N_o)_d$ que los que estuvieran más alejados.

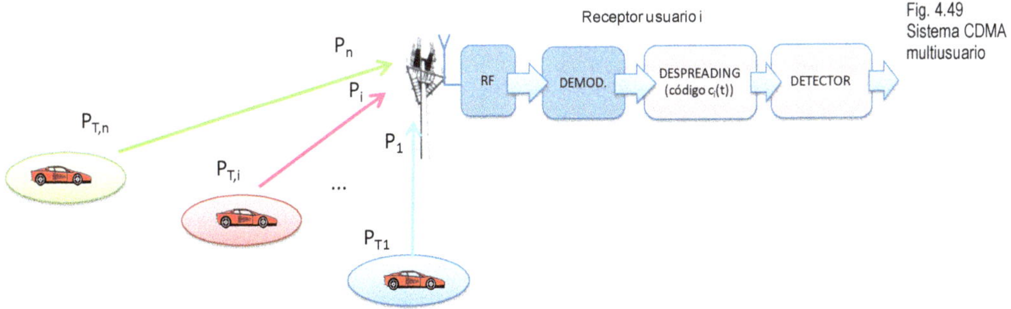

Fig. 4.49
Sistema CDMA multiusuario

Así pues, el problema de gestión de las interferencias CDMA puede formularse como la necesidad de determinar la potencia transmitida en el enlace ascendente por cada usuario para que todos ellos vean asegurada su calidad de servicio. Considerando $i = 1, \ldots, n$ usuarios transmitiendo simultáneamente, y que los requisitos de calidad del usuario i se expresan en forma de una velocidad de transmisión $R_{b,i}$ y una $(E_b/N_o)_{d,min,i}$ que permite asegurar una cierta tasa de error máxima, el procedimiento para asegurar que cada usuario interfiere de la forma mínima posible al resto consistirá en calcular el mínimo nivel de potencia recibido necesario para cada uno ($P_i = P'_{S,i}$ para el usuario i) que le permita conseguir su requisito de $(E_b/N_o)_{d,min}$ en presencia del resto de usuarios. Una vez determinada la potencia mínima necesaria en recepción, la potencia transmitida se obtiene a partir de las pérdidas de propagación.

Para un usuario genérico i, la potencia mínima necesaria $P'_{S,i}$ en recepción depende de la potencia del resto de usuarios $P'_{S,j}$ $(j \neq i)$ que le están interfiriendo. En consecuencia, el cálculo de $P'_{S,i}$ para $i = 1,\ldots,n$ se obtiene mediante la resolución del siguiente sistema de n ecuaciones:

$$\frac{W}{R_{b,i}} \frac{P'_{S,i}}{P_N + \sum_{\substack{j=1 \\ j \neq i}}^{n} P'_{S,j}} = \left(\frac{E_b}{N_o} \right)_{d,\min,i} \qquad i=1, \ldots, n \tag{4.87}$$

Definiendo la potencia recibida total de los usuarios conectados a la base como:

$$P_{\text{intra}} = \sum_{i=1}^{n} P'_{S,i} \tag{4.88}$$

la ecuación (4.87) se reformula como:

$$\frac{W}{R_{b,i}} \frac{P'_{S,i}}{P_N + P_{\text{intra}} - P'_{S,i}} = \left(\frac{E_b}{N_o} \right)_{d,\min,i} \tag{4.89}$$

de la que se puede deducir:

$$P'_{S,i} = \frac{P_N + P_{\text{intra}}}{\dfrac{W / R_{b,i}}{\left(\dfrac{E_b}{N_o} \right)_{d,\min,i}} + 1} \tag{4.90}$$

Combinando las ecuaciones (4.88) y (4.90), se obtiene:

$$P_{\text{intra}} = \sum_{i=1}^{n} \frac{P_N + P_{\text{intra}}}{\dfrac{W / R_{b,i}}{\left(\dfrac{E_b}{N_o} \right)_{d,\min,i}} + 1} \tag{4.91}$$

y de aquí se deduce:

$$P_{\text{intra}} = \frac{P_N \sum_{i=1}^{n} \dfrac{1}{\dfrac{W / R_{b,i}}{\left(\dfrac{E_b}{N_o}\right)_{d,\min,i}} + 1}}{1 - \sum_{i=1}^{n} \dfrac{1}{\dfrac{W / R_{b,i}}{\left(\dfrac{E_b}{N_o}\right)_{d,\min,i}} + 1}} \tag{4.92}$$

Sustituyendo en la expresión de $P'_{S,i}$ la expresión de P_{intra} encontrada, se obtiene la potencia recibida necesaria para el usuario i:

$$P'_{S,i} = \frac{P_N}{\left(\dfrac{W / R_{b,i}}{\left(\dfrac{E_b}{N_o}\right)_{d,\min,i}} + 1\right)\left(1 - \sum_{j=1}^{n} \dfrac{1}{\dfrac{W / R_{b,j}}{\left(\dfrac{E_b}{N_o}\right)_{d,\min,j}} + 1}\right)} \tag{4.93}$$

La lectura de la ecuación (4.93) indica que la potencia recibida necesaria del usuario i depende del requerimiento de velocidad $R_{b,i}$ (a mayor velocidad de transmisión se precisa recibir mayor potencia), del requerimiento de $(E_b/N_o)_{d,min,i}$ (a mayor $(E_b/N_o)_{d,min,i}$ se precisa recibir mayor potencia) y del número de usuarios n que están transmitiendo en un momento dado (cuanto mayor sea n, mayor potencia se necesitará, ya que hay más interferencia).

Para asegurar que la potencia recibida sea, en cada momento, el nivel necesario $P'_{S,i}$, la potencia de transmisión $P_{T,i}$ deberá ajustarse en cada instante de tiempo t para compensar las pérdidas de propagación L_i, el *shadowing* $A_{f,i}$ y los desvanecimientos rápidos $\alpha_{f,i}$, es decir:

$$P_{T,i}(t) = \frac{P'_{S,i}(t) \cdot L_i(t) A_{f,i}(t)}{G_T G_R \alpha_{f,i}(t)} =$$

$$= \frac{L_i(t) A_{f,i}(t)}{G_T G_R \alpha_{f,i}(t)} \frac{P_N}{\left(\dfrac{W / R_{b,i}}{\left(\dfrac{E_b}{N_o}\right)_{d,\min,i}} + 1\right)\left(1 - \sum_{j=1}^{n} \dfrac{1}{\dfrac{W / R_{b,j}}{\left(\dfrac{E_b}{N_o}\right)_{d,\min,j}} + 1}\right)} \tag{4.94}$$

Por consiguiente, en CDMA, es preciso emplear un mecanismo de control de potencia que modifique la potencia de transmisión no solo cuando cambien las condiciones de propagación, sino también cuando varíe la carga en el sistema (esto es, el número de usuarios que están transmitiendo simultáneamente). Este control de potencia ha de ser instantáneo (y, por tanto, en lazo cerrado) para compensar los desvanecimientos rápidos, de modo que se asegure que la potencia recibida siempre sea la necesaria $P'_{S,i}$ y así se interfiera lo mínimo al resto de usuarios.

La lectura de la ecuación (4.93) indica que, para que el valor de la potencia recibida necesaria $P'_{S,i}$ sea realizable y la ecuación (4.94) tenga sentido físico, se debe cumplir que la potencia transmitida dé una magnitud positiva, de manera que:

$$\sum_{i=1}^{n} \frac{1}{\dfrac{W/R_{b,i}}{\left(\dfrac{E_b}{N_o}\right)_{d,\min,i}}+1} < 1 \tag{4.95}$$

lo que supone un límite de capacidad del sistema: el número de usuarios n no puede incrementarse indefinidamente y, a la vez, seguir garantizando la calidad de servicio para todos ellos. Por ejemplo, para n usuarios de un mismo servicio con $W = 3{,}84$ M*chips*/s, $R_b = 120$ kbit/s y $(E_b/N_o)_{d,min} = 3$ dB, la capacidad del acceso multiusuario CDMA queda limitada a n_{max} usuarios como:

$$n < 1 + \frac{W/R_b}{\left(\dfrac{E_b}{N_0}\right)_{d,\min}} \quad \Rightarrow \quad n_{\max} = 17 \text{ usuarios} \tag{4.96}$$

Conviene remarcar que es posible incrementar n_{max} a base de transmitir a una menor velocidad de transmisión $R_{b,i}$ o bien tolerando una menor $(E_b/N_o)_{d,min,i}$ (y, por consiguiente, una mayor tasa de error). Esta propiedad habitualmente es conocida como capacidad "*soft*" (*soft capacity*), que refleja que la capacidad en los sistemas CDMA no es fija, sino que siempre puede incrementarse a base de degradar (en cierta medida) las prestaciones de las conexiones de los diferentes usuarios.

Por otra parte, para que el usuario i alcance su objetivo de calidad, la potencia de transmisión requerida deberá estar por debajo de la máxima disponible:

$$P_{T,i}(t) \leq P_{T,\max} \tag{4.97}$$

Nótese que, en caso contrario, eso es, que la ecuación (4.94) resultara superior a la potencia máxima disponible, la operativa real del sistema llevaría a que el usuario i estaría transmitiendo a $P_{T,max}$, con lo que llegaría con un nivel inferior a $P'_{S,i}$ y su $(E_b/N_o)_d$ estaría por debajo del mínimo. En esta situación, también interferiría menos al resto de usuarios.

Para ilustrar estos conceptos, supongamos el enlace ascendente de un acceso CDMA con un número de usuarios variable a lo largo del tiempo, según muestra la Fig. 4.50a. Considerando que todos ellos operan con las mismas características de $W = 3{,}84$ M*chips*/s, $R_b = 120$ kb/s, $(E_b/N_o)_{d,min} = 3$ dB y $P_N = -106$ dBm, la Fig. 4.50b muestra la potencia recibida necesaria $P'_{S,i}$ a lo largo del tiempo. Se observa claramente que esta potencia varía con el número de usuarios que transmiten n, de manera que, al aumentar n, aumenta la potencia recibida necesaria para poder compensar el mayor nivel de interferencia multiusuario presente en la interfaz de radio. En este mismo ejemplo, consideremos un usuario cercano a la base y cuyas condiciones de propagación supuestamente no cambian a lo largo del tiempo (los parámetros de transmisión y propagación se toman G_T = 14 dB, G_R = 0 dB y $L_i \cdot A_{f,i}/\alpha_{f,i}$ = 113,84 dB). La Fig. 4.51a ilustra la potencia transmitida por este usuario al variar el número de usuarios en el sistema según la Fig. 4.50a. Se observa que, en las condiciones de carga mostradas y puesto que las pérdidas de propagación son bajas, los niveles de potencia transmitidos necesarios son también reducidos, muy inferiores a las potencias máximas típicas de terminales (p. ej., $P_{T,max}$ = 21 dBm). En cambio, la Fig. 4.51b ilustra el caso de un usuario alejado (supuesto $L_i \cdot A_{f,i}/\alpha_{f,i}$ = 150 dB). Considerando una potencia de transmisión máxima de $P_{T,max}$ = 21 dBm, como se aprecia en la figura, el usuario se encuentra, en ciertos momentos de alta carga, limitado en potencia y no podrá conseguir el requisito de $(E_b/N_o)_{d,min}$ deseado. El ejemplo presentado ilustra una característica intrínseca del acceso CDMA, conocida como *cell breathing* (respiración celular), que indica que el alcance sobre un enlace de radio depende del número de usuarios, de manera que, a medida que estos aumentan, solo puede mantenerse la calidad si las pérdidas de propagación son más reducidas.

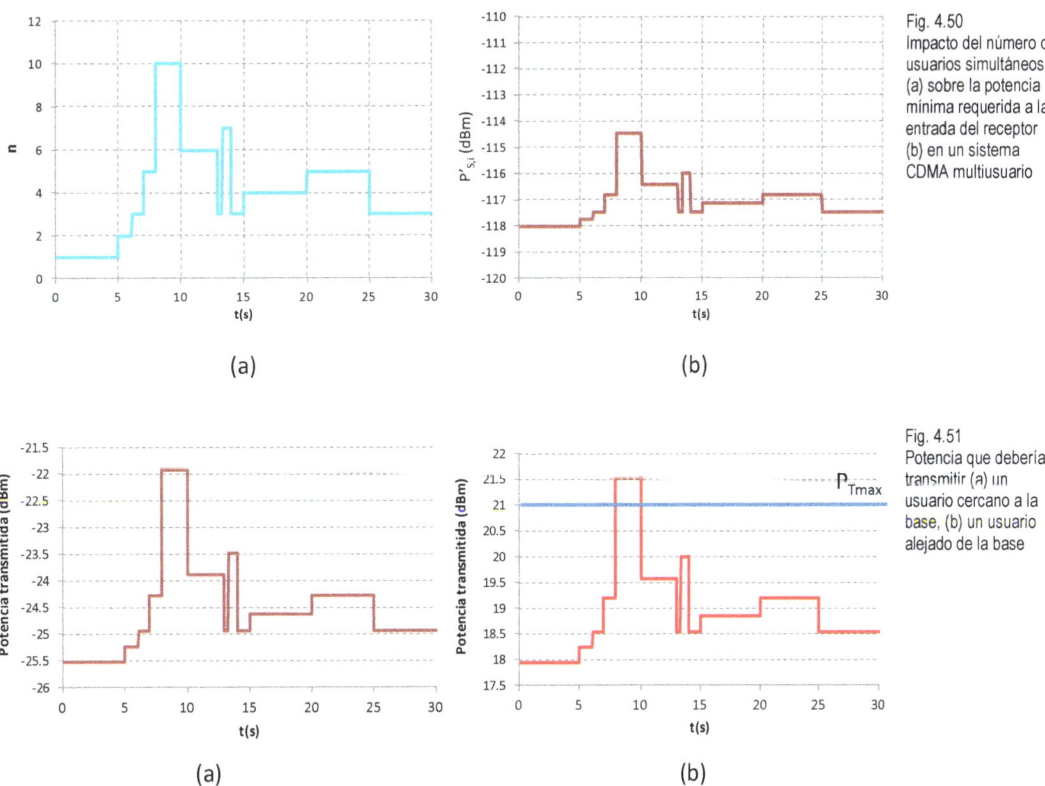

Fig. 4.50
Impacto del número de usuarios simultáneos (a) sobre la potencia mínima requerida a la entrada del receptor (b) en un sistema CDMA multiusuario

Fig. 4.51
Potencia que debería transmitir (a) un usuario cercano a la base, (b) un usuario alejado de la base

El nivel de potencia a transmitir, según indica la ecuación (4.94), varía a lo largo del tiempo, debido a los cambios en las condiciones de propagación y a los cambios en el número de usuarios que transmiten simultáneamente. La implementación del control de potencia que permite aproximarse a la ecuación (4.94) en cada momento se realiza mediante un mecanismo en lazo cerrado en el cual se ajusta la potencia en función de la $(E_b/N_o)_d$ medida. Así, suponiendo que el móvil i transmite en t con potencia $P_{T,i}(t)$, la estación base mide la $(E_b/N_o)_{d,i}(t)$. Si $(E_b/N_o)_{d,i}(t) < (E_b/N_o)_{d,min,i}$, comunica al móvil, a través de un canal de señalización en el enlace descendente, que incremente la potencia en X(dB). Si $(E_b/N_o)_{d,i}(\mathrm{t}) > (E_b/N_o)_{d,min,i}$, le comunica al móvil que reduzca la potencia en X(dB). Si $(E_b/N_o)_{d,i}(t) = (E_b/N_o)_{d,min,i}$, le comunica al móvil que no modifique la potencia. Siguiendo este algoritmo típico (pueden implementarse otras variantes del mismo), el móvil ajusta la potencia de transmisión para $t+\Delta t$, según la información recibida de la base como $P_{T,i}(t)+X$, $P_{T,i}(t)-X$ o $P_{T,i}(t)$. De esta manera, el ajuste de la potencia medido a partir del $(E_b/N_o)_{d,i}$, y no a partir de la potencia recibida, evita que se tengan que efectuar cálculos para determinar el valor de $P'_{S,i}$ que se precisa en cada momento. Así, el sistema convergerá iterativamente a la potencia transmitida necesaria según la $(E_b/N_o)_{d,min,i}$ requerida. El ajuste debe efectuarse en períodos de tiempo muy pequeños para poder compensar los desvanecimientos rápidos (p. ej., $\Delta t = 0{,}666$ ms en UMTS).

4.4.3 Acceso OFDMA

En el caso del acceso OFDMA, se debe gestionar la asignación de los recursos a los distintos usuarios en las dimensiones de tiempo y frecuencia. Para ello, tal como se ilustra en la Fig. 4.52, se utilizará un mecanismo de *scheduling*, que permite asignar diferentes velocidades de transmisión a los usuarios según sus requerimientos de servicio, simplemente a base de asignar más o menos subportadoras/tiempo por usuario.

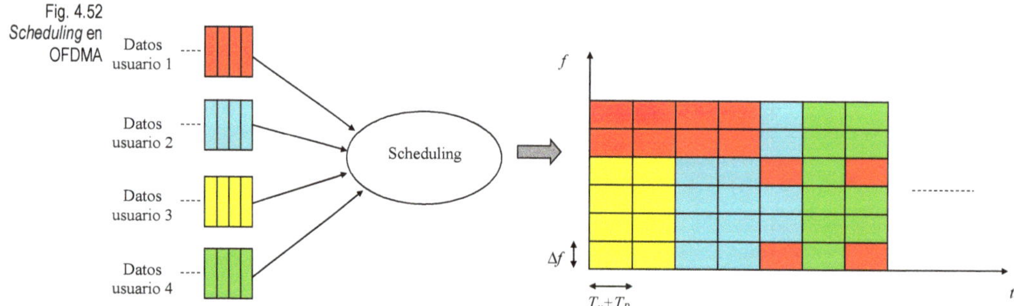

Fig. 4.52 *Scheduling* en OFDMA

La asignación de recursos llevada a cabo por el *scheduling* puede ser muy dinámica y cambiarse en períodos cortos de tiempo (potencialmente, en cada símbolo). La implementación es sencilla, ya que basta con cambiar, en cada período, los valores de los símbolos de entrada sobre los que se efectúa la IDFT.

Los criterios a considerar en la lógica de operación del *scheduling* pueden permitir explotar tanto la diversidad multiusuario (si los canales de cada usuario son independientes, se puede aprovechar la variabilidad del canal y seleccionar, para cada subportadora, aquel usuario con mejor canal, lo que se traducirá en una mayor capacidad de transmisión y eficiencia espectral) como la diversidad frecuencial (se pueden asignar a un usuario subportadoras no contiguas, suficientemente separadas para que el estado del canal en las mismas sea independiente) [25]-[27].

4.5 Referencias

[1] REDL, S.M.; WEBER, M.K.; OLIPHANT, M.W. (2005): *An Introduction to GSM.* Artech House.

[2] MOULY, M.; PAUTET, M.B. (1992): *The GSM System for Mobile Communications*. Editado por los autores.

[3] HERNANDO, J.M. (1999): *Comunicaciones móviles GSM.* Fundación Airtel.

[4] MEHROTRA, A. (1997): *GSM System Engineering*. Artech House.

[5] GARG, V.K.; WILKES, J.E. (1999): *Principles and Applications of GSM.* Prentice Hall.

[6] VITERBI, A.J. (1991): "Wireless Digital Communication: A View Based on Three Lessons Learned", *IEEE Communications Magazine*, vol. 29, n. 9, septiembre, pp. 33-36.

[7] LEE, W.C.Y. (1991): "Overview of Cellular CDMA", *IEEE Transactions on Vehicular Technology*, vol. 40, n. 2, mayo, pp. 291-302.

[8] SIMON, M.K.; OMURA J.K.; SCHOLTZ, R.A.; LEVITT, B.K. (1985): *Spread Spectrum Communications*. Computer Science Press.

[9] VITERBI, A.J. (1995): *CDMA: Principles of Spread Spectrum Communications*, Addison-Wesley.

[10] PRICE, R.; GREEN, P.E. (1958): "A Communication Technique for Multipath Channels", *Proceedings of the IRE*, vol. 46, n. 3, marzo, pp. 555-570.

[11] ADACHI F.; SAWAHASHI, M.; OKAWA, K. (1997): "Tree-structured Generation of Orthogonal Spreading Codes with Different Lengths for Forward Link of DS-CDMA Mobile", *IEEE Electronics Letters*, vol. 33, n. 1, enero, pp. 27-28.

[12] 3GPP TS 25.212 v5.9.0: "Multiplexing and Channel Coding (FDD) (Release 5)", junio de 2004.

[13] GOLD, R. (1967): "Optimal Binary Sequences for Spread Spectrum Multiplexing", *IEEE Transactions on Information Theory*, vol. 13, n. 4, octubre, pp. 619-621.

[14] GOLD, R. (1968): "Maximal Recursive Sequences with 3-Valued recursive Cross-Correlation Functions", *IEEE Transactions on Information Theory*, vol. 14, n. 1, enero, pp. 154-156.

[15] DINAN, E. H.; JABBARI, B. (1998): "Spreading Codes for Direct Sequence CDMA and Wideband CDMA Cellular Networks", *IEEE Communications Magazine*, vol. 36, n. 9, septiembre, pp. 48-54.

[16] SARI, H.; KARAM, J.; JEANCLAUDE, I. (1994): "Frequency-Domain Equalization of Mobile Radio and Terrestrial Broadcast Channels", *IEEE Global Telecommunications Conference* (*GLOBECOM*), San Francisco, vol. 1, noviembre, pp. 1-5.

[17] DAHLMAN, E.; PARKVALL, S.; SKÖLD, J.; BEMING, P. (2007): *3G Evolution. HSPA and LTE for Mobile Broadband.* Academic Press, Elsevier.

[18] FALCONER D.; ARIYAVISITAKUL S.L.; BENYAMIN-SEEYAR A.; EIDSON B. (2002): "Frequency Domain Equalization for Single-Carrier Broadband Wireless Systems", *IEEE Communications Magazine*, vol. 40, n. 4, abril, pp. 58-66.

[19] ITU-R M.2244: "Isolation between Antennas of IMT Base Stations in the Land Mobile Service", noviembre de 2011.

[20] <http://www.sznxb.com/en/product/Duplexers_1.html>

[21] GSM 05.01 v5.4.0: "Digital Cellular Telecommunications System (Phase 2+); Physical Layer on the Radio Path; General Description", abril de 1998.

[22] 3GPP TS 25.101 v5.20.0: "User Equipment (UE) Radio Transmission and Reception (FDD) (Release 5)", diciembre de 2006.

[23] 3GPP TS 36.101 v11.4.0: "Evolved Universal Terrestrial Radio Access (E-UTRA); User Equipment (UE) Radio Transmission and Reception (Release 11)", marzo de 2013.

[24] 3GPP TS 25.102 v5.15.0: "User Equipment (UE) Radio Transmission and Reception (TDD) (Release 5)", abril de 2011.

[25] WENGERTER, C.; OHLHORST, J.; VON ELBWART, A.G.E. (2005): "Fairness and Throughput Analysis for Generalized Proportional Fair Frequency Scheduling in OFDMA," *IEEE 61st Vehicular Technology Conference Spring 2005*, Estocolmo, vol. 3, junio, pp. 1903-1907.

[26] ZHANG, Y. J.; LETAIEF, K.B. (2004): "Adaptive Resource Allocation and Scheduling for Multiuser Packet-Based OFDM Networks", *Proc. IEEE International Conference on Communications (ICC)*, Paris, vol. 5, junio, pp. 2949-2953.

[27] WONG, C.Y.; CHENG, R.S.; LETAIEF, K.B.; MURCH, R.D. (1999): "Multiuser OFDM with Adaptive Subcarrier, Bit, and Power Allocation", *IEEE Journal on Selected Areas in Communications*, vol. 17, n. 10, octubre, pp. 1747-1758.

→5

Sistemas celulares

Sobre la base de los conceptos explicados en los capítulos anteriores, relativos al enlace entre un terminal móvil y su estación de base, y a cómo permitir el acceso a múltiples usuarios que quieren acceder a una misma estación de base, este capítulo trata del despliegue de una red de comunicaciones móviles para poder proporcionar servicios de comunicaciones en una zona geográfica determinada. En particular, se establecen los criterios de diseño que permiten determinar cuántas estaciones de base han de desplegarse en dicha zona, y se indican los principales parámetros de configuración de las estaciones de base, de modo que los usuarios puedan moverse libremente por toda la zona y reciban el servicio contratado de forma totalmente transparente y sin tener que preocuparse de cuándo los terminales se conectan a unas estaciones de base o a otras. Estos sistemas que proporcionan un servicio móvil en una región geográfica amplia mediante el empleo de múltiples estaciones de base se denominan, de modo genérico, *sistemas celulares*, puesto que la zona cubierta por cada base se asimila a una *célula* y se consigue la cobertura total disponiendo múltiples células a lo largo de toda la superficie.

5.1 Modelo de un sistema celular

La Fig. 5.1 ilustra una arquitectura simplificada de un sistema de comunicaciones móviles celular. Esta arquitectura representa un modelo de la red a alto nivel en el cual se identifican tres componentes básicos:

a) Equipo de usuario

Es el dispositivo que permite al usuario acceder a los servicios de la red, como por ejemplo los terminales móviles, los módems USB que permiten conectar un ordenador portátil a la red móvil, etc. El equipo de usuario puede incluir una tarjeta inteligente UICC (*universal integrated circuit card*) que contenga la información necesaria para permitir la conexión a la red y la utilización de sus servicios (p. ej., el identificador único del usuario en el sistema de comunicaciones). Un ejemplo de este tipo de tarjetas es la denominada tarjeta SIM (*subscriber identity module*), introducida inicialmente con el sistema GSM (*Global System for Mobile Communications*).

b) Red de acceso

Es el subsistema de la red responsable de sustentar la transmisión con los equipos de usuario a través de la interfaz de radio. Gestiona los denominados servicios portadores, que son los servicios de transmisión ofrecidos por la red de acceso para transportar la información de los equipos de usuario (tanto información de datos como señalización) hacia/desde la red troncal; por tanto, son servicios cuya finalidad última es proporcionar una cierta capacidad de transmisión. La red de acceso es la responsable de gestionar el uso de los recursos de radio disponibles para la provisión de servicios portadores de forma eficiente. La red de acceso está formada por las estaciones de base y, en los sistemas móviles 2G y 3G, también por equipos controladores de estas estaciones, como por ejemplo el BSC (*base station controller*) en el caso de 2G y el RNC (*radio network controller*) en el caso de 3G.

Tal como ilustra la Fig. 5.2, las diferentes estaciones de base que conforman la red de acceso están distribuidas espacialmente a lo largo de la superficie de servicio para asegurar, entre todas, una cobertura completa que permita a los usuarios desplazarse y seguir recibiendo los servicios móviles al pasar de una estación de base a otra. Aunque las ubicaciones de las estaciones de base y sus correspondientes zonas de cobertura son irregulares, y se producen solapes entre ellas (tal como se muestra en la Fig. 5.2), a efectos de su caracterización teórica se suele aproximar el despliegue por una distribución espacial hexagonal, en la cual la zona de cobertura de una base o célula con antena omnidireccional se asimila a un hexágono en cuyo centro se ubican los equipos transmisores y receptores de la estación de base. Este modelo hexagonal permite distribuir todo el espacio con áreas similares a las del círculo y sin considerar los solapes entre células.

c) Red troncal

Es la parte del sistema encargada de aspectos tales como el control de acceso a la red celular (p. ej., la autenticación de los usuarios del sistema), la gestión de la movilidad de los usuarios, la gestión de las sesiones de datos o de los circuitos que transportan la información de los usuarios, los mecanismos de interconexión con otras redes, etc. También pueden formar parte de la red troncal las funciones asociadas con el control de los servicios finales ofrecidos a los usuarios (p. ej., el control y la señalización asociados al servicio de telefonía). La red troncal está formada por equipos que albergan funciones de conmutación de circuitos, encaminamiento de paquetes (*routing*), bases de datos, etc.

La arquitectura genérica ilustrada en la Fig. 5.1 ha sido adoptada en las diferentes familias de sistemas celulares, como 2G, 3G y 4G. La separación entre la red de acceso y la red troncal confiere una gran flexibilidad al sistema de cara a soportar un proceso evolutivo en que se puedan ir mejorando, agregando o sustituyendo las diferentes partes de la red con la mínima afectación posible para el resto.

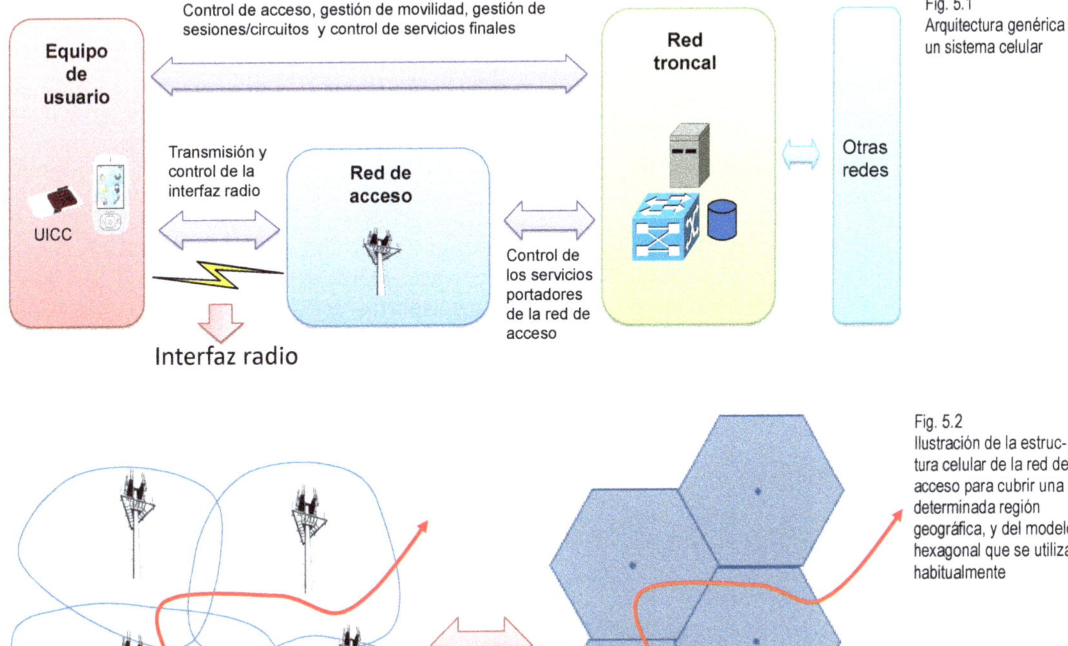

Fig. 5.1
Arquitectura genérica de un sistema celular

Fig. 5.2
Ilustración de la estructura celular de la red de acceso para cubrir una determinada región geográfica, y del modelo hexagonal que se utiliza habitualmente

Las redes celulares permiten diferentes posibilidades para la provisión de servicios de comunicación. A modo de ejemplo, en la Fig. 5.3 y en la Fig. 5.4 se muestran algunos escenarios representativos. En el escenario de la Fig. 5.3a, se ilustra una red celular que sustenta servicios de comunicación (p. ej., las llamadas de voz) entre los equipos de usuario conectados a ella. A su vez, el escenario de la Fig. 5.3b muestra el caso en que la provisión de los servicios de comunicación se efectúa entre equipos de usuario que operan en redes celulares diferentes, interconectadas entre sí mediante redes de tránsito, como cuando se efectúa una llamada de un usuario a otro que pertenece a un operador distinto. Por último, en la Fig. 5.4 se ilustra el ejemplo de la provisión de servicios entre equipos conectados a redes celulares y equipos localizados en otras redes (p. ej., la red telefónica fija, Internet, etc.).

Por último, llegados a este punto, conviene enumerar también los entes (denominados *stakeholders*, en terminología inglesa) involucrados en la provisión de servicios de telecomunicación a través de las redes celulares:

- *Operador de red.* Es el ente que dispone de la infraestructura de la red (p. ej., estaciones de base, controladores, etc.) necesaria a través de la cual se conectan los usuarios.
- *Proveedor de servicios.* Es el ente que proporciona el servicio. En el caso, por ejemplo, del servicio de voz, habitualmente el proveedor del servicio coincide con el operador de red. Sin embargo, en el caso de los servicios de datos, esto ya no es

necesariamente así y el operador puede ser un mero intermediario entre el usuario y el proveedor de servicios.

- *Suministrador de la infraestructura*. Es el fabricante (o fabricantes) de los diferentes equipos que componen la red de acceso y la red troncal.
- *Suministrador de terminales*. Es el fabricante de los terminales móviles empleados por los usuarios.
- *Regulador*. Es la entidad (o entidades) que determina el marco regulador en que han de proporcionarse los servicios móviles. Abarca desde la asignación del espectro disponible a los operadores, hasta aspectos asociados con el mercado, por ejemplo, asegurar la libre competencia, etc.

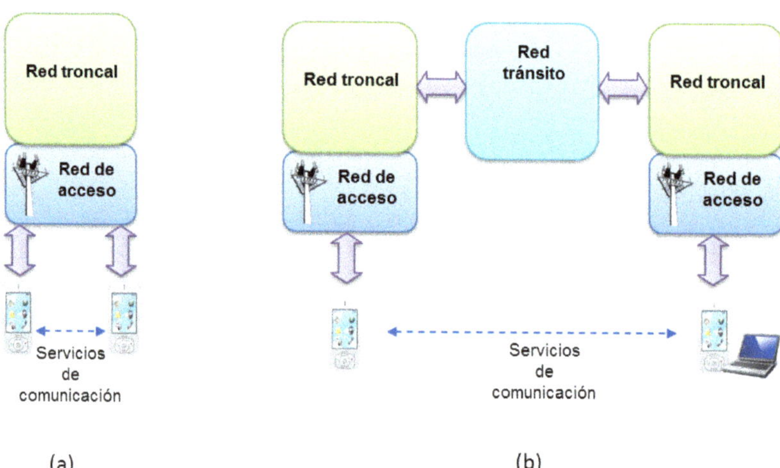

Fig. 5.3 Escenarios de provisión de servicios en redes celulares. *(a)* Servicios de comunicación soportados en una misma red celular. *(b)* Servicios de comunicación a través de múltiples redes celulares

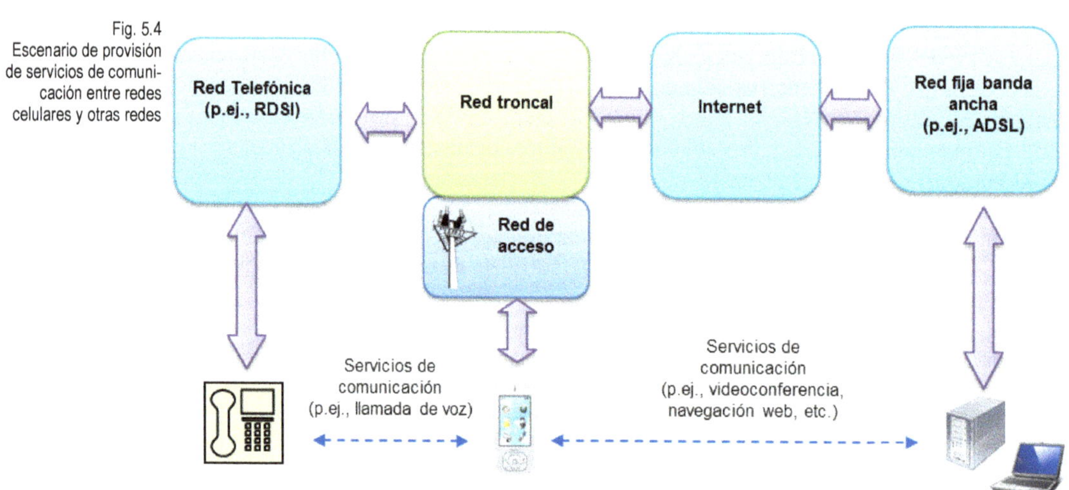

Fig. 5.4 Escenario de provisión de servicios de comunicación entre redes celulares y otras redes

5.2 Control y gestión de sistemas celulares

Sobre la base de la arquitectura de red genérica de un sistema celular planteada en la Fig. 5.1, la provisión de servicios implica que, a través de la interfaz de radio, deba establecerse una comunicación entre los equipos de usuario y la red de acceso para permitir la transferencia de datos asociados a los diferentes servicios, así como el envío de señalización de control para asegurar la operativa correcta de los equipos de usuario y de los enlaces de radio. Como se muestra en la Fig. 5.5, el servicio que permite transferir información entre los equipos de usuario y la red a través de la interfaz de radio se denomina, de modo genérico, *servicio portador de radio* (en inglés, *radio bearer* o RB). El establecimiento de un servicio portador de radio implica especificar los recursos de radio sobre los cuales se transmite la información, así como configurar dichos recursos.

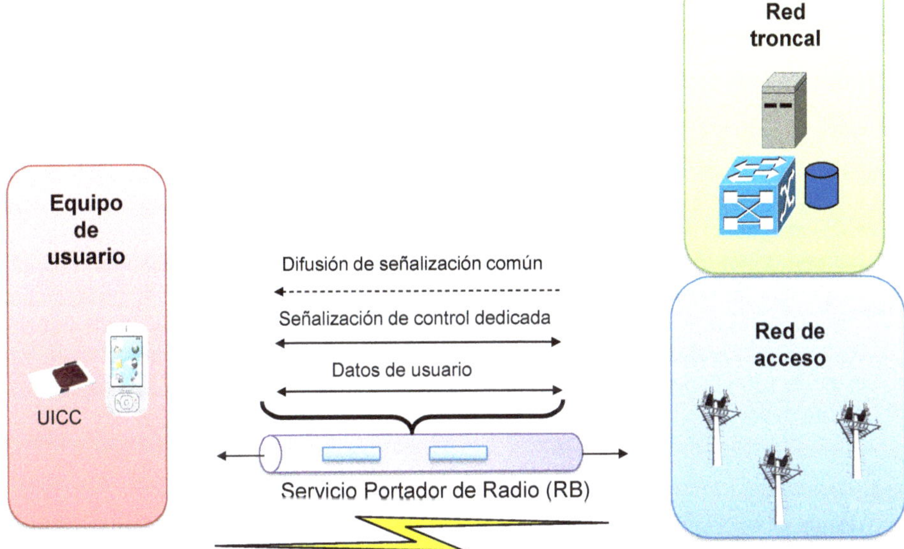

Fig. 5.5
Servicio portador de radio para la transferencia de información a través de la interfaz de radio

En general, la señalización de control enviada a través de la interfaz de radio de una célula puede ser de dos tipos:

- *Señalización de control común.* Consiste en información que se difunde hacia todos los equipos de usuario ubicados en la zona de cobertura de la célula en cuestión. La información enviada permite a dichos equipos detectar la presencia de las estaciones de base y conocer sus parámetros básicos de operación (p. ej., la potencia máxima que pueden utilizar los equipos de usuario en la celda), así como la identidad de los operadores de red a los cuales puede accederse a través de dicha base. La información difundida corresponde a información específica de la red de acceso y de la red troncal.
- *Señalización de control dedicada.* Se trata de información de control destinada hacia (o generada por) un equipo de usuario específico. Incluye la transferencia de

información destinada a gestionar el uso de los recursos de radio utilizados por el servicio portador de radio (p. ej., el envío desde la red de mensajes de control de potencia o de ajuste del avance temporal del terminal móvil, el envío de medidas de potencia recibida de las diferentes bases efectuadas por parte del terminal, etc.), así como información vinculada a procedimientos de control con la red troncal (p. ej., el registro del terminal móvil a la red, el establecimiento de una llamada hacia/desde el terminal, etc.).

Dependiendo de su funcionalidad, la señalización de control en un sistema celular se vincula con los siguientes protocolos de control y gestión, ilustrados en la Fig. 5.6:

- *Control de los recursos de radio* (*radio resource control*, RRC). El protocolo RRC permite establecer una conexión de control entre un equipo de usuario y la red de acceso a través de la cual se llevan a cabo un número importante de funciones relacionadas con la gestión de la operativa de la interfaz de radio. Entre las funciones vinculadas al protocolo RRC, destacan los mecanismos de gestión de los servicios portadores de radio (p. ej., la señalización para el establecimiento, la liberación y/o la modificación de los portadores de radio).
- *Gestión de la movilidad* (*mobility management*, MM). El protocolo MM permite intercambiar mensajes entre un equipo de usuario y la red troncal, con el fin de obtener información relativa a la localización geográfica de los terminales dentro de la red, conocer si dichos terminales se encuentran encendidos y registrados en la red o apagados, etc. El conocimiento de esta información permite el contacto de la red con un terminal registrado para iniciar una comunicación, por ejemplo cuando existe una llamada entrante hacia dicho terminal. En este sentido, habitualmente basta con conocer el conjunto de estaciones de base entre las cuales puede encontrarse el terminal en un momento dado (la denominada *área de localización*) y no es necesario conocer la célula concreta en que se encuentra un terminal en un momento dado.

Fig. 5.6
Protocolos de control y gestión de sistemas celulares

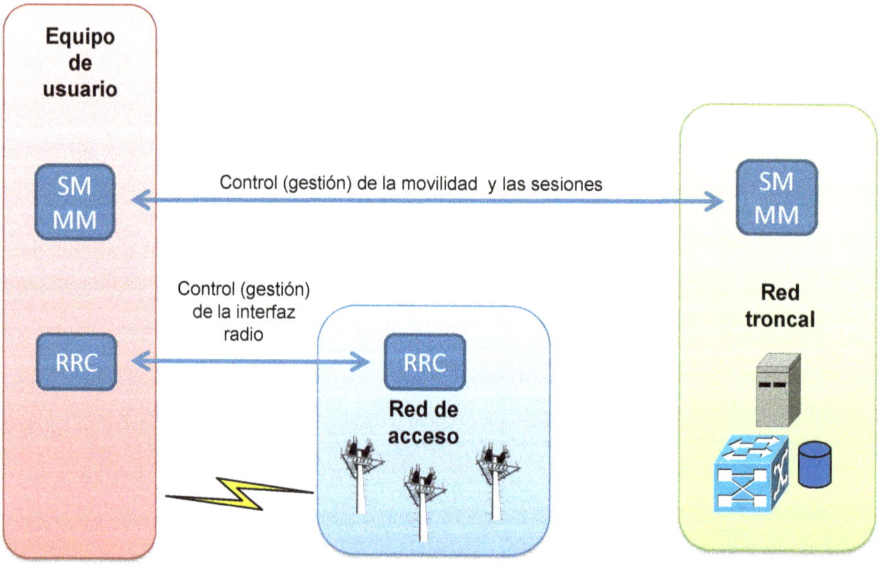

- *Gestión de las sesiones* (*session management*, SM). De modo genérico, el protocolo SM permite intercambiar mensajes de control entre un equipo de usuario y la red troncal con el fin de establecer, mantener y liberar los recursos que permiten la transferencia de datos de usuario entre las diferentes entidades de la red, incluyendo tanto los elementos de la red de acceso o troncal como la interconexión con otras redes externas. Por ejemplo, en el caso de los servicios de voz orientados a circuitos, el protocolo SM se encarga de crear el circuito correspondiente desde el equipo de usuario que inicia la llamada hasta el equipo de usuario llamado, estableciendo enlaces entre los diferentes equipos de la red de acceso, troncal y, si es necesario, efectuando la interconexión con otras redes. Análogamente, en el caso de los servicios de datos, orientados a paquetes, dentro del protocolo SM existen mecanismos para la asignación de una dirección IP al equipo de usuario que le permita acceder a redes de paquetes externas (p. ej., el acceso a Internet).

Llegados a este punto, conviene remarcar que la terminología relativa a los protocolos de gestión que se emplea en esta sección se ha seleccionado de modo que sea muy general, sin particularizarla para ningún sistema celular en concreto. De acuerdo con este planteamiento genérico, cada sistema en cuestión (p. ej., GSM, UMTS, LTE) puede presentar variantes, tanto en las funcionalidades como en los protocolos específicos considerados. El lector interesado en profundizar en la arquitectura y en los mecanismos de gestión de estos sistemas concretos hallará más información en [1] con respecto al sistema GSM, en [2]-[4] con respecto al sistema UMTS y en [5]-[7] con respecto al sistema LTE.

5.2.1 Estados del terminal

La utilización de los protocolos de control y gestión mencionados en el apartado anterior está estrechamente relacionada con los diferentes estados en que un terminal móvil de una red celular puede encontrarse en un momento dado. La Fig. 5.7 ilustra, desde una perspectiva genérica, el diagrama de dichos estados, así como las transiciones entre ellos. Nuevamente, conviene enfatizar que el diagrama mostrado es una versión genérica y simplificada a partir de la cual pueden existir algunas variantes al considerar sistemas celulares específicos.

El estado "no registrado" corresponde al caso en el que el terminal móvil no es visible para el sistema celular. Esto puede ocurrir típicamente en el caso de que el terminal se encuentre apagado, o bien cuando el terminal no tiene cobertura con ninguna estación base y la red ha podido detectar esta situación.

El estado "registrado" corresponde al caso en que el terminal móvil está operativo en el sistema y, por tanto, puede tener acceso a los servicios si es necesario. Para pasar del estado de "no registrado" al estado de "registrado", por ejemplo, cuando el usuario enciende el terminal, este ha de ejecutar el procedimiento de registro con la red, que en inglés usualmente se denomina *Attach*. Análogamente, al apagar un terminal, este efectúa el procedimiento opuesto, denominado *Dettach*, que permite notificar a la red que deja de estar operativo.

Dentro del estado "registrado", el terminal puede estar, a su vez, en otros dos estados, dependiendo de si está consumiendo o no recursos de radio. En concreto, el estado "*idle*" (o "inactivo") corresponde al caso en que el terminal no dispone de ningún servicio portador de radio establecido y, por tanto, no consume recursos de radio ni requiere señalización RRC asociada. Esta es la situación en que se encuentra habitualmente un terminal encendido, con cobertura de la red, pero sin ninguna comunicación en curso. A su vez, el estado "conectado" corresponde al caso en que el terminal dispone de algún servicio portador de radio para el envío de datos de usuario y/o de mensajes de señalización, de modo que estará consumiendo recursos de radio de la red y requerirá la consiguiente señalización RRC asociada para gestionar el uso de dichos recursos. Este es el estado en que, por ejemplo, se encuentra un terminal con una llamada de voz o una sesión de datos en curso. La transición entre los estados "*idle*" y "conectado" viene gobernada, pues, por la iniciación de servicios por parte del usuario o bien por procedimientos de gestión que requieren el intercambio de señalización entre el terminal y la red.

Fig. 5.7
Estados de un terminal móvil en una red celular

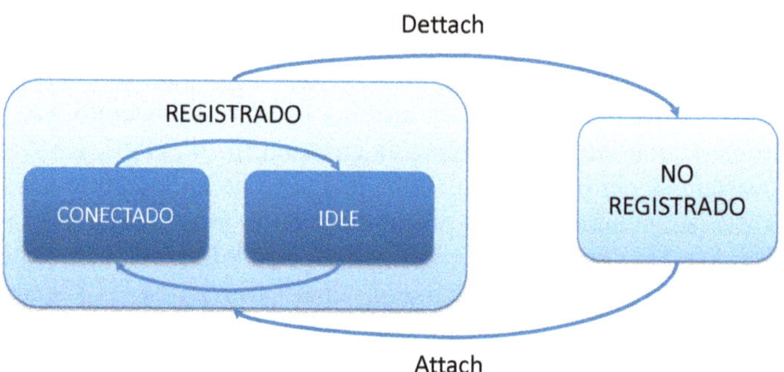

5.2.2 Procedimientos de control y gestión

Con el fin de ilustrar la dinámica de operación en una red móvil celular y visualizar la interacción entre los diferentes elementos de la arquitectura de red, el papel de los diferentes protocolos y los distintos estados en que puede encontrarse el terminal en distintas situaciones, los subapartados siguientes describen los principales procedimientos que se llevan a cabo en una red celular.

5.2.2.1 Procedimiento de búsqueda de célula

El primer procedimiento que ha de ejecutar el terminal al ser encendido es el de búsqueda de célula (*cell search*), esto es, descubrir la presencia de una estación de base en la cercanía que pueda ofrecerle acceso a la red para efectuar el proceso de registro. Tal como ilustra la Fig. 5.8, el proceso se fundamenta en que cada estación de base del sistema transmite una señal piloto de referencia (o un conjunto limitado de señales de referencia posibles), con una estructura conocida a priori, ya que se define en el estándar de comunicaciones. Puesto que el operador tiene, en general, asignadas diversas frecuencias, es necesario que el proceso de *cell search* descubra también la frecuencia utilizada por la estación de base para transmitir la señal piloto. Así, en general, el terminal móvil efectúa un escaneo de frecuencias para detectar alguna de las señales piloto emitidas por las células de su entorno próximo. Una vez detectadas las células, y tras haberse sincronizado con cada una, el terminal pasa a escuchar el contenido de la señalización de control común enviada por el canal de difusión (*broadcast*). Mediante esta señalización, asociada al protocolo RRC, cada célula difunde su identificador y proporciona información sobre su configuración de radio.

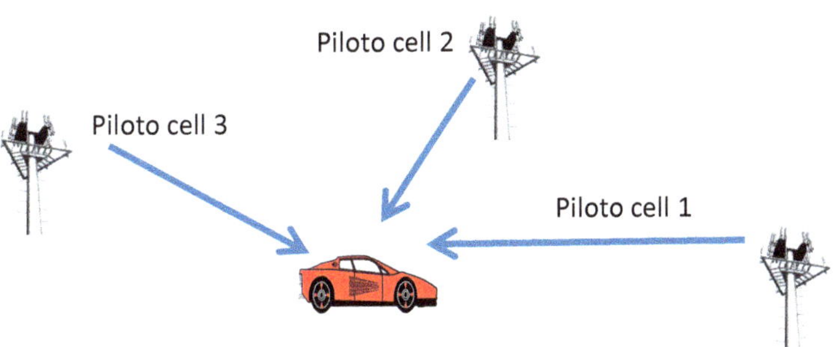

Fig. 5.8
Ilustración del proceso de búsqueda de célula

En función de los niveles de potencia con que se reciben las diferentes células que el terminal sea capaz de detectar allí donde se encuentre, el terminal móvil efectúa el proceso de selección de célula (*cell selection*) para determinar la célula que le servirá para acceder a la red. Como pauta general, en este proceso, el terminal suele escoger, entre las células detectadas pertenecientes a su operador, aquella de la que recibe mayor potencia, si bien el operador puede alterar este criterio mediante la configuración de los parámetros enviados en la información de *broadcast*.

5.2.2.2 Procedimiento de acceso aleatorio a la red

Tras la selección de célula, y con el fin de efectuar el registro, el terminal accede, por primera vez, a la red a través de la célula seleccionada siguiendo el procedimiento de acceso aleatorio (*random access*). Este procedimiento consiste en el envío, por parte del terminal, de un mensaje de señalización en una ráfaga de acceso, utilizando recursos de radio preestablecidos por el sistema a tal efecto.

Estos recursos de radio son compartidos por todos los usuarios que han de efectuar el procedimiento de acceso aleatorio, el cual se sustenta, pues, en protocolos basados en la contienda, como por ejemplo, S-ALOHA o variantes [8]. Por consiguiente, cuando el móvil efectúa la transmisión de la ráfaga, existe el riesgo de que se produzca colisión con otros móviles que también han decidido transmitir en el mismo recurso.

El procedimiento de acceso aleatorio se ilustra gráficamente en la Fig. 5.9. En la parte superior, se muestra el caso en que no se produce ninguna colisión en el envío de la ráfaga de acceso (paso 1), de modo que la estación de base la recibe correctamente y, en consecuencia, responde al terminal (paso 2), habitualmente asignándole un canal dedicado para que el móvil pueda transferir los mensajes de señalización asociados al procedimiento de registro (*attach*) en las bases de datos de la red troncal.

En la parte inferior de la Fig. 5.9, se muestra el caso en que se produce colisión en el acceso entre dos terminales que envían la ráfaga al mismo tiempo (paso 1). En este caso, la base no recibe ninguna de las dos señales correctamente (paso 2), por lo que no responde a ninguna de ellas. Los terminales móviles, al no recibir respuesta, esperan cada un tiempo aleatorio antes de volver a enviar el mensaje. Como se ve en el ejemplo de la figura, en el paso 3, el primer móvil vuelve a reenviar el mensaje, en este caso sin colisión, por lo que en el paso 4 recibe la respuesta de la base y puede proceder con el registro. Aunque no se muestra en la figura, el segundo móvil actuaría de la misma manera en otros instantes.

Fig. 5.9
Ilustración del procedimiento de acceso aleatorio

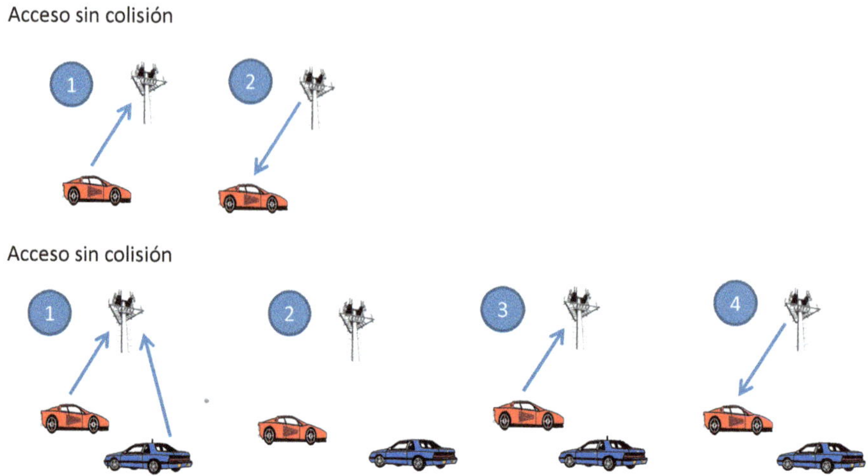

Tras finalizar el proceso de registro, este mismo procedimiento de acceso aleatorio se utilizará también cada vez que el móvil quiera acceder a la red, por ejemplo, para iniciar una llamada, para notificar una actualización de localización, etc., tal como se ve en los apartados siguientes.

5.2.2.3 Procedimientos en estado "idle"

Completado el proceso de registro, y mientras no hay activación de servicios, el terminal se mantiene en estado "*idle*", evitando consumir recursos de radio y ahorrando batería. No obstante, aunque el terminal se encuentre en estado "*idle*", puesto que este se puede desplazar, han de llevarse a cabo una serie de funciones y procedimientos, que se detallan a continuación.

5.2.2.3.1 Procedimiento de reselección de célula

El terminal móvil ha de llevar a cabo el procedimiento de reselección de célula (*cell reselection*), con el fin de tener identificada, en cada momento, la célula que mejor pueda prestarle servicio en un momento dado. Para ello, a medida que se va desplazando, va tomando medidas de las diferentes células detectadas y selecciona la más apropiada, de forma análoga al procedimiento de selección de célula explicado anteriormente. Así, en caso de que el usuario decida activar un servicio, el terminal tendrá identificada la célula servidora más apropiada en cada instante.

5.2.2.3.2 Procedimiento de respuesta a una llamada entrante

El terminal móvil ha de estar pendiente de posibles activaciones de servicios desde la red, por ejemplo, llamadas entrantes, peticiones de servicios de datos (*service requests*), etc. Para ello, monitoriza la señalización *RRC - paging* enviada a través de los canales de control comunes de la célula que tenga escogida como célula servidora en cada momento. En caso de que el terminal detecte un aviso de llamada entrante o de activación de servicio desde la red mediante un mensaje de *RRC - paging*, el terminal móvil realizará un acceso aleatorio a la red, tal como se ha visto en el subapartado 5.2.2.2, para responder al aviso y poder completar todo el proceso de señalización necesario para el establecimiento de la comunicación.

Para evitar que todos los mensajes de *RRC - paging* de todos los terminales tengan que difundirse sobre todas las células, el sistema conoce con cierta precisión la ubicación donde se halla el terminal. En particular, el sistema mantiene una base de datos de localización, en la cual se registra en cada momento el área de localización asociada a cada terminal. El área de localización se define como el conjunto de células en que un terminal puede encontrarse en un momento dado. De este modo, cada vez que hay una llamada entrante hacia un terminal, el proceso de búsqueda se activa y envía avisos de *RRC - paging* a través de todas las células pertenecientes al área de localización asociada a dicho terminal. A continuación, se describen la gestión y el mantenimiento actualizado de la información de localización.

5.2.2.3.3 Procedimiento de actualización de localización

En la red troncal, existe una base de datos que indica el área de localización donde cada usuario registrado se encuentra en cada momento, tal como se ilustra en la Fig. 5.10, en que se han representado en colores distintos las células de las áreas de localización definidas por el operador en la red de acceso. Para mantener la información de la base de datos actualizada, a medida que un terminal móvil se vaya desplazando, deberá ejecutar procedimientos de actualización de la localización (*MM - location update*).

Cada vez que un terminal en estado "*idle*" efectúa una reselección de célula, el terminal puede saber a qué área de localización pertenece dicha célula, ya que esta información es difundida por cada célula en la señalización de *broadcast*. En caso de que la nueva célula seleccionada pertenezca a un área de localización distinta de la célula anterior (esto es, el terminal ha cruzado una frontera de color en la Fig. 5.10), deberá ejecutar el procedimiento de *MM - location update* para actualizar adecuadamente la base de datos de la red troncal. Para llevar a cabo este proceso, el terminal realiza un acceso aleatorio a la red (v. subapartado 5.2.2.2) para que la red le asigne recursos y así pueda transferir la señalización *MM* en la cual notificará su nueva área de localización.

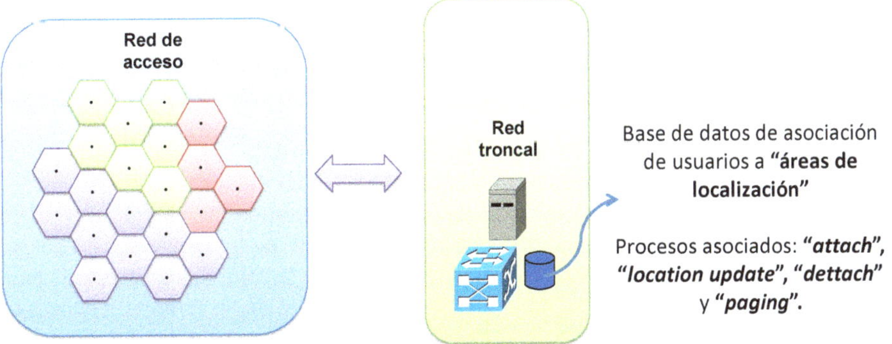

Fig. 5.10
Ilustración del concepto de área de localización

En la Fig. 5.10, se muestran también los procedimientos relacionados con la base de datos de localización de la red troncal. Como puede apreciarse, además de los procedimientos ya mencionados de *location update* y de *paging*, la base de datos también se actualiza con los procedimientos de registro del terminal (*attach*) y de apagado (*dettach*).

El tamaño adecuado de las áreas de localización en cuanto a número de células es el resultado de un compromiso entre el consumo de recursos necesario para llevar a cabo los procedimientos de actualización de localización y de *paging*. En efecto, si las áreas de localización son muy pequeñas, el terminal deberá ejecutar más procedimientos de actualización de localización, al cambiar de área más a menudo, pero, como contrapartida, cuando se deba efectuar una búsqueda de un terminal, el mensaje de *paging* deberá enviarse a través de un número más reducido de células. Por el contrario, si las áreas de localización son muy grandes, se requieren menos procedimientos de actualización de localización, ya que la mayoría de las veces el terminal cambia de célula sin cambiar de área, pero, al mismo tiempo, ante una llamada entrante, el mensaje de *paging* deberá enviarse a través de un mayor número de células.

5.2.2.3.4 Procedimiento de activación del servicio desde el terminal móvil

Este procedimiento se ejecuta cada vez que un terminal móvil desea iniciar un determinado servicio, por ejemplo una llamada telefónica o una sesión de datos. Para ello, el terminal ha de efectuar la transición del estado "*idle*" al estado "conectado", a fin de disponer de recursos de radio para efectuar la comunicación. Esta transición se inicia mediante un procedimiento de acceso aleatorio como el que se ha explicado en el apartado 5.2.2.2. Como resultado del acceso aleatorio, la red activa los servicios portadores de radio y los recursos de radio asociados, para que se pueda efectuar la transferencia de información de datos del usuario entre el terminal y la red. Análogamente, se establece la señalización RRC para controlar la utilización de los recursos asignados al terminal, que, en consecuencia, pasa a estar en estado "conectado".

En cualquier caso, ante una petición de servicio para un terminal dado, previamente hay que determinar si en la célula existen suficientes recursos disponibles para poder cursar correctamente dicha petición con el grado de calidad de servicio requerido. En caso afirmativo, se procede a asignar recursos para cursarla y, en caso contrario, se bloquea el inicio de la comunicación. Esta decisión se lleva a cabo desde la red de acceso, a través de la función de control de admisión, que forma parte de los denominados *algoritmos de gestión de recursos de radio* o RRM (*radio resource management*), que se explican en la sección 5.7.

5.2.2.4 Procedimiento de handover

Cuando el terminal móvil se encuentra en estado "conectado", puesto que puede ir desplazándose, es necesario monitorizar las condiciones del enlace por radio y gestionar la conexión de manera que en todo momento se garantice la calidad de servicio deseada para la comunicación. En este sentido, el algoritmo de *handover* es el encargado de determinar, en cada momento, la estación de base o la célula más apropiada para soportar la comunicación con el terminal, y así asegura que dicho terminal puede moverse libremente por la red sin que la comunicación en curso se vea afectada al cambiar de una célula a otra. Constituye, pues, una de las funciones de RRM más importantes, puesto que evita que se produzcan cortes en la comunicación.

Conviene señalar, en este punto, que el *handover* únicamente se aplica sobre usuarios en modo "conectado", es decir, con una llamada o servicio de datos en curso. Por tanto, no debe confundirse con el proceso de reselección de célula (v. sección 5.2.2.3.1), que se aplica únicamente sobre usuarios en modo "*idle*" y es ejecutado directamente por los terminales, sin necesidad de iniciar la señalización con la red.

El *handover* puede estar motivado por la degradación de la calidad de la comunicación con la estación de base servidora, debida a que el terminal se aleja de esta base y se acerca a una nueva. Aunque la calidad de la comunicación no llegue a degradarse sustancialmente con la base actual, el hecho que la nueva base sea recibida con un nivel de potencia mejor también es una causa habitual para ejecutar el *handover*, en tanto que refleja que la nueva base puede proporcionar el servicio con mejores condiciones (p. ej., porque requiere menos potencia y por lo tanto se genera menos interferencia, etc.).

Por otra parte, el *handover* también puede estar motivado simplemente por cuestiones de distribución espacial del tráfico, con el fin de intentar igualar el nivel de tráfico en estaciones de base adyacentes. Por ejemplo, puede darse el caso que una estación de base tenga muchos recursos ocupados porque esté dando servicio a muchos usuarios, mientras que otra estación de base adyacente esté mucho menos cargada. En este caso, una posibilidad sería efectuar *handovers* de algunos usuarios (que tengan buena cobertura en ambas bases) de la base cargada a la menos cargada. De este modo, el consumo de recursos en las dos bases quedará más igualado y la primera base podrá dar servicio a otros usuarios que, de otro modo, habrían sido bloqueados.

De modo genérico, el procedimiento de *handover* consta de tres fases:

- *Medidas*. El móvil y la estación de base toman, de forma periódica, medidas de los enlaces descendente y ascendente, respectivamente, como punto de partida para poder identificar cuando es necesario ejecutar un *handover*. Dichas medidas incluyen la potencia recibida tanto de la estación de base servidora como de las estaciones colindantes, y otras medidas de calidad tales como la tasa de error observada. La transferencia de información de control asociada a los algoritmos de RRM se lleva a cabo mediante el protocolo RRC. Las medidas efectuadas por el terminal son reportadas mediante la señalización *RRC - measurement report*. Los reportes pueden llevarse a cabo periódicamente o cuando se producen determinados eventos (p. ej., el móvil puede empezar el reporte cuando detecta que el nivel de potencia recibido está por debajo de un cierto umbral).
- *Decisión*. En esta fase, se ejecuta el algoritmo para identificar, a partir de las medidas efectuadas, el instante en que se debe efectuar el *handover* de la base servidora a una nueva. De modo genérico, esta decisión la podrían tomar autónomamente el móvil o la red, aunque la situación más habitual es que la decisión la tome la red, asistida por el terminal móvil que le proporciona las medidas mediante los mencionados *RRC - measurement reports*. Un criterio habitual de decisión puede ser que el nivel de la potencia recibida de una estación de base colindante supere con un cierto margen a la recibida de la estación de base servidora, y que esta condición se mantenga durante un tiempo.
- *Ejecución*. Una vez se ha decidido que se debe efectuar el *handover* de una llamada o sesión de datos en curso a una nueva base, esta fase se encargará de efectuar el intercambio de señalización de control necesaria entre las entidades involucradas para poder transferir la llamada correctamente. En concreto, el nodo que haya decidido efectuar el *handover* deberá establecer contacto con la nueva estación de base para asignar los recursos necesarios para poder cursar la llamada. A partir de este momento, se informará al terminal de estos nuevos recursos para que pueda pasar a utilizarlos, de modo que podrán liberarse los recursos de la estación de base antigua.

Los procesos de decisión y ejecución del *handover* son críticos, por lo que, si se demoran en exceso o si no existen recursos en la nueva base para cursar la llamada, esta puede cortarse, lo cual suele provocar una percepción bastante negativa entre los usuarios. En este sentido, para proporcionar un cierto margen de maniobra en el tiempo de ejecución del *handover*, es conveniente que exista un cierto solape de cobertura entre estaciones de base colindantes y asegurarse de que, mientras se ejecuta la señalización del *handover*, la llamada todavía pueda cursarse en la base antigua.

Existen dos tipos de *handover*, en función de cómo se efectúe la transición de una base a otra:

- *Hard handover*. En este caso, ilustrado en la Fig. 5.11, en el instante de ejecución del *handover* (HO) se efectúa una conmutación de una base a otra, de modo que en cada instante el móvil está conectado a una única base. Este es el *handover* empleado por los sistemas TDMA y FDMA clásicos.
- *Soft handover*. En este caso, ilustrado en la Fig. 5.12, el *handover* se ejecuta de forma progresiva, de modo que el móvil está conectado simultáneamente a más de una base. Se utiliza en los sistemas CDMA, gracias al empleo del receptor *rake* descrito en la sección 4.2.3.2.4. En concreto, al conectarse a la nueva base, el receptor configura algunos *fingers* del *rake* para recibir la secuencia de código de esta base, y mantiene el resto para recibir la secuencia de la base antigua. Progresivamente, se van configurando más *fingers* en la base nueva, hasta que finalmente la base antigua se desconecta.

Fig. 5.11
Hard handover

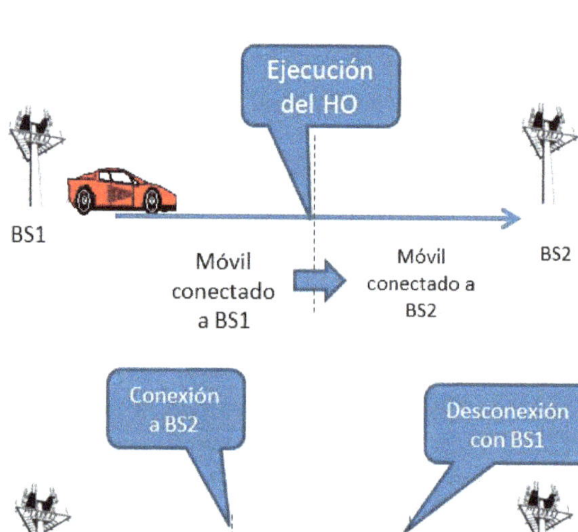

Fig. 5.12
Soft handover

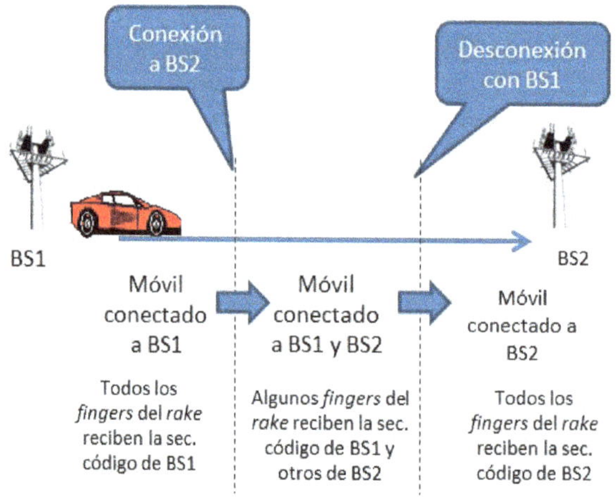

5.2.2.4.1 Modelo de movilidad

El procedimiento de *handover* tiene implicaciones importantes sobre la calidad de servicio de los usuarios, puesto que cada vez que se cambia de célula durante una llamada en curso existe un riesgo de caída de la llamada, si no existen recursos disponibles en la nueva célula para poder cursarla. Por otra parte, la cantidad de procedimientos de *handover* que han de efectuarse también repercute sobre la cantidad de información de control que han de intercambiarse los terminales móviles y las estaciones de base para poder ejecutar correctamente los *handovers*.

Por todo ello, resulta conveniente disponer de modelos de movilidad que permitan cuantificar, de forma más o menos precisa, la cantidad de procedimientos de *handover* que pueden requerirse, ante el despliegue de un sistema celular. La elaboración de estos modelos está vinculada intrínsecamente al tipo de escenario donde opera el sistema celular. Por ejemplo, si existen células desplegadas a lo largo de una autopista, el modelo de movilidad puede ser bastante sencillo, ya que los terminales seguirán trayectorias muy predecibles e irán transitando progresivamente de una célula a otra. Por el contrario, en un entorno urbano, el modelo de movilidad es inherentemente mucho más complejo, ya que ha de tener en cuenta la presencia tanto de vehículos como de peatones, así como de otros usuarios que estén ubicados en posiciones estáticas (p. ej., en interiores, etc.), con lo que habrá una combinación de usuarios a diferentes velocidades y mucha más aleatoriedad en las trayectorias seguidas.

Con objeto de ilustrar los principales parámetros que se desprenden de un modelo de movilidad y poder analizar posteriormente su impacto en términos de calidad del servicio y de dimensionado, a continuación se presenta un modelo de movilidad simplificado, conforme a las siguientes hipótesis de trabajo:

- Consideramos un sistema con células de cobertura circular y radio R, tal como se ilustra en la Fig. 5.13.
- Los terminales móviles se desplazan a una velocidad constante v (m/s), siguiendo trayectorias rectilíneas que pueden atravesar una célula en cualquier punto de su perímetro (v. Fig. 5.13). Por tanto, la distancia L recorrida por un móvil dentro de la célula puede modelarse mediante una variable aleatoria uniformemente distribuida entre 0 (correspondiente al caso en que el móvil únicamente pasa tangencialmente por el perímetro de la célula, como por ejemplo el móvil 3 de la Fig. 5.13) y $2R$ (correspondiente al caso en que el móvil efectúa una trayectoria radial que entra por un extremo de la célula y sale por el otro, como el móvil 2 de la Fig. 5.13).
- Los terminales móviles generan llamadas de duración t_d. Esta duración se caracteriza mediante una variable aleatoria con distribución de probabilidad exponencial y media T_m (s). La función de densidad de probabilidad de la duración de las llamadas es, pues:

$$f_{t_d}(t) = \frac{1}{T_m} e^{-\frac{t}{T_m}} \quad t \geq 0 \tag{5.1}$$

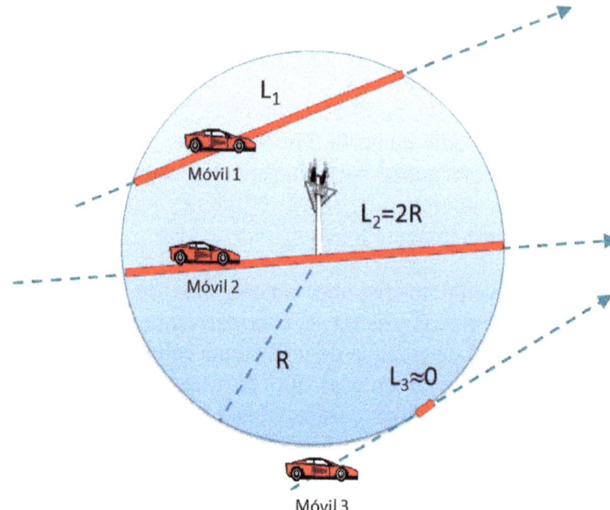

Fig. 5.13
Modelo de movilidad considerado

De acuerdo con las hipótesis anteriores, el tiempo de tránsito de un móvil en la célula $t_t = L/v$ es una variable aleatoria uniformemente distribuida entre 0 y $2R/v$, cuya función densidad de probabilidad viene dada por:

$$f_{t_t}(t) = \frac{v}{2R} \qquad 0 \le t \le \frac{2R}{v} \tag{5.2}$$

Un terminal móvil con una llamada en curso deberá ejecutar un procedimiento de *handover* si la duración de la llamada es superior al tiempo de tránsito de dicho móvil en la célula. Por consiguiente, la probabilidad de que una llamada en curso efectúe un *handover* puede calcularse matemáticamente a partir de las funciones de densidad de probabilidad de la duración de las llamadas (5.1) y del tiempo de tránsito (5.2) como:

$$\begin{aligned} P_h &= \Pr(t_d > t_t) = \int_0^{\infty} \Pr(t_d > t | t_t = t) f_{t_t}(t)dt \\ &= \frac{v}{2R}\int_0^{\frac{2R}{v}} \int_t^{\infty} \frac{1}{T_m} e^{-\frac{x}{T_m}} dxdt = \frac{v}{2R}\int_0^{\frac{2R}{v}} e^{-\frac{t}{T_m}} dt = \frac{vT_m}{2R}\left(1 - e^{-\frac{2R}{vT_m}}\right) \end{aligned} \tag{5.3}$$

Definiendo el factor de movilidad como:

$$\alpha_m = \frac{2R}{vT_m} \tag{5.4}$$

se puede expresar, de forma más compacta, la probabilidad de *handover* como:

$$P_h = \frac{1 - e^{-\alpha_m}}{\alpha_m} \tag{5.5}$$

La Fig. 5.14 ilustra la variación de la probabilidad de *handover* en función del factor de movilidad α_m. Puede apreciarse que la probabilidad de *handover* decrece al incrementar el factor de movilidad. Dicho incremento ocurre cuando aumenta el radio de las células R, cuando los terminales se desplazan a menor velocidad v o cuando las llamadas tienen una duración media T_m más corta.

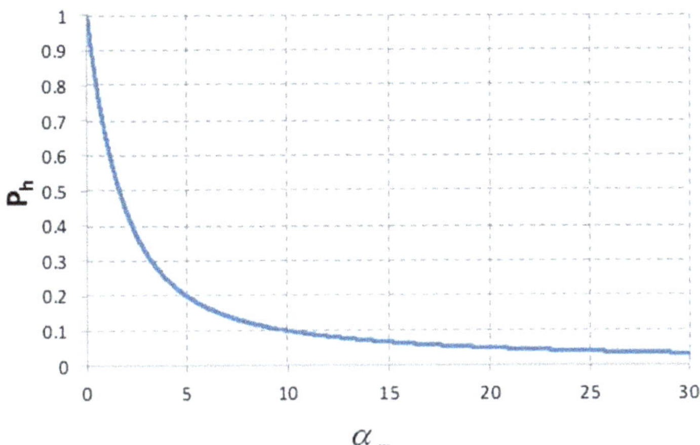

Fig. 5.14
Probabilidad de *handover* en función del factor de movilidad

5.3 Dimensionado de un sistema celular

5.3.1 Concepto de dimensionado en sistemas celulares

Para poder ofrecer una serie de servicios móviles en una región geográfica determinada, el operador ha de desplegar una red instalando y poniendo en funcionamiento el número de estaciones de base o células necesarias y situando cada una de ellas en una ubicación apropiada. Para llevar a cabo este despliegue de forma eficiente, hay que efectuar un proceso de dimensionado del sistema celular, que es el ejercicio que ha de realizar el operador de la red móvil con el fin de determinar la cantidad apropiada de recursos de radio a desplegar sobre el área de servicio para absorber, con un cierto nivel de calidad, el tráfico que generan los usuarios.

Se entiende por un *recurso de radio* el recurso físico necesario para soportar la comunicación de un usuario para el servicio de referencia, por lo que dependerá de la técnica de acceso múltiple empleada. Lógicamente, cuanto mayor sea el tráfico ofrecido, mayor será la cantidad de recursos de radio que se deberán desplegar para poder proporcionar un determinado nivel de calidad.

Así pues, para poder llevar a cabo el proceso de dimensionado, habrá que caracterizar, por un lado, los recursos de radio desplegados en función de cómo dichos recursos se reparten entre las diferentes células y, por otro, el tráfico ofrecido por los usuarios a cada célula, en función del servicio de referencia considerado.

Con relación a la caracterización de los recursos de radio desplegados, el punto de partida es el espectro total de que dispone el operador para proveer el servicio. Este espectro viene caracterizado por una banda total B_T (Hz). En tanto que todas las técnicas de acceso múltiple empleadas disponen de una componente FDMA, esta banda total habitualmente está subdividida en radiocanales. La separación entre dos radiocanales consecutivos es la canalización del sistema B_C (Hz). De este modo, el número total de radiocanales de que dispone el operador para proporcionar el servició será:

$$N_R = \frac{B_T}{B_C} \tag{5.6}$$

Consideramos que el área donde se debe proporcionar el servicio tiene una superficie S (km^2) en la cual se supone, por simplicidad, que los usuarios están uniformemente distribuidos. Inicialmente, y también por simplicidad, consideramos que el despliegue se efectúa con células de igual tamaño, que se caracteriza por su superficie S_c(km^2). Por tanto, el número de células desplegadas en toda la superficie será $N_c = S/S_c$.

Tras efectuar un reparto apropiado de los N_R radiocanales entre las diferentes células, de acuerdo con las estrategias de reutilización de frecuencias que se comentan en el apartado 5.3.2, a cada célula le corresponderán m_R radiocanales. Equivalentemente, la densidad de radiocanales desplegados será de m_R /S_c (radiocanales/km^2).

La conversión de radiocanales (m_R) a recursos radio (m_s) depende de la técnica de acceso múltiple empleada, pero siempre se cumplirá que, a más radiocanales, más recursos de radio habrá desplegados. Por tanto, para plantear el concepto de dimensionado inicialmente desde una perspectiva genérica, caracterizaremos los recursos desplegados en términos de m_R /S_c (radiocanales/km^2).

Por lo que respecta a la caracterización del tráfico ofrecido a una célula, el punto de partida es la densidad de usuarios β (usuarios/km^2) a los cuales ha de ofrecerse el servicio. Viene fijado por la densidad de población de la región a planificar y por la cuota de penetración del servicio móvil y del operador en cuestión que proporciona el servicio. A modo de ejemplo, si consideramos una población con una densidad de 100 usuarios/km^2, el 90 % de los cuales disponen de teléfono móvil, y que el mercado está repartido entre 3 operadores a partes iguales, la densidad de usuarios a considerar por uno de estos operadores en el proceso de dimensionado será de $\beta = 100 \cdot 0{,}9/3 = 30$ usuarios/km^2. En función de esta densidad, la caracterización del tráfico vendrá dada por las características de cada servicio en cuestión.

En el caso del servicio de voz, los parámetros que definen la generación del servicio son la tasa de generación de llamadas por usuario en la hora cargada Q (llamadas/usuario/h), y la duración media T_m(s) de una llamada. Estos parámetros asumen un proceso de generación de llamadas según una estadística de Poisson y una duración de las llamadas según una estadística exponencial [10][11]. Además, en tanto que la tasa de generación depende del período del día que se esté analizando, normalmente se suele considerar el peor caso, correspondiente a la hora del día con mayor generación de tráfico, que suele denominarse *hora cargada*. A partir de aquí, la densidad de tráfico ofrecido a una célula, medida en Erlangs por unidad de superficie, viene dada por:

$$\delta = \frac{\beta \cdot Q \cdot T_m}{3600} \text{ (E/km}^2\text{)} \tag{5.7}$$

El Erlang (E) es una unidad adimensional que expresa la intensidad de tráfico y que se corresponde con un recurso ocupado el 100 % del tiempo, tal como se detalla en el apéndice 5.1.

En el caso de los servicios de datos, la caracterización del tráfico es más compleja y, al margen de la tasa de peticiones de servicio y de la duración de las mismas, también hay que tener en cuenta el volumen de datos a transmitir. Sobre esta base, la densidad de tráfico ofrecido para los servicios de datos se puede caracterizar en términos de sesiones activas/km^2 o bien de Mb/s/km^2 que generan los usuarios.

La Fig. 5.15 ilustra gráficamente el concepto de dimensionado como procedimiento que ha de ajustar los recursos de radio desplegados al tráfico ofrecido por los usuarios. De modo genérico, al efectuar el dimensionado en un cierto instante $t = 0$, el operador pretende determinar la red que deberá tener desplegada en un cierto instante futuro t_1 para poder absorber el nivel de tráfico previsto en aquel momento. Por tanto, tal como se muestra en la figura, el operador deberá basarse en las previsiones de crecimiento del tráfico a lo largo del tiempo para asegurar que los recursos de radio desplegados son suficientes para soportar el tráfico ofrecido en t_1.

La capacidad de la red en términos de la densidad de recursos de radio desplegados m_R/S_c (radiocanales/km^2) solo se puede incrementar aumentando del número de radiocanales por célula m_R o bien desplegando un mayor número de células, con el fin de reducir la superficie S_c cubierta por cada una de ellas.

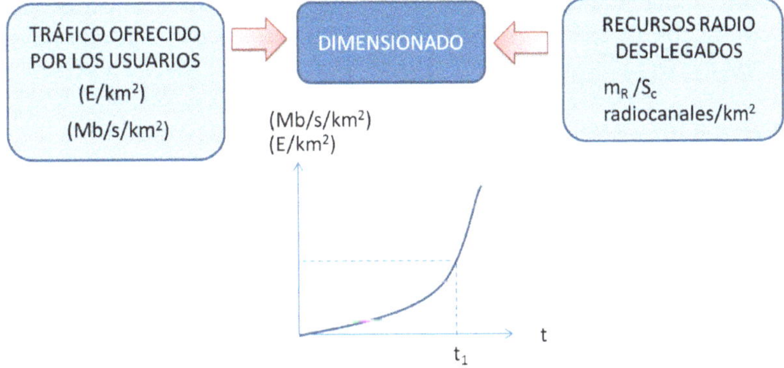

Fig. 5.15
Concepto de dimensionado

5.3.2 Despliegue de recursos de radio en sistemas celulares

En este apartado se plantean, de forma genérica, los aspectos fundamentales que determinan la cantidad de recursos de radio desplegados en una red celular o, equivalentemente, los radiocanales que pueden asignarse a cada célula. Para ello, hay que considerar, en primer lugar, la cantidad de espectro disponible para el operador; en segundo lugar, cómo se reparte dicho espectro entre las diferentes células, y, por último, el número de células a desplegar.

5.3.2.1 Espectro radioeléctrico disponible

El primer aspecto a tener en cuenta para determinar los recursos de radio desplegados por un operador son los rangos de frecuencias del espectro radioeléctrico que el operador puede utilizar para proporcionar un cierto servicio móvil. Estos rangos de frecuencias vienen determinados, fundamentalmente, a dos niveles, tal como se ilustra en la Fig. 5.16:

- En primer lugar, hay que considerar el estándar específico que define las características de la tecnología a emplear. Dicho estándar es especificado por organismos internacionales y define, entre otros aspectos, los rangos de frecuencias de operación a que han de transmitir y recibir los diferentes equipos, como las estaciones de base o los terminales móviles. Para ello, también se tiene en cuenta la regulación internacional en materia de utilización del espectro radioeléctrico, para determinar bandas que estén disponibles en los países donde el estándar ha de operar. A modo de ejemplo, cuando el *European Telecommunications Standardization Institute* (ETSI) definió el estándar GSM, estableció diferentes bandas de operación, como 880-915 MHz para la comunicación de móvil a base y 925-960 MHz para la comunicación de base a móvil. Asimismo, estableció que la canalización en dichas bandas sería de 200 kHz.

- En segundo lugar, basándose en las bandas de frecuencias que el sistema celular ha de soportar, en cada país se efectúa una asignación de bandas a cada uno de los operadores autorizados para proporcionar el servicio mediante dicho sistema. Este proceso de asignación consiste, normalmente, en procedimientos administrativos de concesión de licencias, en función de la legislación existente en cada país, y supone, en última instancia, que cada operador dispone, durante un período temporal de varios años, de una porción del espectro radioeléctrico o, equivalentemente, de un conjunto de radiocanales para su explotación en exclusiva. Como se ilustra en la Fig. 5.16, como resultado de este proceso un operador dispone de una cierta banda total B_T, subdividida en N_R=B_T/B_C radiocanales, de acuerdo con una canalización B_C.

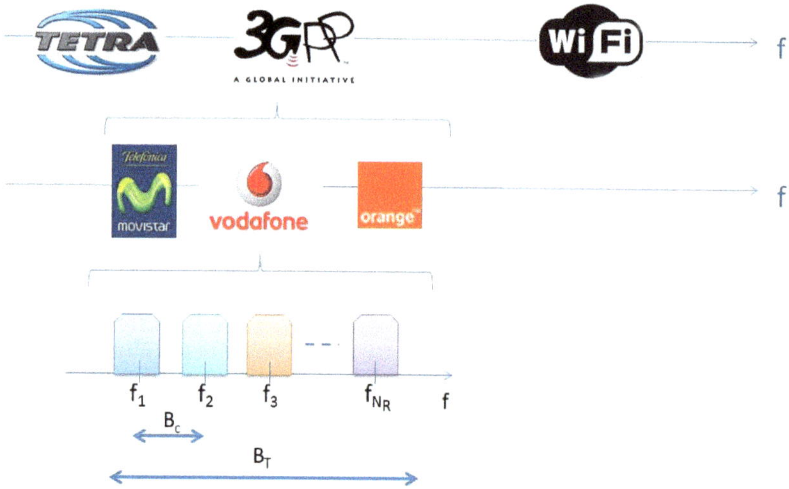

Fig. 5.16
Asignación de frecuencias a los operadores

5.3.2.2 *Planificación de frecuencias*

A partir del espectro radioeléctrico de que dispone el operador, el ejercicio de planificación de frecuencias consiste en realizar la asignación de los radiocanales disponibles a las estaciones de base o a las células del área donde el operador ha de prestar su servicio. Puesto que, en general, el número de células a desplegar es mucho más elevado que el número de radiocanales disponibles, es necesario reutilizar las frecuencias en diferentes células. Esta reutilización de frecuencias constituye uno de los elementos fundamentales de la planificación de frecuencias, puesto que, en primer lugar, incide sobre la cantidad de recursos disponibles por cada célula y, en segundo lugar, ocasiona interferencias cocanal entre las células que trabajan con las mismas frecuencias, por lo que deberá asegurarse que dicha interferencia no degrada la comunicación.

En el caso de una distribución espacial de tráfico uniforme, la planificación se efectúa de manera regular, estableciendo un patrón de asignación de frecuencias a células y repitiéndolo espacialmente. El patrón de asignación de frecuencias se basa en el denominado *clúster* o agrupación de células, que se define como el conjunto básico de células que utilizan todos los radiocanales disponibles sin reutilizar ninguno. Para proporcionar servicio a una determinada superficie, se repite el clúster espacialmente, de modo que células pertenecientes a diferentes clústeres utilizarán los mismos radiocanales y, por tanto, se interferirán mutuamente.

De este modo, definiendo como J el tamaño del clúster, entendido como el número de células que lo conforman, y teniendo en cuenta que el operador dispone de un total de N_R radiocanales, el número de radiocanales disponibles por célula será:

$$m_R = \frac{N_R}{J} \text{ radiocanales/célula} \tag{5.8}$$

Para ilustrar el concepto de reutilización de frecuencias y el impacto del tamaño del clúster sobre la cantidad de radiocanales disponible en cada célula, la Fig. 5.17 muestra un ejemplo en que se efectúa la planificación con $N_R = 16$ radiocanales disponibles y en que se consideran células cuadradas, para simplificar las ilustraciones. Las células de igual color en la figura indican que utilizan los mismos radiocanales. En la Fig. 5.17a, se muestra el caso con un clúster de tamaño $J = 1$, en que todas las células emplean todos los radiocanales disponibles, por lo que cada una dispone de $m_R = 16$ radiocanales. Por su parte, la Fig. 5.17b ilustra el caso con un clúster de tamaño $J = 4$, de modo que los 16 radiocanales disponibles se reparten entre las 4 células del clúster y a cada una le corresponde $m_R = 4$. Por último, en la Fig. 5.17c se muestra el caso con un clúster de tamaño $J = 16$, por lo que cada célula dispone de $m_R = 1$ radiocanal. Se observa claramente que, cuanto mayor es el tamaño del clúster J, menos radiocanales existen en cada célula y, por tanto, la célula dispondrá de menos recursos y podrá dar servicio a menos usuarios.

Por otra parte, la reutilización espacial de frecuencias comporta interferencias cocanal. Como se aprecia en los ejemplos de la Fig. 5.17, estas interferencias serán tanto mayores cuanto menor sea el tamaño del clúster J, ya que las células cocanal (representadas del mismo color en la figura) se encuentran más próximas. Así pues, la relación de señal a ruido e interferente γ_o será inferior en el caso $J = 1$ que en el caso $J = 4$ y, a su vez, será inferior en el caso $J = 4$ que en el caso $J = 16$.

Teniendo en cuenta el efecto del tamaño del clúster J sobre la interferencia cocanal y sobre la cantidad de radiocanales por célula, para efectuar una planificación de recursos eficiente interesa que el tamaño del clúster J sea el mínimo posible (ya que así se maximiza el número de radiocanales por célula y, con ello, la capacidad desplegada) para garantizar que el nivel de interferencia cocanal generado sea tolerable (esto es, que el enlace de radio pueda disponer de la calidad deseada, reflejada en términos del mínimo nivel de relación de señal a ruido e interferente $\gamma_{o,min}$).

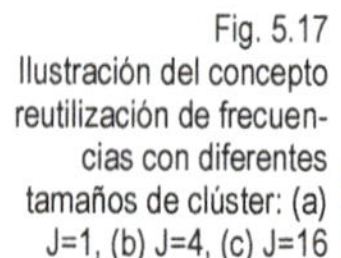

Fig. 5.17 Ilustración del concepto reutilización de frecuencias con diferentes tamaños de clúster: (a) J=1, (b) J=4, (c) J=16

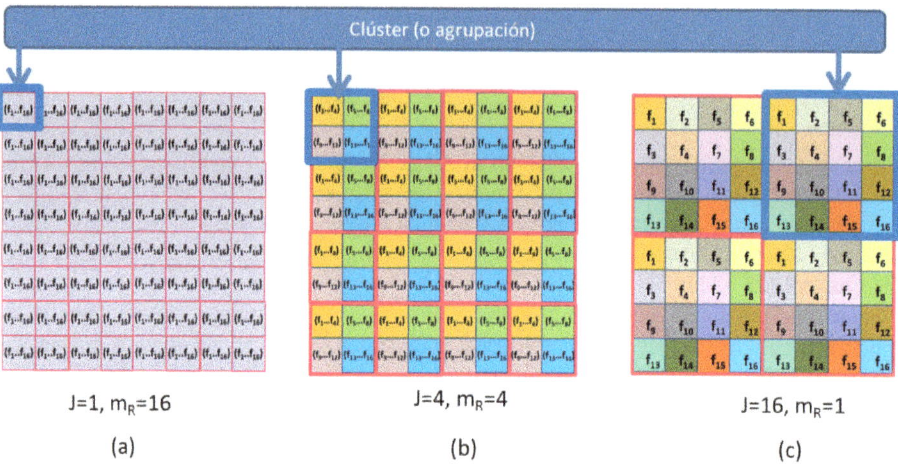

5.3.2.3 Número de células a desplegar

Una vez establecido el patrón de reutilización en términos del tamaño del clúster J, que determina la cantidad de radiocanales por célula, si el operador desea incrementar la capacidad de la red en términos de la densidad de radiocanales desplegados por unidad de superficie puede hacerlo desplegando un mayor número de células de tamaño más pequeño. Así, la superficie de cobertura de cada célula se reduce y los $m_R = N_R/J$ radiocanales disponibles en cada célula se destinan a dar servicio en una área más pequeña. Este concepto se ilustra en la Fig. 5.18, considerando el ejemplo de despliegue anterior con $N_R = 16$ radiocanales y clúster de tamaño $J = 4$, por lo que cada célula dispone de $m_R = 4$ radiocanales. Así, en la Fig. 5.18a, se muestra una situación de referencia con células de área S_c km^2, por lo que la densidad de los radiocanales desplegados es de $4/S_c$ radiocanales/km^2. Por el contrario, en la Fig. 5.18b, se muestra el caso en que se efectúa el despliegue sobre la misma superficie total pero reduciendo la superficie de las células en un factor 4 y, por tanto, incrementando el número de células en un factor 4. En este caso, la densidad de radiocanales desplegados es de $16/S_c$ radiocanales/km^2, lo que supone un incremento en un factor 4 con respecto al caso de referencia. Por consiguiente, la reducción del tamaño de las células para un tamaño de clúster J dado permite incrementar la densidad de los recursos desplegados y, por tanto, soportar una mayor densidad de tráfico.

Nótese también en la Fig. 5.18 que, al reducir el tamaño de las células manteniendo el patrón de reutilización de frecuencias (tamaño del clúster J), no se modifican las condiciones de relación de señal a interferencia, ya que tanto la distancia a la célula servidora como la distancia a las células cocanal se escalan en un mismo factor. A efectos ilustrativos, en la Fig. 5.18 puede observarse que, al reducir en un factor 4 el tamaño de las células, la distancia de un móvil a su célula servidora y la distancia a la interferente cocanal más próxima se reducen en un factor 2.

Por otra parte, la densificación efectuada en la red al reducir el tamaño de las células también permite reducir los niveles de potencia transmitidos, ya que el radio de cobertura de las células también se ve reducido.

Conviene destacar también que el principio de incrementar los recursos de radio desplegados desplegando más células y haciéndolas más pequeñas tiene un límite, relacionado con la movilidad de los terminales, ya que con células más pequeñas habría más procesos de *handover*.

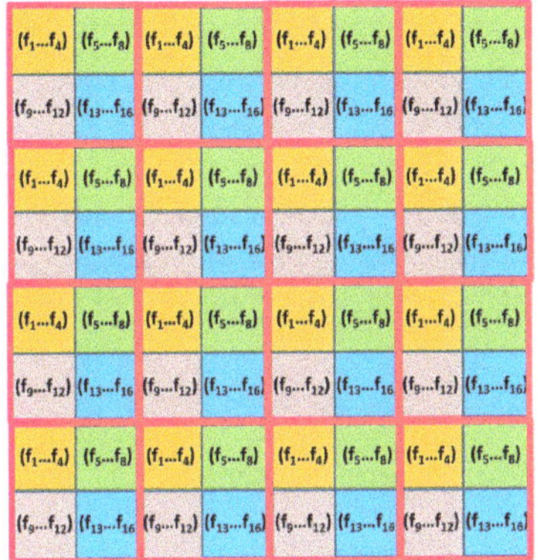

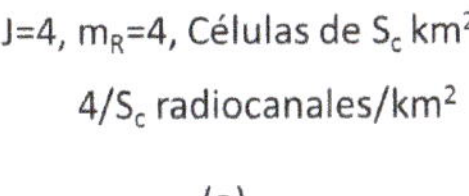

J=4, m_R=4, Células de S_c km^2

4/S_c radiocanales/km^2

(a)

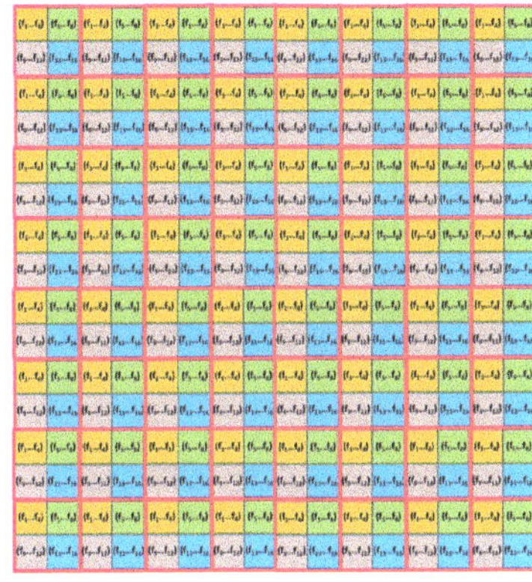

J=4, m_R=4, Células de S_c/4 km^2

16/S_c radiocanales/km^2

(b)

Fig. 5.18
Ilustración del incremento de la densidad de recursos desplegados al reducir el tamaño de las células para un tamaño de clúster dado. (*a*) Caso de referencia, (*b*) Reducción del área de la célula en un factor 4

5.4 Dimensionado en sistemas celulares FDMA/TDMA

Una vez explicados los principios básicos del dimensionado en los sistemas celulares desde una perspectiva general, a continuación definimos la metodología correspondiente al caso particular de los sistemas que emplean una técnica de acceso múltiple de tipo FDMA/TDMA y en que el servicio a ofrecer es la voz. Un ejemplo representativo de este tipo de sistemas es el GSM.

Tomando como referencia el servicio de voz, los objetivos de calidad de servicio a garantizar son los siguientes:

- A nivel de enlace, debe asegurarse la calidad mínima del enlace por radio que permite soportar la comunicación. Para ello, basándose en una cierta tasa de error de bit máxima soportable $P_{b,max}$, se especificará la mínima relación de señal a ruido e interferente necesaria $\gamma_{o,min}$, tal como se ha visto en el capítulo 3 (sección 3.1).
- A nivel de sistema, debe asegurarse un cierto grado de accesibilidad del sistema. Este viene especificado en términos de la probabilidad de bloqueo (P_B), definida como la probabilidad de encontrar todos los recursos de una célula ocupados al intentar establecer una llamada.

Por otro lado, y aunque no suele integrarse directamente dentro del proceso de dimensionado pero debe monitorizarse durante la operativa de la red para asegurar que no excede unos límites prefijados, se considera también la probabilidad de que la llamada se corte o probabilidad de *dropping* (P_{drop}). Es la probabilidad de que una llamada en curso finalice de forma inesperada, por problemas de cobertura/interferencias en la red (p. ej., cuando la tasa de error de bit es superior a la máxima permitida $P_b > P_{b,max}$ durante un cierto período de tiempo), o bien por no poder completar un proceso de *handover*, debido a falta de recursos (bloqueo) en la nueva célula.

En este último caso, la probabilidad de *dropping* depende de la movilidad, en concreto de la probabilidad de *handover* P_h definida en la ecuación (5.5), y de la probabilidad de bloqueo P_B, y puede calcularse analíticamente. Para ello, considérese un terminal móvil con una llamada en curso en una célula. En este caso, la llamada se puede cortar si, en alguno de los procesos de *handover* que efectúe el móvil, no existen recursos en la nueva célula de tránsito. En concreto, la probabilidad de que esto ocurra en el primer proceso de *handover* será $P_h{\cdot}P_B$, es decir, que el móvil haga un *handover* (P_h) y no existan recursos en la nueva célula (P_B). Análogamente, la probabilidad de que la llamada se corte en el segundo proceso de *handover* será $P_h{\cdot}P_B{\cdot}P_h{\cdot}(1-P_B)$, es decir, que la llamada no se haya cortado en el primer *handover* ($P_h{\cdot}(1-P_B)$) y se corte en el segundo ($P_h{\cdot}P_B$). De modo genérico, y siguiendo este razonamiento, la probabilidad de que la llamada se corte en el *k*-ésimo proceso de *handover* sería $P_h P_B\left[P_h\left(1-P_B\right)\right]^{k-1}$. Así pues, la probabilidad de *dropping* se obtiene a partir de la serie siguiente:

$$P_{drop}=\sum_{k=1}^{\infty} P_h P_B\left[P_h\left(1-P_B\right)\right]^{k-1}=\frac{P_h P_B}{1-P_h\left(1-P_B\right)} \tag{5.9}$$

Como se ha visto en el capítulo 4, la técnica de acceso múltiple FDMA/TDMA consiste en subdividir la banda total disponible por el operador en un conjunto de radiocanales, cada uno de los cuales es compartido, a su vez, por diferentes usuarios, que transmiten en ranuras temporales distintas. Los radiocanales se repartirán entre las diferentes células, de acuerdo con los principios generales explicados en el apartado 5.3.2.2, y ello finalmente determinará la densidad de los recursos desplegados. A partir de aquí, el proceso de dimensionado determinará el radio apropiado de las células para asegurar que cada una dispone de los recursos suficientes para soportar el tráfico ofrecido.

Dentro de este marco de referencia, en las siguientes secciones se detalla la caracterización de los recursos de radio desplegados y la caracterización del tráfico ofrecido, y finalmente se proporciona el proceso general de dimensionado.

5.4.1 Despliegue de recursos de radio

5.4.1.1 Espectro radioeléctrico disponible

Como se ha visto en la sección 5.3.2, el punto de partida para efectuar el despliegue de los recursos de radio en los sistemas celulares es la cantidad de espectro que tiene disponible el operador y la canalización existente, lo cual determina los N_R radiocanales disponibles que pueden repartirse entre las diferentes células.

Para ilustrar el espectro disponible con un ejemplo concreto, podemos tomar como referencia el sistema GSM como representativo de los sistemas FDMA/TDMA. En este caso, el espectro radioeléctrico que se repartió entre los operadores en los años noventa se encontraba en las siguientes bandas:

- Banda de 900 MHz: hay un total de 50 MHz en las bandas 890-915 MHz y 935-960 MHz, destinadas originalmente a los enlaces ascendente y descendente del sistema GSM, respectivamente.
- Banda de 1.800 MHz: hay un total de 150 MHz, repartidos de forma pareada entre las bandas de 1.710 a 1.785 MHz y de 1.805 a 1.880 MHz, destinadas originalmente a los enlaces ascendente y descendente, respectivamente, del sistema GSM (o, de forma más precisa, a una versión evolucionada del mismo, denominada DCS-1.800).

En ambos casos, la canalización del sistema es de $B_C = 200$ kHz, por lo que existen un total de 125 radiocanales bidireccionales en la banda de 900 MHz y 375 radiocanales bidireccionales en la banda de 1.800 MHz. Estos radiocanales se repartieron entre los operadores existentes en el momento de desplegar el sistema GSM.

5.4.1.2 Reutilización de frecuencias e interferencia cocanal

Como se ha visto de forma general en el apartado 5.3.2.2, el reparto de radiocanales a células se efectúa basándose en el concepto de reutilización de frecuencias, mediante el empleo de clústeres de tamaño J células, de modo que los N_R radiocanales disponibles se reparten entre las J células de un clúster y se efectúa el despliegue sobre la zona de servicio repitiendo espacialmente el clúster, lo cual da lugar a interferencias cocanal entre células de diferentes clústeres. Como se ha visto, con objeto de maximizar el número de radiocanales por célula, es preciso escoger el tamaño mínimo de clúster que permite asegurar que la interferencia cocanal generada sea soportable.

Así pues, esta sección pretende establecer, de forma detallada, la relación entre el tamaño del clúster y la interferencia cocanal. En este sentido, uno de los aspectos a determinar es la distancia mínima entre dos células, que permite que dichas células utilicen el mismo radiocanal manteniendo la interferencia cocanal generada por debajo de unos límites establecidos. Esta distancia se denomina *distancia de reutilización, D*.

Con objeto de ilustrar la relación entre la distancia de reutilización y la interferencia cocanal, consideremos el ejemplo de la Fig. 5.19, en que existen dos células de radio R, separadas una distancia D, en el centro de las cuales se ubican estaciones de base con antenas omnidireccionales que trabajan a la misma frecuencia y transmitiendo señales del mismo ancho de banda B e igual potencia P_T. Consideramos también el móvil dibujado en la figura que se encuentra en el extremo de la zona de cobertura de su célula y en la posición más cercana a la célula interferente. Por consiguiente, se halla en las condiciones más adversas tanto de pérdidas de propagación hacia su célula como de interferencia recibida.

De acuerdo con un modelo de pérdidas de propagación genérico de la forma $L = k \cdot d^{\alpha}$, según se ha visto en el capítulo 2, la potencia recibida útil por el terminal de la Fig. 5.19 a distancia $d = R$ de su estación de base será:

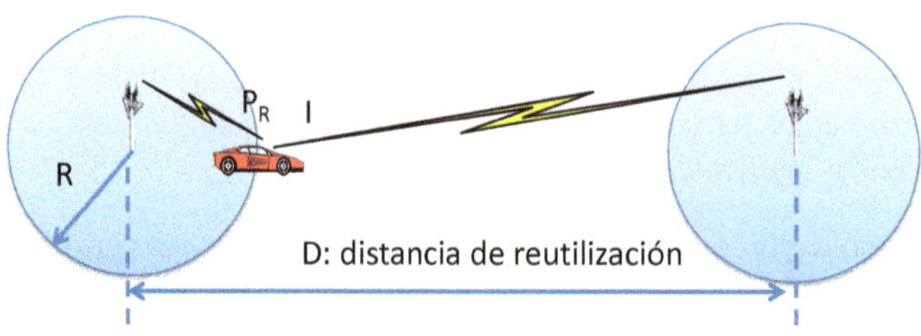

Fig. 5.19 Ilustración de la distancia de reutilización y la interferencia cocanal asociada

$$P_R = \frac{P_T G_T G_R}{k R^{\alpha}} \tag{5.10}$$

donde G_T es la ganancia de la antena transmisora y G_R, la de la antena receptora. Análogamente, la potencia recibida de la estación de base interferente, que se encuentra a una distancia (D-R) del terminal móvil y se considera que transmite a igual potencia y con la misma ganancia de antena que la base servidora, viene dada por:

$$I = \frac{P_T G_T G_R}{k\left(D - R\right)^{\alpha}} \tag{5.11}$$

Por consiguiente, la relación de señal a interferente (*carrier-to-interference ratio* o CIR) que percibe el terminal móvil es el cociente entre la potencia útil e interferente, dado por:

$$CIR = \frac{P_R}{I} = \left(\frac{D}{R} - 1\right)^{\alpha} \tag{5.12}$$

Conviene remarcar aquí que se ha descrito un modelo simplificado, que prescinde de los desvanecimientos lentos en el cálculo de la CIR. Se podrían plantear igualmente modelos más sofisticados, que contemplaran la aleatoriedad de dichos desvanecimientos por separado en cada uno de los enlaces, aunque ello requeriría un tratamiento más complejo y difícil de abordar analíticamente, por lo que se debería recurrir a herramientas de simulación.

Como se observa en la expresión (5.12), la relación CIR viene fijada por el cociente entre la distancia de reutilización D y el radio de la célula R. Por consiguiente, dado un valor de R, la CIR mejora al incrementar la distancia de reutilización D, como cabía esperar intuitivamente. Por otra parte, también se observa la dependencia del coeficiente de propagación con la distancia α, en el sentido de que valores mayores de α contribuyen a que exista más atenuación con la distancia y, por tanto, la interferencia se vea más atenuada, con el consiguiente incremento de la CIR.

También conviene remarcar que, si bien el desarrollo anterior se ha hecho para el enlace descendente, sería igualmente válido para el enlace ascendente, en que el receptor útil sería la estación de base y el interferente sería un terminal ubicado en el extremo de la célula cocanal.

De acuerdo con el modelo planteado, la determinación de la distancia de reutilización apropiada D vendrá dada por las mínimas condiciones de CIR que el receptor del terminal móvil ha de percibir para poder recibir el servicio de comunicaciones móviles de forma adecuada. En concreto, tal como se ha visto en el capítulo 3, habitualmente el requisito de CIR mínima viene fijado por la calidad establecida en términos de una cierta tasa de error de bit máxima, a partir de la cual se establece el mínimo valor de $(E_b/N_o)_{min}$ o de relación de señal a ruido e interferente $\gamma_{o,min}$ que ha de tener la señal recibida en banda base. En concreto, según se ha visto en el capítulo 3, ha de cumplirse:

$$\gamma_o \geq \gamma_{o,\min} = \frac{P_S'}{P_N + I} \tag{5.13}$$

donde P_S' es la mínima potencia de señal útil necesaria y P_N, la potencia de ruido equivalente a la entrada del receptor. Llegados a este punto, es habitual efectuar el proceso de planificación celular considerando inicialmente que el sistema se encuentra limitado por interferencias, es decir, considerando que $I >> P_N$ de donde se determina la mínima relación de señal a interferente CIR necesaria como:

$$\gamma_{o,\min} \approx \frac{P_S'}{I} = CIR_{\min} \tag{5.14}$$

5.4.1.2.1 Reutilización de frecuencias en un modelo celular hexagonal

Una vez demostrada la relación entre la distancia de reutilización y la relación de señal a interferente para un caso con dos células cocanal, el análisis ha de hacerse extensivo al caso en que se dispone de un conjunto de células que cubren una superficie determinada. Para ello, se considera un modelo celular hexagonal, puesto que este permite subdividir completamente la superficie total a cubrir en estructuras regulares muy próximas a células con cobertura omnidireccional. Se asume que todas las células son de igual tamaño, lo cual se corresponde con un escenario en que los usuarios están distribuidos homogéneamente y, por tanto, en que todas las células han de soportar el mismo tráfico.

Según se ha visto en el apartado 5.3.2.2, los sistemas celulares se basan en efectuar agrupaciones de células o clústeres, de modo que el total de radiocanales disponibles se reparte entre las células del clúster, sin que ninguna de ellas reutilice los mismos radiocanales. El despliegue del sistema celular por toda la superficie a cubrir se consigue, pues, repitiendo el clúster espacialmente. Así, considerando el modelo celular hexagonal, la Fig. 5.20 muestra dos ejemplos de despliegue con clúster de tamaño $J = 3$ y de tamaño $J = 7$. Se considera en la figura que células de un mismo color utilizan los mismos radiocanales, y se remarca en trazo grueso el clúster de células ubicado en la posición central.

Como puede apreciarse, el tamaño del clúster J (también denominado *factor de reutilización*) juega un papel fundamental en la estructura celular. Al utilizar clústeres más grandes, se incrementa la relación entre la distancia de reutilización D y el radio de célula R. Obsérvese, en el ejemplo, que el caso $J = 3$ se corresponde con una distancia de reutilización $D = 3R$, mientras que en el caso $J = 7$ se tiene $D = 4{,}58\ R$. Por consiguiente, el tamaño del clúster J incide en la interferencia cocanal existente y ha de fijarse en función del requerimiento de CIR_{min}.

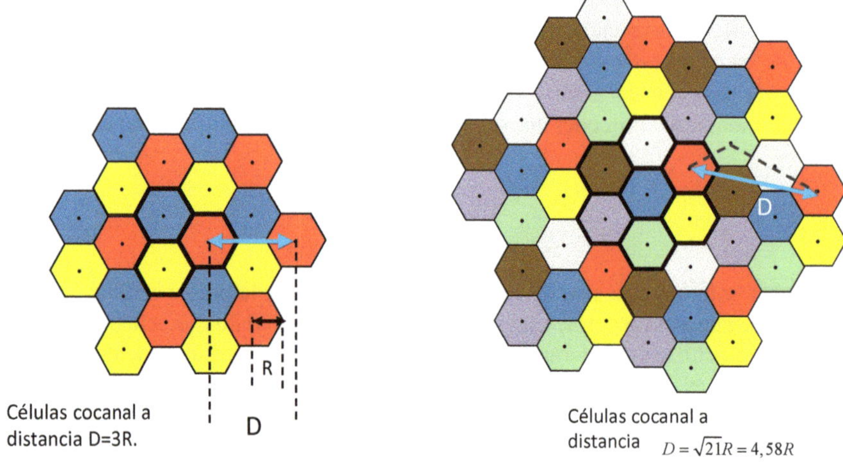

Fig. 5.20
Ejemplo de despliegue celular hexagonal con clúster de tamaño J = 3 (izquierda) y con clúster de tamaño J = 7 (derecha)

También es importante remarcar, en este punto, que, de acuerdo con este modelo de despliegue hexagonal, no todos los tamaños de clúster J son válidos. A modo de ejemplo, en la Fig. 5.21 se ilustran los casos $J = 2$ y $J = 5$. Como puede apreciarse, en ambos casos la distancia de reutilización no es la misma en las seis direcciones del hexágono que forma cada célula, a diferencia de lo que ocurre en los ejemplos de la Fig. 5.20, y ello da lugar a que la interferencia observada por los terminales no sea homogénea en todas posiciones. Por ejemplo, en el caso $J = 2$, los terminales ubicados en los extremos superior o inferior del hexágono estarían afectados por una interferencia superior que los terminales ubicados en los extremos laterales del hexágono. Los tamaños de clúster J en que se dé esta circunstancia no serán válidos para el despliegue.

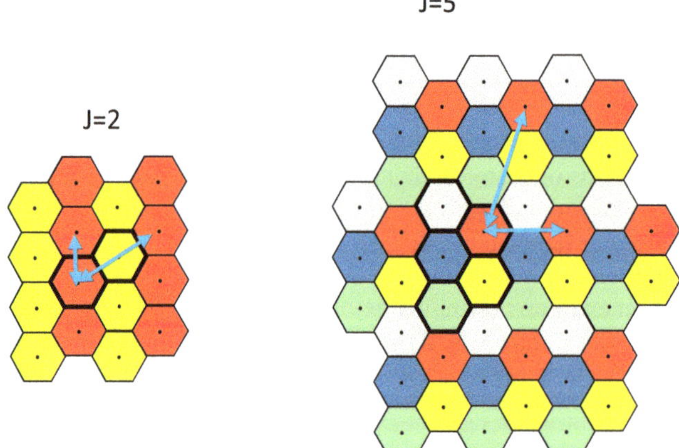

Fig. 5.21
Ejemplos de despliegue celular hexagonal con clústeres de tamaños no válidos J = 2 y J = 5

A partir de un estudio geométrico de la relación entre el tamaño del clúster J y la distancia de reutilización D, en el apéndice 5.2 se demuestra que los tamaños de clúster válidos son aquellos que resulten de una combinación u,v de números enteros superiores o iguales a 0, que cumplan:

$$J = u^2 + v^2 + u \cdot v \qquad u,v \geq 0 \tag{5.15}$$

Por otra parte, en el apéndice 5.2 también se demuestra, a partir de la geometría hexagonal, la relación entre el tamaño del clúster J y el cociente entre la distancia de reutilización D y el radio de la célula R, que viene dado por:

$$\frac{D}{R} = \sqrt{3J} \tag{5.16}$$

Sobre la base del modelo de despliegue con células hexagonales omnidireccionales, en la Fig. 5.22 se ilustra la extensión del cálculo de la CIR efectuado al principio de la sección 5.4.1.2 para el caso de una única célula interferente, dado por (5.12). Como se observa, se contempla únicamente la primera corona de seis células cocanal, ubicadas a una distancia de reutilización D de la célula central, por lo que se asume que las interferencias provenientes de las células de la segunda corona y posteriores serán despreciables. Considerando el terminal móvil ubicado en el extremo de la célula a una distancia R de su estación de base, se puede aproximar la CIR observada por:

$$CIR \approx \frac{P_R}{6I} = \frac{1}{6}\left(\frac{D}{R} - 1\right)^{\alpha} \geq CIR_{\min} \tag{5.17}$$

Obsérvese que la aproximación en este último cálculo supone que la distancia del terminal móvil a las seis células interferentes es igual a la de la célula interferente más próxima, situada a una distancia (D-R), por lo que la interferencia es, aproximadamente, seis veces superior a la calculada en el caso de la Fig. 5.19, donde solo había una única célula interferente.

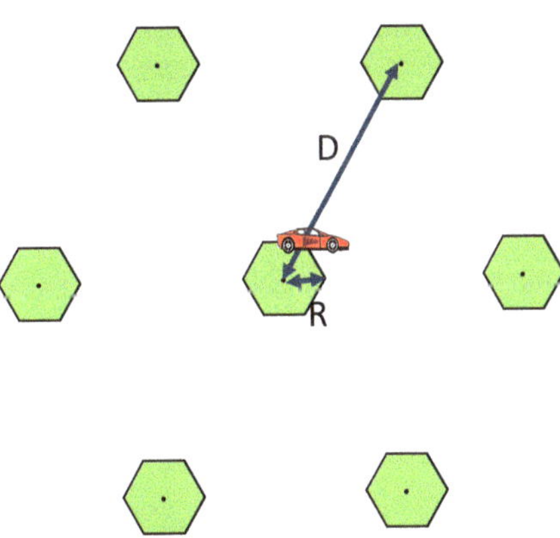

Fig. 5.22
Cálculo de la CIR en un despliegue de células hexagonales omnidireccionales con distancia de reutilización D

Combinando las expresiones (5.16) y (5.17), se obtiene la relación entre el tamaño del clúster y el requerimiento de CIR_{min}, dado por:

$$J \geq \frac{1}{3}\left(1 + (6 \cdot CIR_{\min})^{1/\alpha}\right)^2 \tag{5.18}$$

Esta relación pone de manifiesto la idea intuitiva que, cuanto mayor sea el requerimiento de relación de señal a interferente CIR_{min}, más alejadas han de estar las células cocanal interferentes y, por consiguiente, mayor deberá ser el tamaño del clúster.

5.4.1.2.2 Sectorización

Tal como se ha visto en la sección 5.3.2.2, el tamaño del clúster J en un sistema celular influye directamente en la cantidad de radiocanales disponibles en cada célula según la expresión (5.8), de tal manera que, cuanto menor sea J, más radiocanales tendrá una célula y podrá dar servicio a más usuarios, lo cual dará lugar a despliegues más eficientes.

Por otra parte, el tamaño mínimo del clúster ha de escogerse en función de la interferencia cocanal según (5.18), por lo que, si se pudiera disponer de técnicas que permitieran reducir esta interferencia cocanal, los tamaños de clúster podrían ser más pequeños y, por consiguiente, darían lugar a despliegues más eficientes. Una de estas técnicas, habitualmente empleada en escenarios con tráfico elevado, tales como entornos urbanos, es la denominada *sectorización*.

La sectorización se basa en el empleo de antenas directivas, en lugar de antenas omnidireccionales, de modo que, en cada emplazamiento, situado en el centro de un hexágono, se ubican varios transmisores cuyas antenas apuntan a direcciones diferentes. Dicho de otro modo, cada célula hexagonal queda subdividida en varias células más pequeñas, denominadas *sectores*, cada una de las cuales proporciona cobertura a una región angular.

La Fig. 5.23 ilustra el concepto de sectorización en el caso de emplear células trisectoriales, lo cual es una configuración bastante habitual. Como se aprecia, la célula de la izquierda, en cuyo centro existiría un transmisor con antena omnidireccional, queda subdividida a la derecha en tres sectores mediante el empleo de tres transmisores, ubicados en el centro del hexágono, con antenas de 120° de ancho de haz y con diferentes direcciones de apuntamiento, que se ilustran mediante las flechas del dibujo. Entre los tres transmisores, se consigue cubrir la misma zona que con la célula omnidireccional. Los diferentes colores de cada sector ilustran que cada sector empleará diferentes radiocanales.

Fig. 5.23
Sectorización de una célula omnidireccional (izquierda) en tres sectores (derecha)

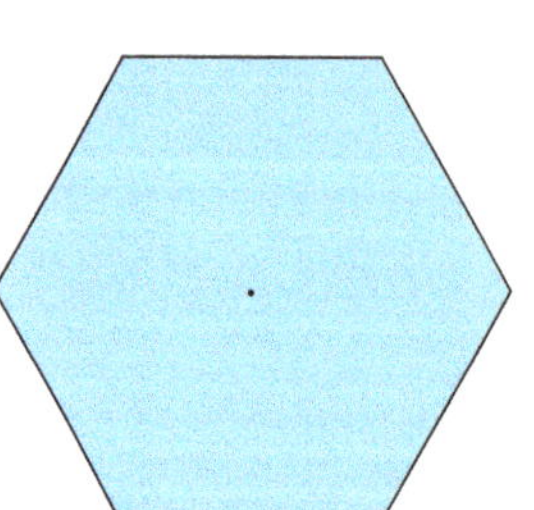

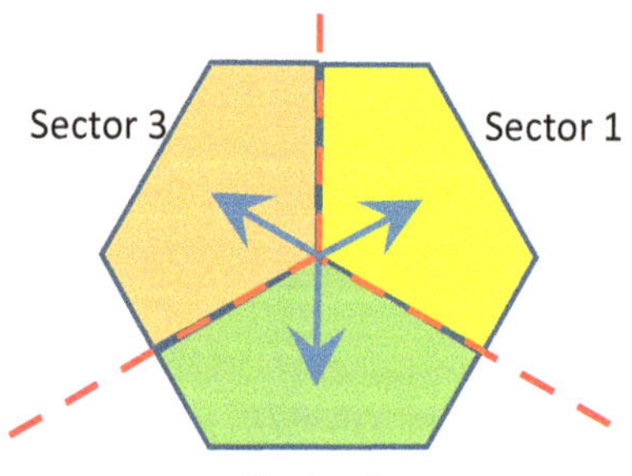

Es importante señalar que cada uno de los sectores ha de considerarse como una célula independiente del resto, en el sentido que dispondrá de sus propios radiocanales, que asignará a los usuarios que se encuentren dentro de su zona de cobertura.

La ventaja que aporta la sectorización es la reducción de interferencias cocanal, que se consigue gracias al empleo de antenas directivas, en tanto que un sector únicamente interfiere sobre los sectores que se encuentran dentro del ancho de haz de su antena. Este efecto se ilustra en la Fig. 5.24 con el ejemplo de las células trisectoriales. En el dibujo, se representa la célula central y las seis células cocanal de la primera corona interferente que resultan del despliegue hexagonal análogo al del ejemplo de la Fig. 5.22, que empleaba células omnidireccionales. Como se observa, si consideramos el enlace descendente, el móvil dibujado únicamente recibe la interferencia de dos de los seis sectores cocanal, puesto que son los únicos dentro de cuyo haz se ubica el móvil. Por el contrario, el móvil se encuentra fuera del haz de radiación de los otros cuatro sectores.

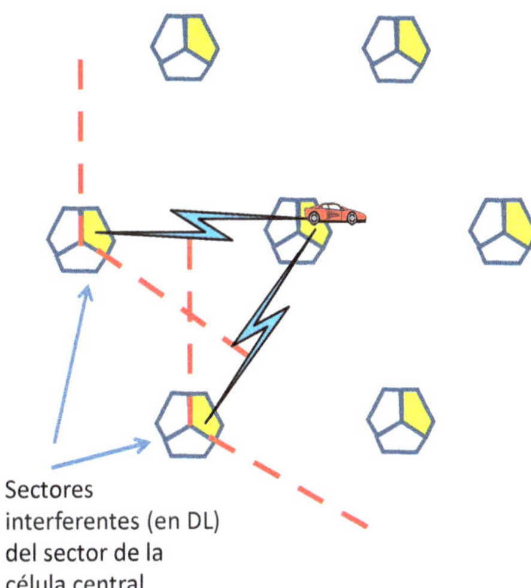

Fig. 5.24
Interferencias en el enlace descendente de un despliegue con células trisectoriales

Si bien el ejemplo ilustrado en la Fig. 5.24 considera el enlace descendente, un razonamiento análogo serviría para el enlace ascendente, tal como se presenta en la Fig. 5.25, si bien en este caso los dos sectores interferentes serían los del extremo superior derecho de la figura, puesto que son los terminales ubicados en estos sectores los que se recibirían como interferencia dentro del haz de la antena receptora de la célula central.

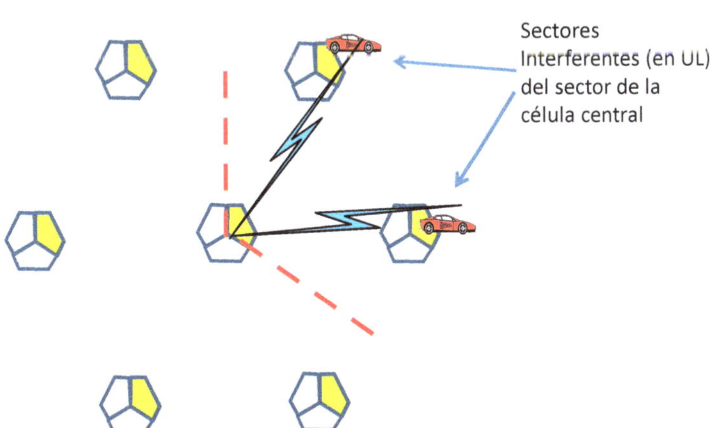

Fig. 5.25
Interferencias en el enlace ascendente de un despliegue con células trisectoriales

El ejemplo anterior también puede generalizarse para otros tipos de sectorización, como las células bisectoriales con antenas de 180° o el empleo de células con seis sectores con antenas de 60°. Cuanto mayor es el número de sectores considerado, menor es el número de células (sectores) interferentes. En particular, la tabla 5.1 presenta el número de sectores interferentes para las diferentes configuraciones de sectorización que se emplean más habitualmente.

A partir de lo anterior, el cálculo de la CIR presentado en la expresión (5.17) puede generalizarse para considerar el empleo de sectorización como:

$$CIR \approx \frac{P_R}{n_I I} = \frac{1}{n_I}\left(\frac{D}{R}-1\right)^{\alpha} \geq CIR_{\min} \qquad (5.19)$$

donde n_I es el número de células interferentes en función de la configuración empleada según la tabla 5.1. Finalmente, combinando las expresiones (5.16) y (5.19), se obtiene el tamaño mínimo del clúster para un caso general que considera la sectorización como:

$$J \geq \frac{1}{3}\left(1+(n_I \cdot CIR_{\min})^{1/\alpha}\right)^2 \qquad (5.20)$$

En esta última expresión, se observa que la reducción del número de células interferentes n_I mediante la sectorización se traduce en una reducción del tamaño mínimo del clúster.

Tabla 5.1
Número de interferentes para diferentes configuraciones de sectorización

Tipo de sectorización	**Número de interferentes (n_I)**
Omnidireccional	6
Bisectorial (antenas de 180°)	3
Trisectorial (antenas de 120°)	2
6 sectores (antenas de 60°)	1

Llegados a este punto, conviene remarcar que todos los cálculos anteriores asumen un modelo aproximado en el cual se considera que todas las antenas tienen diagramas de radiación ideales, capaces de cancelar completamente la señal recibida fuera de su haz de radiación. En la práctica, sin embargo, los diagramas de radiación introducen una atenuación finita sobre las señales que caen fuera del haz principal, de modo que habría una cierta interferencia residual. Por consiguiente, los cálculos se podrían refinar empleando modelos de diagramas de radiación reales, los cuales son considerados habitualmente en las herramientas informáticas de planificación empleadas por los operadores.

5.4.1.3 Planificación de frecuencias

Una vez determinado el número de células del clúster J, el proceso de planificación de frecuencias se encarga de decidir con qué radiocanales concretos trabaja cada sector.

Para ello, se parte del número total de radiocanales disponible por el operador N_R, del número de sectores por emplazamiento n_S según el tipo de sectorización empleada y del tamaño del clúster J calculado, de acuerdo con los requerimientos de CIR mínima.

Considerando que el conjunto total de radiocanales ha de repartirse entre todos los sectores que forman parte de un clúster, el número de radiocanales por sector será:

$$m_R = \frac{N_R}{J \cdot n_S} \tag{5.21}$$

Debido a que el número de radiocanales ha de ser necesariamente entero, el valor de m_R obtenido deberá redondearse al entero inferior. En este caso, existiría un remanente de radiocanales que podrían repartirse entre algunos de los sectores del clúster hasta haber asignado los N_R radiocanales disponibles, con lo que podría haber sectores con m_R radiocanales y otros con m_R+1, que podrían dar servicio a un número mayor de usuarios.

Una vez calculado el número de radiocanales por sector, para determinar los radiocanales específicos a asignar a cada uno se suelen emplear algoritmos que efectúan el reparto intentando cumplir con ciertos criterios [12], destinados a principalmente reducir las interferencias por canal adyacente debidas a la selectividad finita de los filtros empleados en recepción, tal como se ha visto en la sección 2.4.1:

- Intentar asegurar una separación mínima en frecuencia entre radiocanales asignados a un mismo sector. Un valor habitual es una separación mínima de tres radiocanales, para permitir que la selectividad de los filtros pueda cancelar adecuadamente las interferentes recibidas en los otros radiocanales, que, al corresponder a transmisiones de otros usuarios del mismo sector, habitualmente tienen niveles de potencia de un mismo orden de magnitud que los de la señal útil, o incluso superiores a esta.
- Intentar asegurar una separación mínima en frecuencia entre radiocanales asignados a sectores de un mismo emplazamiento. Un valor típico es una separación de dos radiocanales. En este caso la separación es menor que en el caso anterior, puesto que, además de la selectividad de los filtros, al considerarse diferentes sectores, la discriminación angular de las antenas contribuirá también a reducir la interferencia (v. sección 2.4.2).
- Intentar evitar que dos células adyacentes (de diferentes emplazamientos) tengan radiocanales que sean adyacentes en frecuencia. En este caso, la condición es menos restrictiva que en los dos casos anteriores, puesto que los radiocanales de otros emplazamientos se recibirán con niveles de potencia más reducidos que los del propio emplazamiento.

5.4.1.4 Recursos de radio por sector

A partir del número de radiocanales m_R asignados a cada sector según (5.21), el número de recursos de radio disponibles viene dado por el hecho que, en un acceso FDMA/TDMA, cada radiocanal está organizado en tramas subdivididas en n_{slots} ranuras temporales o *slots* y que, para servir una llamada del servicio de voz, cada usuario requiere la asignación de un *slot* en cada trama.

Por otra parte, de entre todos los *slots* disponibles en los radiocanales asignados a un sector, un número n_c está reservado para el envío de señalización de control, como por ejemplo mensajes de *broadcast*, avisos de *paging*, etc., y, por tanto, no pueden ser asignados a los usuarios para servir llamadas de voz. Teniendo en cuenta estas consideraciones, el número de recursos de radio (*slots*) disponibles en cada sector es:

$$m_s = m_R \cdot n_{slots} - n_c \qquad (5.22)$$

5.4.2 Caracterización del tráfico ofrecido

Tal como se ha visto en la Fig. 5.15, el proceso de dimensionado ha de asegurar que los recursos disponibles en el sistema celular desplegado son suficientes para soportar el tráfico ofrecido por los usuarios a los cuales cada célula ha de proporcionar servicio. El tráfico estará gobernado por los patrones de comportamiento de los diferentes usuarios de una célula y tendrá, de forma inherente, una naturaleza aleatoria. Por este motivo, es necesario disponer de una caracterización apropiada de dicha estadística, que permita cuantificar y modelar el tráfico y evaluar adecuadamente sus indicadores de calidad. Esta caracterización dependerá de cada servicio en cuestión.

En el caso de considerar un servicio de voz, los parámetros que definen el tráfico son los siguientes:

- Tasa total de generación de llamadas por unidad de tiempo (λ llamadas/s). El proceso de generación de llamadas de voz en una célula se suele modelar habitualmente como un proceso de Poisson, con una tasa λ correspondiente a la hora cargada. La tasa λ se obtiene a partir de la tasa de llamadas que efectúa un usuario en la hora cargada Q (llamadas/h/usuario) y el número de usuarios N_u que se hallan en el área de cobertura de la célula como:

$$\lambda = \frac{N_u \cdot Q}{3600} \text{ (llamadas/s)} \qquad (5.23)$$

- Duración de la llamada. En el servicio de voz, es habitual considerar que la duración de las llamadas puede modelarse como una variable aleatoria exponencial de T_m segundos de media.

A partir de estos parámetros, se define el tráfico ofrecido a una célula medido en Erlangs como:

$$\theta = \lambda T_m = \frac{N_u \cdot Q \cdot T_m}{3600} \text{ (E)} \qquad (5.24)$$

El tráfico ofrecido refleja el número medio de usuarios que tienen simultáneamente una llamada en curso en la célula, a los cuales, por tanto, la célula deberá asignar alguno de sus recursos de radio para poder cursar la llamada.

El número de usuarios N_u a los cuales da servicio una célula puede relacionarse con la densidad β de usuarios/km^2 existentes en el área de servicio y con el radio de las células R. En concreto, suponiendo sectorización con n_S sectores por emplazamiento, el número de usuarios por sector será:

$$N_u = \beta \cdot \frac{\pi R^2}{n_S} \tag{5.25}$$

Debido a la limitación del número de recursos disponibles en un sector, cabe la probabilidad de que, al intentar cursar una llamada de voz, todos los recursos estén ocupados y, por tanto, se produzca un bloqueo. Como se ha comentado al principio de la sección 5.4, la probabilidad de bloqueo constituye una métrica importante a la hora de cuantificar el grado de accesibilidad del servicio al sector en cuestión. En concreto, asumiendo un total de m_s recursos por sector y un tráfico θ, la probabilidad de bloqueo puede obtenerse mediante el denominado modelo de Erlang-B, según la expresión siguiente, que se demuestra en el apéndice 5.1:

$$P_B = Erlang_B\left(m_s, \theta\right) = \frac{\dfrac{\theta^{m_s}}{m_s!}}{\displaystyle\sum_{k=0}^{m_s} \frac{\theta^k}{k!}} \tag{5.26}$$

La relación entre P_B, θ y m_s de acuerdo con esta última expresión suele obtenerse mediante el uso de tablas (v. tabla 5.2 en el apéndice 5.1).

5.4.2.1 Impacto de la movilidad sobre el tráfico ofrecido

El modelado efectuado hasta el momento del tráfico ofrecido por los usuarios conectados a una célula o sector ha considerado un escenario en el cual los usuarios se mantienen permanentemente en la misma célula. Sin embargo, en un escenario celular existirá movilidad, que ocasionará procesos de *handover* mediante los cuales los usuarios pasarán de unas células a otras. En este contexto, se producirán dos efectos de la movilidad a tener en cuenta a la hora de evaluar el tráfico ofrecido a una célula:

- En primer lugar, una célula ha de asignar recursos tanto a las nuevas llamadas que generen los usuarios a los cuales da servicio como a las llamadas que se han iniciado en otras células pero que hacen *handover* hacia la célula considerada. En consecuencia, el tráfico ofrecido ha de prever la tasa de generación de nuevas llamadas λ (llamadas/s) y la tasa de *handovers* existente en el escenario λ_h (*handovers*/s).
- En segundo lugar, cabe tener en cuenta que, al considerar el *handover*, puede darse el caso que una llamada se inicie en una célula pero termine en otra, por lo que cada una de las células involucradas solamente necesitará asignar recursos a esta llamada durante una fracción de la misma y no durante la llamada completa. Por consiguiente, a efectos del tráfico ofrecido a la célula, únicamente hay que considerar, del total de la duración de la llamada t_d, aquella parte t_H que se cursa mientras el terminal móvil se encuentra en tránsito por la célula.

Teniendo en cuenta estas consideraciones, y con objeto de calcular el tráfico ofrecido a una célula en un entorno con movilidad, determinaremos, en primer lugar, la relación entre la tasa de nuevas llamadas λ y la tasa de *handovers* λ_h. Para ello, consideramos el ejemplo de la célula de la Fig. 5.26. Suponemos que, a la hora de asignar recursos, se tratan por igual las peticiones de las nuevas llamadas que las de las llamadas provenientes de procesos de *handover* y que, por tanto, la probabilidad de bloqueo existente P_B será la misma para las nuevas llamadas que para los *handovers*. En este caso, como se observa en la figura, la tasa de *handovers* que llegan a la célula y a los cuales se puede dar continuidad porque la célula dispone de recursos libres en ese instante viene dada por $\lambda_h{\cdot}(1\text{-}P_B)$. Análogamente, la tasa de llamadas que se generan en la propia célula y que no son bloqueadas por falta de recursos de radio en ese momento será de $\lambda{\cdot}(1\text{-}P_B)$.

Por otro lado, siendo P_h la probabilidad de que una llamada inicie un proceso de *handover,* tal como se ha definido en la sección 5.2.2.4.1, la tasa total de *handovers* que salen de la célula viene dada por la suma de la fracción de las nuevas llamadas que más tarde ocasionan un proceso de *handover*, es decir, $\lambda{\cdot}(1\text{-}P_B){\cdot}P_h$, y la fracción de las llamadas que han entrado a la célula a través de un *handover*, que no han sido bloqueadas y que, después de transitar sobre la célula de referencia, vuelven a hacer *handover* hacia otra célula adyacente, esto es, $\lambda_h{\cdot}(1\text{-}P_B){\cdot}P_h$.

Además, suponiendo que todas las células del escenario son iguales, la tasa total de *handovers* que salen de la célula coincidirá con la tasa total de *handovers* en el escenario λ_h, de donde se obtiene que:

$$\lambda\left(1-P_B\right)P_h+\lambda_h\left(1-P_B\right)P_h=\lambda_h \tag{5.27}$$

Aislando λ_h, se llega a:

$$\lambda_h=\frac{\left(1-P_B\right)P_h}{1-\left(1-P_B\right)P_h}\lambda \tag{5.28}$$

Por último, si consideramos que los recursos se dimensionan para trabajar con probabilidad de bloqueo P_B muy inferiores a 1 (típicamente, del orden del 2 %), se puede aproximar la relación entre λ_h y λ como:

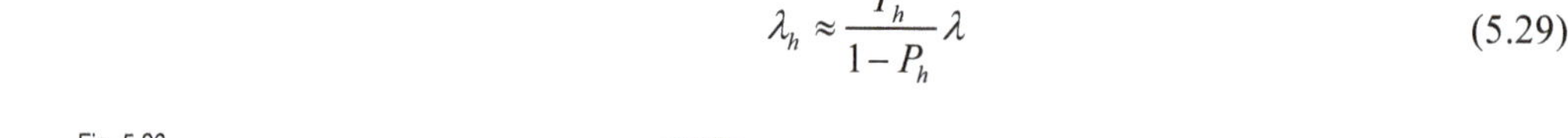

$$\lambda_h\approx\frac{P_h}{1-P_h}\lambda \tag{5.29}$$

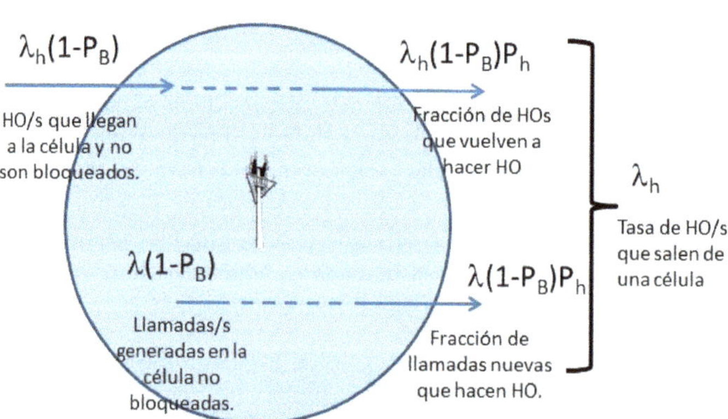

Fig. 5.26
Relación entre la tasa de *handovers* que salen de una célula y la tasa de nuevas llamadas

Además, la parte de la duración de la llamada t_H que se cursa mientras el terminal móvil se encuentra en tránsito por la célula es una variable aleatoria que corresponde al mínimo de la duración de la llamada t_d (en caso que el usuario permanezca durante toda la llamada bajo la cobertura de la célula de referencia) y del tiempo de tránsito del móvil en la célula t_t (en caso que la duración de la llamada exceda el tiempo en que el usuario permanece bajo la cobertura de la célula de referencia), es decir:

$$t_H = \min\left(t_d, t_t\right) \tag{5.30}$$

Según el modelo de movilidad considerado en la sección 5.2.2.4.1, el tiempo de tránsito en la célula es una variable aleatoria con función de densidad de probabilidad uniforme definida en (5.2), y la duración de la llamada sigue una distribución de probabilidad exponencial con función densidad de probabilidad definida en (5.1). En estas circunstancias, se puede calcular el valor medio del tiempo t_H como:

$$E\left[t_H\right] = \iint \min\left(t_d, t_t\right) f_{t_d}\left(t_d\right) f_{t_t}\left(t_t\right) dt_d dt_t = T_m\left(1 - P_h\right) \tag{5.31}$$

Por consiguiente, haciendo uso de (5.29) y de (5.31), el tráfico ofrecido a la célula en un entorno con movilidad viene dado por:

$$\begin{aligned} \theta_{mov} &= \left(\lambda + \lambda_h\right) E\left[t_H\right] \approx \left(\lambda + \frac{P_h}{1 - P_h}\lambda\right) T_m\left(1 - P_h\right) = \\ &= \lambda T_m \left(\frac{1 - P_h + P_h}{1 - P_h}\right)\left(1 - P_h\right) = \lambda T_m = \theta \end{aligned} \tag{5.32}$$

En (5.32), se observa que el tráfico ofrecido a una célula en un entorno con movilidad es aproximadamente el mismo que si no hubiera movilidad θ. La interpretación física de este fenómeno radica en que, en una situación de equilibrio en la cual los usuarios entran y salen de la célula por igual, el incremento de tráfico en la célula debido a los usuarios que llegan vía *handover* se compensa con una reducción debida a los usuarios que hacen *handover* hacia otras células. En todo caso, la conclusión importante a remarcar del resultado anterior es que, a efectos de dimensionado atendiendo a la probabilidad de bloqueo, se puede prescindir de la movilidad al considerar el tráfico ofrecido en un sistema celular.

Por otra parte, a la hora de asignar recursos a las llamadas en una célula, la distinción entre el tráfico proveniente de nuevas llamadas o de llamadas que llegan a través de un proceso de *handover* da pie a aplicar políticas diferentes que, por ejemplo, prioricen la disponibilidad de recursos para los usuarios en *handover*, y así intentar evitar al máximo que llamadas ya en curso puedan llegar a cortarse por no disponer de recursos al efectuar el *handover*. A modo de ejemplo, se puede reservar en cada célula un cierto número de recursos exclusivamente para las llamadas en *handover*, mientras que el resto de recursos pueden ser utilizados indistintamente por nuevas llamadas o por llamadas de *handover*. Ello permitiría reducir la probabilidad de corte (*dropping*) de las llamadas, aunque en este caso sería a costa de un cierto empeoramiento de la probabilidad de bloqueo de nuevas llamadas, lo que en general no suele tener un impacto tan negativo para el usuario final como que las llamadas en curso se corten. El lector interesado podrá encontrar en [13][14] algunos ejemplos de este tipo de estrategias de asignación de recursos, basadas en la reserva de canales para los *handovers*.

5.4.3 Proceso de dimensionado

Una vez caracterizados los recursos desplegados y el tráfico ofrecido, el problema del dimensionado consiste en determinar el tamaño y el número de células que han de desplegarse para asegurar que cada una dispone de la cantidad de recursos apropiada para poder soportar su tráfico ofrecido con un cierto grado de calidad. El tamaño de las células vendrá dado por su radio R, que constituye, pues, la salida del proceso de dimensionado. Este radio determina la separación entre las células que el operador ha de desplegar.

A continuación, se presentan las pautas principales del proceso de dimensionado para sistemas celulares FDMA/TDMA destinados a proporcionar el servicio de voz, y se detallan las variables de entrada a considerar y el proceso a seguir. Los parámetros de calidad a considerar son la probabilidad de bloqueo y la tasa de error de bit, como se ha detallado al principio de la sección 5.4.

5.4.3.1 Variables de entrada al proceso de dimensionado

Las entradas al proceso de dimensionado en sistemas FDMA/TDMA pueden organizarse conforme a las siguientes categorías:

5.4.3.1.1 Mapa de tráfico y caracterización de servicios

Dentro de esta categoría, se encuentran las variables que reflejan el tráfico ofrecido por los usuarios al sistema dentro de la zona geográfica donde se efectúa la planificación. En el caso concreto que nos ocupa, el servicio considerado es la voz, de modo que las variables involucradas son:

- Densidad de usuarios – β (usuarios//km^2). Indica la cantidad de usuarios por unidad de superficie a los cuales ha de ofrecerse el servicio. Es importante remarcar que la densidad de usuarios habitualmente no es homogénea en todo el territorio donde se desea proporcionar el servicio. Por este motivo, normalmente se suele subdividir este territorio en regiones más pequeñas, con una densidad más homogénea, lo cual da lugar a mapas de tráfico (p. ej., en un entorno rural con dos poblaciones pequeñas se puede establecer un mapa con tres zonas: una para cada población y otra para la zona de campos o bosques entre dichas poblaciones). En este sentido, el proceso de dimensionado que se presenta es aplicable a cada región homogénea.
- Número medio de llamadas por usuario en la hora cargada – Q (llamadas/usuario/hora). Establece la tasa de generación de llamadas de voz que se produce en la población considerada, considerando, como se ha explicado en la sección 5.4.2, un proceso de generación de acuerdo con una estadística de Poisson. Se consideran tanto las llamadas entrantes (dirigidas a usuarios de la zona a cubrir) como las llamadas salientes (las que inician los usuarios de la zona).
- Duración media de la llamada – T_m (segundos/llamada). Como se ha comentado en la sección 5.4.2, la duración de las llamadas de voz suele modelarse estadísticamente mediante una distribución de probabilidad exponencial. T_m corresponde a la duración media, medida en segundos, para esta distribución. Tanto el valor de T_m como el valor de Q suelen obtenerse a partir de caracterizaciones estadísticas de tráfico.

5.4.3.1.2 Requisitos del servicio y de accesibilidad

Dentro de esta categoría, se incluyen los requisitos de calidad de servicio a considerar en el proceso de dimensionado. Tal como se ha discutido anteriormente, para el caso del servicio de voz, los parámetros a considerar son:

- Relación de señal a ruido e interferente mínima – $\gamma_{o,min}$. Se establece en función del requerimiento de máxima tasa de error de bit $P_{b,max}$ que ha de proporcionar el servicio de voz, tal como se ha visto en el capítulo 3.
- Probabilidad de bloqueo – P_B. Establece la máxima probabilidad permitida de que no existan recursos disponibles para cursar las llamadas dentro de un sector.

5.4.3.1.3 Características de la tecnología de acceso por radio

Esta categoría contempla, en primer lugar, los parámetros asociados a la técnica de acceso por radio empleada, en nuestro caso FDMA/TDMA, que determinará los recursos disponibles para asignar a los usuarios, y, en segundo lugar, los parámetros característicos de las estaciones de base y de los terminales móviles. Los parámetros principales a considerar son:

- Canalización – B_C (Hz). Es la separación entre radiocanales consecutivos en que se subdivide la banda total disponible por el operador.
- Número de *slots* por radiocanal – n_{slots} (*slots*). En un acceso múltiple FDMA/TDMA, cada radiocanal está organizado en tramas temporales subdivididas en *slots*, para ser asignados a los diferentes usuarios o canales de control. Este parámetro establece el número de *slots* en cada trama. A modo de ejemplo, en el caso del sistema GSM, n_{slots} es igual a 8 *slots*.
- Número de *slots* de control por sector – n_c (*slots*). De entre todos los *slots* disponibles en los radiocanales asignados a un sector, no todos se pueden destinar a los usuarios, sino que un cierto número de *slots* se reserva para enviar información de control (p. ej., mensajes de radiodifusión con parámetros de la célula o sector, mensajes de señalización para el establecimiento de las llamadas, etc.). Es importante remarcar que estos *slots* de control no están repartidos por igual entre todos los radiocanales del sector, motivo por el cual n_c es el valor agregado de todos los radiocanales. Por ejemplo, en el caso del sistema GSM, si un sector tiene dos radiocanales, es habitual que únicamente el *slot* 0 del primer radiocanal esté reservado para el control, mientras que el segundo radiocanal no dispone de ningún *slot* de control, de modo que, en este caso, $n_c = 1$ *slot*.
- Número de sectores por emplazamiento – n_S (sectores). Tal como se ha explicado en la sección 5.4.1.2.2, en despliegues celulares es habitual emplear sectorización, de modo que en cada emplazamiento existen n_S sectores con diferentes direcciones de apuntamiento y antenas con diferentes anchos de haz. Son valores habituales $n_S = 1$, en caso de no emplear sectorización (antenas omnidireccionales); $n_S = 2$ sectores, en caso de emplear antenas bidireccionales de 180°; $n_S = 3$ sectores, en caso de emplear emplazamientos trisectoriales con antenas de 120°, o $n_S = 6$ sectores, en caso de utilizar antenas de 60°.
- Número de sectores interferentes – n_I (sectores). Determina el número de sectores cocanal de la primera corona que interfieren sobre un sector dado. Depende del an-

cho de haz de las antenas empleadas y, por tanto, de la sectorización empleada (número de sectores n_S), según la tabla 5.1.

- Potencia de transmisión máxima disponible – $P_{T,max}$ (dBm). Debe considerarse el valor tanto para la estación de base como para los terminales móviles, según si se efectúa el dimensionado considerando el enlace descendente o el ascendente, respectivamente.
- Ganancia de la antena de la estación de base – G_b (dB)
- Ganancia de la antena del terminal móvil – G_m (dB)
- Potencia de ruido equivalente a la entrada en el receptor – P_N (dBm). Debe considerarse por separado para la estación de base o para los terminales móviles, en función de si el dimensionado se efectúa considerando el enlace ascendente o el descendente, respectivamente. Tal como se ha visto en el capítulo 2, este valor depende del factor de ruido del receptor (F) y del ancho de banda de la señal recibida (B) como:

$$\begin{aligned} P_N(dBm) &= 10\log KT_o + F(dB) + 10\log B(Hz) = \\ &= -174 + F(dB) + 10\log B(Hz) \end{aligned} \tag{5.33}$$

5.4.3.1.4 Contexto regulatorio

En esta categoría, se engloban aquellos aspectos de la tecnología determinados por la regulación existente en cada país en relación con la provisión de servicios de comunicaciones móviles. El parámetro que se considera en el proceso que nos ocupa es:

- Banda total disponible por el operador – B_T (Hz). Establece la porción total de espectro radioeléctrico que se ha asignado al operador para proveer el servicio de comunicaciones móviles, usualmente mediante la otorgación de licencias por parte de un ente regulador.

5.4.3.1.5 Entorno de operación

Dentro de esta categoría, se engloban los parámetros vinculados principalmente al modelo de propagación aplicable en el entorno en que se pretende desplegar el sistema celular. Los parámetros principales son:

- Coeficiente de pérdidas de propagación con la distancia – α. Como se ha visto en la expresión (2.1) del capítulo 2, este parámetro determina cómo se atenúa la potencia recibida al incrementarse la distancia entre el transmisor y el receptor según una dependencia proporcional a $1/d^{\alpha}$. Depende del modelo de propagación considerado y toma usualmente valores comprendidos entre 2 y 5.
- Término del modelo de propagación independiente de la distancia – k. Como se ha visto en la expresión (2.1) del capítulo 2, este parámetro define, conjuntamente con α, el modelo de propagación con la distancia. El parámetro k depende, a su vez, de las alturas de las antenas transmisora y receptora, así como de la frecuencia utilizada por el sistema.
- Margen de desvanecimientos – MF (dB). Como se ha visto en el balance del enlace del capítulo 3, este margen establece la diferencia entre la potencia recibida según

el modelo de propagación a una cierta distancia (P_R) y el umbral de potencia mínima necesaria en la entrada del receptor (P_S') para hacer frente a los desvanecimientos lentos. Se determina de acuerdo con el objetivo de probabilidad de cobertura impuesto por el operador según la ecuación (3.24), y teniendo en cuenta la desviación típica de los desvanecimientos lentos σ (dB) según el entorno.

Llegados a este punto, cabe remarcar que puede ser habitual que el modelo de propagación no sea homogéneo en toda la zona geográfica donde se desee desplegar un sistema celular, por ejemplo si dicha zona engloba zonas urbanas, rurales montañosas y planas, etc. En estas circunstancias, la región total se suele subdividir en áreas homogéneas más pequeñas, cada una de las cuales con sus correspondientes valores de los parámetros α, k y MF.

5.4.3.2 Pasos del proceso de dimensionado

A partir de las variables de entrada anteriores, el proceso de dimensionado persigue determinar el radio apropiado de las células de una región determinada con densidad de tráfico homogénea para poder proporcionar el servicio establecido. Para ello, el proceso consta de los cálculos siguientes:

5.4.3.2.1 Cálculo del tráfico ofrecido a la red

En este paso, se determina la densidad de tráfico δ ofrecido a la red, medido en E/km^2 haciendo uso de la densidad de usuarios β (usuarios/km^2), la tasa de llamadas por usuario y hora cargada Q (llamadas/usuario/h) y la duración media de la llamada T_m (segundos/llamada). Para ello, basta con recordar que el tráfico ofrecido por un usuario es el producto de la tasa de llamadas por la duración de las mismas, de modo que la densidad de tráfico viene dada por:

$$\delta = \beta \cdot Q \cdot \frac{T_m}{3600} \ (\text{E/km}^2) \tag{5.34}$$

5.4.3.2.2 Cálculo del tráfico que puede servir cada sector

El objetivo de este paso es determinar el tráfico que puede servir cada sector, de acuerdo con los requerimientos de probabilidad de bloqueo y de relación de señal a ruido e interferente mínima, así como de las características de la tecnología y del entorno. Para ello, se efectúan los cálculos siguientes:

a) En primer lugar, se determina el tamaño del clúster apropiado en función del requisito de relación de señal a ruido e interferente mínima ($\gamma_{o,min}$). Esto se efectúa asumiendo inicialmente la hipótesis de que el sistema está limitado por interferencias, esto es:

$$CIR_{\min} \approx \gamma_{o,\min} \tag{5.35}$$

A partir de aquí, el tamaño del clúster depende del coeficiente de propagación con la distancia (α) y del número de sectores interferentes de la primera corona (n_I), tal como se ha visto en la sección 5.4.1.2.2, haciendo uso de la expresión (5.20).

Hay que recordar que el valor del tamaño del clúster J obtenido debe ajustarse a un valor entero que pueda expresarse a partir de dos números enteros $u,v \geq 0$, según (5.15).

Por otra parte, cabe tener en cuenta que el cálculo de J ha de considerar tanto el enlace ascendente como el enlace descendente, ya que el valor de $\gamma_{o,min}$ puede ser diferente en cada uno de estos enlaces dependiendo, por ejemplo, de si se emplea diversidad en la recepción en la base, etc. En este sentido, el valor de J vendrá determinado, finalmente, por el enlace que imponga el requisito de $\gamma_{o,min}$ más elevado.

b) Una vez calculado el tamaño del clúster, se puede determinar el número de recursos (*slots*) disponibles para ser asignados a los usuarios en cada sector, m_s. Para ello, tal como se ha visto en la sección 5.3.1, a partir del ancho de banda total disponible por el operador B_T y de la canalización B_C aplicando la expresión (5.6), se determina el número total de radiocanales disponible por el operador N_R. A continuación, según se ha visto en la sección 5.4.1.3, estos radiocanales se reparten entre los $J{\cdot}n_S$ sectores existentes en el clúster para obtener, mediante la expresión (5.21), el número de radiocanales disponibles en cada sector m_R (radiocanales/sector). Conviene recordar que el número de radiocanales m_R ha de ser necesariamente entero, por lo que el valor obtenido de (5.21) se redondeará al primer entero inferior.

El número de *slots* por sector m_s disponibles para los usuarios se calcula, finalmente, mediante la expresión (5.22), considerando que cada radiocanal dispone de n_{slots} y que entre todos los radiocanales existe un total de n_c *slots* reservados para información de control.

c) Finalmente, el tráfico máximo soportable por cada sector, θ_{max} (E/sector), se obtiene haciendo uso de la tabla de Erlang B para asegurar una probabilidad de bloqueo P_B con un número de recursos m_s como:

$$\theta_{\max} = Erlang^{-1}{}_B\left(m_s, P_B\right) \tag{5.36}$$

donde $\text{Erlang}^{-1}{}_{\text{B}}$ denota la función inversa de (5.26), obtenida mediante las tablas de Erlang-B (tabla 5.2 en el apéndice 5.1).

5.4.3.2.3 *Cálculo del radio del sector*

Una vez determinada la densidad del tráfico ofrecido δ (E/km^2) como resultado del apartado 5.4.3.2.1, basta con tener en cuenta que el área de un sector de radio R se puede aproximar como $\pi R^2/n_S$ (lo que supone que, a efectos de cobertura, el área del hexágono se aproxima por un círculo) para obtener el tráfico total ofrecido al sector θ (E) como:

$$\theta = \delta \frac{\pi R^2}{n_s} \text{ (E/sector)} \tag{5.37}$$

Para que el tráfico ofrecido al sector pueda servirse bajo los requisitos de probabilidad de bloqueo establecidos, el tráfico θ ofrecido por sector de (5.37) ha de ser, como máximo, igual al valor del tráfico θ_{max} soportable por sector calculado en (5.36). Por consiguiente, el radio máximo que pueden tener las células (o sectores) corresponderá al caso en que el tráfico ofrecido θ coincida con el máximo soportable θ_{max}, es decir, igualando (5.36) y (5.37), de donde se llega a:

$$R = \sqrt{\frac{\theta_{\max}}{\delta} \cdot \frac{n_s}{\pi}} \text{ (km)} \qquad (5.38)$$

Conviene remarcar que el radio calculado aquí ha de entenderse como el radio máximo que permite soportar el tráfico ofrecido con la probabilidad de bloqueo establecida, por lo que constituye el despliegue que permitiría al operador ofrecer el servicio con el mínimo número de células posible.

5.4.3.2.4 Validación del balance del enlace

En este paso, hay que asegurarse que el radio calculado en el paso anterior de acuerdo con el tráfico a soportar es adecuado también desde el punto de vista de la cobertura, es decir, que la potencia de transmisión de terminales y bases es suficiente para poder alcanzar una distancia R. Para ello, se efectúan los cálculos siguientes:

a) En primer lugar, se utiliza el tamaño del clúster J implementado finalmente para determinar el valor de la CIR que se tendrá en el extremo de la célula, de acuerdo con:

$$CIR = \frac{1}{n_I}\left(\sqrt{3J} - 1\right)^{\alpha} \qquad (5.39)$$

Es importante resaltar que, si bien el cálculo del tamaño del clúster J se ha efectuado en (5.35) y (5.20) para tener $\gamma_{o,min} \approx \text{CIR}_{min}$ en el extremo de la célula, debido al efecto del redondeo por encima hasta un número entero al seleccionar J, en la práctica se tiene una CIR superior a CIR_{min}. Por consiguiente, en el extremo de la célula, se cumplirá que CIR > $\gamma_{o,min}$, lo que de hecho proporciona un margen para tener en cuenta el ruido.

b) En base al valor de CIR calculado, se puede determinar la potencia mínima necesaria en la recepción P_S' para conseguir el requisito de calidad $\gamma_{o,min}$ conforme a la relación siguiente:

$$\gamma_{o,\min} = \frac{P_S'}{P_N + I} = \frac{1}{\frac{P_N}{P_S'} + \frac{1}{CIR}} \qquad (5.40)$$

de donde se obtiene:

$$P_S' = P_N \gamma_{o,\min} \frac{1}{1 - \frac{\gamma_{o,\min}}{CIR}} = P_N \cdot \gamma_{o,\min} \cdot MI \qquad (5.41)$$

Obsérvese que en la segunda igualdad de esta expresión se ha utilizado el denominado *margen de interferencias* (MI), que refleja el incremento que debe aplicarse al nivel de sensibilidad ($P_S = P_N \cdot \gamma_{o,min}$) para poder hacer frente a las interferencias. Así pues, MI es definido como:

$$MI = \frac{1}{1 - \frac{\gamma_{o,\min}}{CIR}} \qquad (5.42)$$

c) Finalmente, se validará que la potencia transmitida necesaria sea inferior a la máxima disponible, de acuerdo con la condición siguiente:

$$P_T = \frac{P_S' \cdot MF \cdot kR^{\alpha}}{G_b G_m} \leq P_{T\max} \qquad (5.43)$$

Esta condición ha de verificarse tanto para el enlace ascendente como para el enlace descendente, utilizando los valores de P_{Tmax} y P_S' que correspondan en cada caso.

Si esta última condición no se cumpliera con el valor del radio de célula *R* calculado antes, ello significaría que el sistema se encuentra limitado por cobertura y no por capacidad (tráfico). Cuando esto ocurre, se toma como radio de célula el que resulte de considerar la expresión (5.43) con un signo igual, es decir:

$$R = \left(\frac{P_{T\max} G_b G_m}{P_S' \cdot MF \cdot k} \right)^{1/\alpha} \qquad (5.44)$$

Ante estas circunstancias, el tráfico ofrecido a cada sector sería inferior al tráfico máximo soportable θ_{max} o, equivalentemente, los usuarios verían una probabilidad de bloqueo mejor que el valor máximo requerido.

Nótese también que, en el caso de que la condición (5.43) no se cumpliera, otra posibilidad sería incrementar el valor del tamaño del clúster *J*, con lo que se reducirían las interferencias y, por consiguiente, la potencia mínima requerida en la recepción P_S' y la potencia transmitida. Si se optara por esta posibilidad, deberían repetirse todos los cálculos anteriores, desde el 5.4.3.2.2 (apartado *b*), con el nuevo valor de *J* para obtener el nuevo radio de célula *R*. Finalmente, se podría escoger la configuración de *J* y *R* que permitiera trabajar con radios de célula más grandes, lo que implicaría un despliegue de menos células para el operador.

Por último, conviene no perder de vista que todos los cálculos efectuados hasta aquí han de entenderse como una primera aproximación analítica al proceso de planificación y dimensionado. En la práctica, estos cálculos serían el punto de partida para obtener unos primeros órdenes de magnitud en el diseño, pero están basados en una serie de aproximaciones que hacen que, en la práctica, los cálculos deban llevarse a cabo finalmente mediante herramientas informáticas de planificación. Entre las limitaciones del modelo, cabe destacar las siguientes:

- En la práctica, los emplazamientos no podrán ubicarse exactamente en las posiciones definidas por los centros de los hexágonos del modelo, sino que usualmente se eligen puntos relativamente elevados, tales como azoteas de edificios, colinas, etc.; además, es preciso disponer de los permisos apropiados para ubicar los transmisores y las antenas.

- El modelo de despliegue hexagonal asume, implícitamente, que todo el territorio a cubrir presenta un tráfico homogéneo, por lo que los radios de las células son todos iguales. En la práctica, en un determinado territorio hay zonas con diferentes densidades de usuarios, lo que puede dar lugar a células con diferentes radios de cobertura.
- El modelo de cálculo de la CIR planteado no ha considerado aspectos como el *shadowing* o las características del terreno, que pueden afectar favorablemente o negativamente las condiciones de interferencia, así como los diagramas de radiación reales de las antenas.

Por consiguiente, los cálculos efectuados proporcionan una primera aproximación al número de células que el operador tendrá que desplegar en una región determinada. A partir de ellos el operador deberá efectuar un refinamiento mediante herramientas informáticas de planificación que tengan en cuenta, de forma más precisa, las coberturas, las irregularidades del entorno, las ubicaciones reales de las células, etc. [15].

5.5 Dimensionado en sistemas celulares CDMA

Esta sección trata de la particularización del proceso general de dimensionado que se ha presentado en la sección 5.3 para el caso de los sistemas celulares basados en una técnica de acceso múltiple CDMA. El ejemplo representativo de este tipo de sistemas es el sistema de tercera generación (3G) UMTS.

Así, tomando como referencia el sistema UMTS, uno de los primeros aspectos a tener en cuenta es que se diseñó con una clara vocación de ser un sistema multiservicio, destinado a proporcionar tanto servicios de voz como servicios de datos. Estos últimos han cobrado particular relevancia a raíz del creciente grado de penetración de los teléfonos inteligentes (*smartphones*) que se ha experimentado desde el final de la primera década del nuevo siglo.

En el caso de los servicios de datos, los objetivos de calidad pueden ser muy variados y definirse basándose en métricas más complejas que en el caso de los servicios de voz, los cuales, como se ha comentado en la sección 5.4, se definen en función de la tasa de error de bit y la probabilidad de bloqueo. Algunos ejemplos de métricas de calidad que suelen emplearse para los servicios de datos son la velocidad de transmisión en bits/s (también denominada *throughput*) o el retardo. Ambas métricas admiten, además, diferentes caracterizaciones, dependiendo de cómo se definan. Así, se puede establecer como requisito, por ejemplo, la velocidad de transmisión obtenida por los terminales ubicados en el extremo de las células, la velocidad media obtenida entre todas las ubicaciones cubiertas por una célula, etc. Del mismo modo, la métrica de retardo ha de asociarse a una cierta longitud del paquete a transmitir (p. ej., el paquete IP) y, además, puede definirse en términos medios, en términos de su desviación típica (denominada habitualmente *jitter*) o en términos de su distribución estadística, por ejemplo mediante el percentil 95 (es decir, el retardo no superado por el 95 % de los paquetes transmitidos).

Por otra parte, al considerar un acceso basado en CDMA, como se ha comentado en la sección 4.4.2, está limitado por la interferencia multiusuario, lo que da lugar a una interacción mucho más estrecha entre los diferentes usuarios que en el caso de los sistemas FDMA/TDMA. Ello ocasiona que las condiciones del interfaz de radio que experimenta cada usuario varíen continuamente a medida que varía el número de usuarios que están transmitiendo simultáneamente, las velocidades de transmisión instantáneas de cada uno de ellos, sus ubicaciones respecto de la estación de base, etc.

Por todo lo anterior, el dimensionado de los sistemas CDMA multiservicio es un proceso mucho más complejo que el dimensionado de los sistemas FDMA/TDMA para tráfico de voz estudiado en la sección 5.4. Por este motivo, el dimensionado ha de realizarse, en la práctica, con herramientas de *software* que permitan tener en cuenta diferentes distribuciones de usuarios, mapas de tráfico, etc., y caracterizar adecuadamente la calidad de servicio obtenida dependiendo de las interferencias multiusuario, las características del terreno, etc.

Así pues, debido a las limitaciones del tratamiento analítico para efectuar el proceso de dimensionado en sistemas CDMA multiservicio, en esta sección se presenta un proceso simplificado pero ilustrativo de las principales interacciones y elementos que influyen en la operativa del sistema CDMA, y que permita el tratamiento analítico. Los objetivos de calidad que se consideran en este modelo ilustrativo son los siguientes:

- A nivel de enlace, se considera la calidad del enlace por radio que permite soportar la comunicación en términos de la velocidad de transmisión a proporcionar R_b (b/s) y de la máxima tasa de error de bit permitida ($P_{b,max}$) a partir de la cual se determina la $(E_b/N_o)_{d,min}$ requerida.
- A nivel de sistema, no se considera en este modelo ninguna métrica de accesibilidad, con la consideración de que, debido a la propiedad *soft capacity* de los sistemas CDMA según la cual el número máximo de transmisiones simultáneas que pueden permitirse no es fijo sino que varía en función de la velocidad R_b y $(E_b/N_o)_{d,min}$ de los usuarios (v. sección 4.4.2), para los servicios de datos no suele existir bloqueo.

5.5.1 Despliegue de recursos de radio

5.5.1.1 Espectro radioeléctrico disponible

El punto de partida para efectuar el despliegue de recursos de radio en sistemas celulares es la cantidad de espectro que tiene disponible el operador y la canalización existente, como se ha visto en la sección 5.3.2, lo que determina los N_R radiocanales disponibles que se pueden repartir entre las diferentes células.

Con objeto de ilustrar el espectro disponible con un ejemplo concreto, tomamos como referencia el sistema UMTS. El espectro radioeléctrico que se repartió inicialmente entre los operadores a principios de este siglo presenta un total de 140 MHz en la denominada banda de 2.100 MHz, que comprende las bandas de 1.920-1.980 MHz y 2.110-2.170 MHz, destinadas, respectivamente, a los enlaces ascendente y descendente del modo FDD, y la banda 1.900-1.920 MHz, destinada al modo TDD, si bien esta última no ha llegado a implementarse nunca en Europa. En todos los casos, la canalización del sistema es de B_C= 5MHz, por lo que existen un total de 12 radiocanales disponibles para el modo FDD. En el caso de España, el concurso celebrado en el año 2000 asignó tres radiocanales a cada uno de los cuatro operadores existentes.

Llegados a este punto, conviene reseñar que el proceso de asignación de espectro radioeléctrico se revisa periódicamente, a medida que surgen nuevos sistemas de comunicaciones móviles, que cambian las necesidades de los servicios, o que evoluciona el contexto regulador del espectro radioeléctrico. En este sentido, una de las modificaciones regulatorias particularmente relevantes de los últimos años ha sido la que ha dado lugar al concepto denominado *refarming*, consistente en permitir que cada operador explote la tecnología que considere más conveniente en las bandas que tenga asignadas de forma licenciada. Así, si bien originalmente la denominada "Directiva GSM" de 1987 [16] establecía que la banda de 900 MHz estaba destinada a ser utilizada exclusivamente por la tecnología GSM (v. sección 5.4.1.1), atendiendo al principio de neutralidad tecnológica, en septiembre de 2009 se aprobó la revisión de dicha directiva [17] para permitir el *refarming*, de modo que los operadores pudieran desplegar el sistema UMTS utilizando las frecuencias que tuvieran asignadas dentro de la banda 900 MHz. La ventaja del despliegue de UMTS en esta banda es que presenta unas pérdidas de propagación inferiores a la de 2.100 MHz y, por tanto, permite proveer un servicio de datos más eficiente en los interiores de edificios, en el caso de los entornos urbanos, así como extender las coberturas alcanzables en los entornos rurales y suburbanos.

Análogamente, como resultado de la aparición de nuevos sistemas móviles, como es el caso de los sistemas de cuarta generación (4G) como LTE (*Long Term Evolution*), es preciso identificar nuevas bandas de frecuencia para acomodar dichos sistemas. Esta identificación se lleva a cabo en las Conferencias Mundiales de Radiocomunicaciones (*World Radio Conferences* o WRC), que son reuniones organizadas por la *International Telecommunication Union* (ITU) con una periodicidad de cuatro años, con el objetivo de armonizar el espectro radioeléctrico a escala mundial.

Así pues, como resultado de esta identificación de espectro para la evolución de los sistemas móviles desde la segunda generación (GSM), hacia la tercera (UMTS) y la cuarta (LTE), y de la aplicación del concepto de *refarming*, la asignación de espectro a los diferentes operadores que existe en el momento de escribir este libro en el ámbito español prevé las siguientes bandas, ya no asociadas directamente a sistemas concretos:

- Banda de 800 MHz: existen 60 MHz, repartidos entre las bandas de 791 a 821 MHz y de 832 a 862 MHz, para los enlaces descendente y ascendente, respectivamente, del modo FDD.[1]
- Banda de 900 MHz: existe un total de 70 MHz, repartidos entre las bandas de 880 a 915 MHz y de 925 a 960 MHz, para los enlaces ascendente y descendente, respectivamente, del modo FDD.
- Banda de 1.800 MHz: existe un total de 150 MHz, repartidos entre las bandas 1.710-1.785 MHz y 1.805-1.880 MHz, para los enlaces ascendente y descendente, respectivamente, del modo FDD.
- Banda de 2.100 MHz: existe un total de 140 MHz. Las bandas de 1.920 a 1.980 MHz y de 2.110 a 2.170 MHz están destinadas a ser utilizadas en modo FDD en

[1] Conviene remarcar que, en el momento de escribir este libro, esta banda no está todavía disponible en España para los operadores de telefonía móvil, puesto que es utilizada por el servicio de TDT. Está previsto que, en breve, dicha banda quede disponible para el servicio de comunicaciones móviles.

los enlaces ascendente y descendente, respectivamente, y la banda de 1.900 a 1.920 MHz está destinada a ser utilizada en modo TDD.

- Banda de 2,6 GHz: existe un total de 180 MHz. Las bandas de 2.500 a 2.570 MHz y de 2.620 a 2.690 MHz están destinadas a los enlaces ascendente y descendente, respectivamente, del modo FDD, mientras que la banda de 2.575 a 2.615 MHz está destinada al modo TDD.

Como puede apreciarse de la lista de bandas anterior, la evolución de los sistemas comporta un incremento de la cantidad del espectro asignado: en efecto, si tomamos como referencia las bandas de 900, 1.800 y 2.100 MHz, originalmente asignadas a GSM y UMTS, resultan, en total, unos 360 MHz asignados en el año 2000, que, si comparamos con la banda total asignada en el año 2013, tras la introducción de LTE que comportó la inclusión de las bandas de 800 MHz y 2.6 GHz, resulta un total de 600 MHz, lo que supone un incremento en un factor de 1,6 en aproximadamente una década.

5.5.1.2 Reutilización de frecuencias e interferencia cocanal

Tal como se ha comentado en el proceso general de dimensionado de la sección 5.3.2, a partir del espectro radioeléctrico disponible por el operador, es preciso efectuar la planificación de frecuencias asignando los diferentes radiocanales disponibles a las células o estaciones de base del área donde se ha de proporcionar servicio. Esta asignación se efectúa con base en el concepto de reutilización de frecuencias, que tiene en cuenta la interferencia cocanal que se puede soportar.

En este punto, encontramos una de las principales diferencias entre el acceso FDMA/TDMA y el acceso CDMA. En efecto, consideremos un sistema CDMA con una *chip rate* W y una velocidad de transmisión R_b, y en el cual se establece un requerimiento de (E_b/N_o) mínimo a la salida del detector posterior al proceso de *despreading* $(E_b/N_o)_{d,min}$ (v. sección 4.4.2). Así, si tomamos como referencia el modelo de dos células cocanal de radio R y distancia de reutilización D de la Fig. 5.19, suponemos por simplicidad que la interferencia es muy superior al ruido ($I >> P_N$), y hacemos uso de la relación (5.12), llegamos a la siguiente condición:

$$\left(\frac{E_b}{N_o}\right)_d = \frac{W}{R_b}\frac{P_R}{P_N + I} \approx \frac{W}{R_b}\frac{P_R}{I} = \frac{W}{R_b}\left(\frac{D}{R} - 1\right)^{\alpha} \geq \left(\frac{E_b}{N_o}\right)_{d,\min} \tag{5.45}$$

donde α es el coeficiente de pérdidas de propagación con la distancia. Equivalentemente, la relación entre la distancia de reutilización D y el radio R ha de cumplir:

$$\left(\frac{D}{R} - 1\right)^{\alpha} \geq \frac{\left(\frac{E_b}{N_o}\right)_{d,\min}}{\frac{W}{R_b}} \tag{5.46}$$

Esta relación pone de manifiesto el papel que juega la ganancia de procesado W/R_b de los sistemas CDMA a la hora de establecer la distancia de reutilización D. En concreto, puesto que en los sistemas CDMA se trabaja con $W/R_b >> 1$, es posible cumplir la condición (5.46) utilizando la reutilización completa de frecuencias, tal como se ilustra en la Fig. 5.27. En efecto, si consideramos que $D = 2R$ en la condición (5.46), se llega a:

$$\left(\frac{D}{R}-1\right)^{\alpha} = \left(\frac{2R}{R}-1\right)^{\alpha} = 1 \geq \frac{\left(\frac{E_b}{N_o}\right)_{d,\min}}{\frac{W}{R_b}} \tag{5.47}$$

O, equivalentemente, basta con que se cumpla que $W/R_b \geq (E_b/N_o)_{d,min}$, condición que habitualmente se da, en la práctica, en sistemas CDMA. Como orden de magnitud, un ejemplo de valores típicos para el sistema UMTS puede ser $(E_b/N_o)_{d,min}$ de unos 6 dB, y $W/R_b = 10$ para un servicio de datos a $R_b = 384$ kb/s, con $W = 3{,}84$ M*chips*/s. A su vez, para un servicio de voz a $R_b = 12{,}2$ kb/s resulta $W/R_b = 314{,}75$.

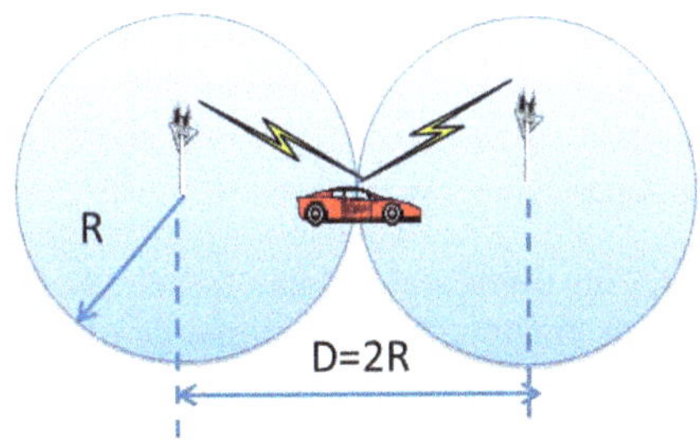

Fig. 5.27
Reutilización completa de frecuencias en CDMA

El concepto se puede generalizar fácilmente al modelo de células hexagonales como el planteado en la sección 5.4.1.2.1 en que, tal como se muestra en la Fig. 5.28a, se considera un tamaño de clúster $J = 1$ en que todas las células emplean la misma frecuencia. Análogamente, con el fin de reducir la interferencia, también es posible aplicar la sectorización, de modo que todos los sectores trabajen a la misma frecuencia, como se ilustra en el ejemplo de la Fig. 5.28b, correspondiente a una estación de base trisectorial.

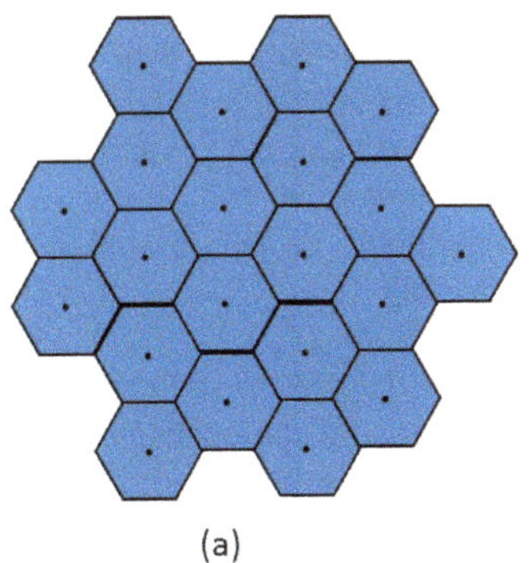

(a)

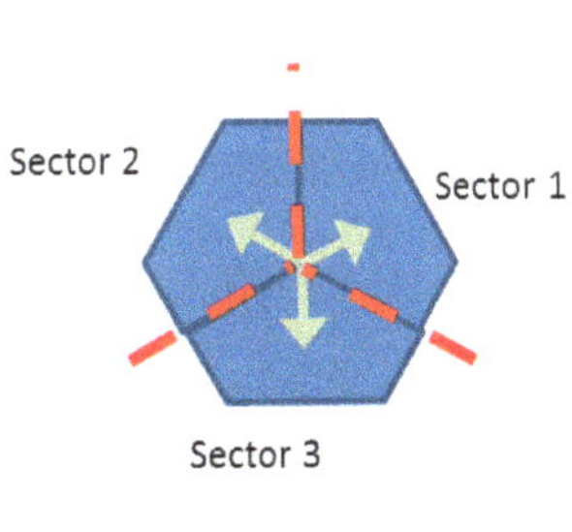

(b)

Fig. 5.28
(a) Despliegue de células hexagonales omnidireccionales CDMA con reutilización completa de frecuencias. *(b)* Sectorización en CDMA

5.5.1.3 Planificación de frecuencias

Como se ha comentado en el proceso general de la sección 5.3.2.2, la planificación de frecuencias ha de asignar los radiocanales disponibles a las células o sectores en que el operador ha de prestar servicio. Así, suponiendo que el número de radiocanales disponible es N_R, y en la medida que los sistemas celulares CDMA trabajan con reutilización completa o, lo que es lo mismo, con un tamaño de clúster $J = 1$, cada célula o sector puede emplear todos los radiocanales disponibles, es decir, el número de radiocanales por sector m_R es:

$$m_R = N_R \text{ (radiocanales/sector)} \quad (5.48)$$

Sin embargo, cabe remarcar que, a pesar de disponer de múltiples radiocanales (p. ej., $N_R = 3$ radiocanales en la banda de 2.100 MHz para los operadores en España), habitualmente la introducción de los radiocanales en la red desplegada se lleva a cabo de forma progresiva. A modo de ejemplo, ha sido una práctica habitual desplegar inicialmente la red UMTS con una única portadora en todas las células, y, a medida que el tráfico de datos ha ido cobrando importancia con la introducción del HSPA (*High Speed Packet Access*), se han ido efectuando ampliaciones añadiendo más radiocanales en las diferentes células.

5.5.1.4 Recursos de radio por sector

El reparto de radiocanales a las diferentes células o sectores efectuado en la planificación de frecuencias determina, finalmente, la cantidad de recursos de radio desplegados por el operador dependiendo de la técnica de acceso múltiple empleada. En este sentido, en el caso de los sistemas FDMA/TDMA, analizados en la sección 5.4.1.4, el concepto de un "recurso de radio" queda bien definido, puesto que hay una asociación directa con el empleo de recursos a nivel físico y por el hecho de considerar un único servicio (voz) con características homogéneas, esto es, un usuario cualquiera requiere ocupar un *slot* de forma temporal en cada trama mientras dura la comunicación. Con ello, se obtiene una relación directa entre los recursos de radio por sector m_s y el número de radiocanales por sector m_R, dada por la expresión (5.22).

Sin embargo, en el contexto de los sistemas CDMA multiservicio, el concepto de "recurso de radio" es más complejo. En primer lugar, esto es así porque la cantidad de recursos a nivel físico necesarios para soportar una comunicación será diferente para cada servicio. En segundo lugar, al existir interferencia multiusuario, la ocupación de recursos a nivel físico en CDMA se asocia a la transmisión de un cierto nivel de potencia sobre la interfaz de radio. Tal como se ha visto en la sección 4.4.2, este nivel de potencia dependerá, además, de las condiciones que se presenten en cada momento en cuanto al número de usuarios que transmitan simultáneamente, de las velocidades de transmisión y de los requisitos de calidad de cada uno de ellos.

Por estos motivos, en el caso de los sistemas CDMA multiservicio, no es posible establecer de forma sencilla una relación directa entre el número de radiocanales m_R y el número de recursos m_s que pueda emplearse en el proceso de dimensionado. Por consiguiente, en el proceso de despliegue de recursos, en el caso de CDMA se considera únicamente el número de radiocanales m_R por sector y, a partir de aquí, se emplea una caracterización adecuada del tráfico ofrecido que tenga en cuenta los aspectos propios de CDMA, como la interferencia multiusuario, para poder efectuar finalmente el dimensionado determinando el número de células a desplegar o, de forma equivalente, el radio de las mismas que permita soportar el tráfico ofrecido.

5.5.2 Caracterización del tráfico ofrecido

En los sistemas FDMA/TDMA con servicio de voz, donde un usuario cualquiera requiere la ocupación de un *slot* temporal en cada trama mientras dura la comunicación, es posible caracterizar el tráfico ofrecido a una célula de manera simple, en términos de Erlangs generados por el conjunto de la población, como se ha detallado en la sección 5.4.2. Sin embargo, en los sistemas CDMA multiservicio, la cantidad de recursos a nivel físico necesarios para soportar una comunicación es diferente para cada servicio, dependiendo de sus requerimientos de R_b, $(E_b/N_o)_{d,min}$, y variable a lo largo del tiempo, en función de los usuarios que haya en cada momento, de sus pérdidas de propagación, etc. Por este motivo, la caracterización del tráfico en CDMA, ha de tener en cuenta no solamente aspectos como la tasa de generación de sesiones o la duración de las mismas, sino también de qué modo estos aspectos se reflejan en la interferencia multiusuario ocasionada.

Por limitaciones en el tratamiento analítico, en esta sección nos centraremos exclusivamente en la caracterización del tráfico ofrecido en el caso del enlace ascendente CDMA, puesto que el enlace descendente presenta un grado de complejidad mayor, que suele requerir el empleo de herramientas de simulación.

Por otra parte, conviene remarcar que, en el caso del enlace ascendente, la disponibilidad de secuencias de código no es un factor limitativo para el dimensionado, puesto que se emplean códigos no ortogonales y existen numerosas secuencias para asignar a los diferentes usuarios. Por consiguiente, la caracterización del tráfico se efectuará únicamente desde la perspectiva de la interferencia multiusuario asociada.

A la hora de caracterizar las interferencias multiusuario en sistemas celulares CDMA, hay que tener en cuenta que, tal como se ha explicado en la sección 5.5.1, se reutilizan las frecuencias, por lo que todos los usuarios de todas las células están transmitiendo en la misma frecuencia, cada uno empleando una secuencia de código distinta. Como la potencia transmitida por un usuario se propaga en todas las direcciones, parte de esta potencia se recibirá en la célula que da servicio a dicho usuario y parte se recibirá en las demás células en forma de interferencia intercelular. Este concepto se ilustra en la Fig. 5.29, en que se muestra una célula de referencia BS1 que da servicio a n usuarios y que se ve interferida por las señales transmitidas por los usuarios conectados a una célula adyacente, representadas mediante una línea discontinua. En la figura, se denota como P_{inter} la interferencia intercelular total recibida en BS1 de los usuarios de otras células y como P_{intra} la potencia total recibida en BS1 de los n usuarios conectados a esta célula, esto es:

$$P_{\text{intra}} = \sum_{i=1}^{n} P_i \tag{5.49}$$

donde P_i es la potencia total recibida del usuario *i*-ésimo en la célula BS1.

Así pues, la interferencia total que experimenta el receptor de un usuario de referencia (p. ej., el usuario *i*) conectado a la célula BS1 incluye tanto la interferencia intracelular del resto de usuarios conectados a su misma célula, dada por P_{intra}-P_i, como la interferencia intercelular P_{inter} de los usuarios conectados a otras células vecinas. De este modo, considerando el empleo de secuencias de código no ortogonales, como ocurre habitualmente en el enlace ascendente de los sistemas CDMA, y una estructura de receptor CDMA como la presentada en el capítulo 4 (v. Fig. 4.12), la $(E_b/N_o)_d$ a la salida del detector posterior al proceso de *despreading* para el usuario *i*-ésimo será:

$$\left(\frac{E_b}{N_o}\right)_{d,i} = \frac{W}{R_{b,i}}\frac{P_i}{P_N + \left[P_{\text{intra}} - P_i\right] + P_{\text{inter}}} = \frac{W}{R_{b,i}}\frac{P_i}{P_{TOT} - P_i} \tag{5.50}$$

donde W es la *chip rate* utilizada, $R_{b,i}$ es la velocidad de transmisión del usuario *i*-ésimo, P_N es la potencia de ruido. Se ha definido como P_{TOT} la potencia total recibida en la base, incluyendo el ruido, la potencia intracelular y la potencia intercelular, esto es:

$$P_{TOT} = P_N + P_{\text{intra}} + P_{\text{inter}} \tag{5.51}$$

Fig. 5.29 Interferencias multiusuario en el enlace ascendente de sistemas celulares CDMA

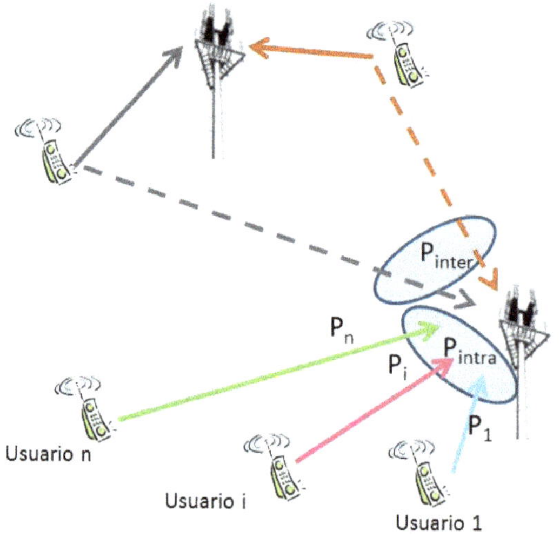

La expresión (5.50) expone, de forma explícita, la relación entre las prestaciones obtenidas en términos de $(E_b/N_o)_d$ y la interferencia total existente capturada en el término P_{TOT}. En este sentido, una métrica que se suele emplear para reflejar el nivel de interferencia (intra- e intercelular) presente en el enlace ascendente de una célula a partir de la potencia total P_{TOT} es el denominado *factor de carga UL*, η_{UL}, que se define como:

$$\eta_{UL} = 1 - \frac{P_N}{P_{TOT}} \tag{5.52}$$

Combinando (5.51) y (5.52), el factor de carga también puede expresarse como:

$$\eta_{UL} = \frac{P_{\text{intra}} + P_{\text{inter}}}{P_{TOT}} \tag{5.53}$$

Obsérvese que, en tanto que $P_{TOT} > P_{intra} + P_{inter}$, el factor de carga necesariamente está acotado en el rango $0 \leq \eta_{UL} < 1$. El caso $\eta_{UL} = 0$ corresponde a la situación en que no existe ninguna transmisión de ningún usuario, ni en la célula considerada ni en el resto de células, esto es, $P_{intra} = P_{inter} = 0$, mientras que, al incrementarse P_{intra} y/o P_{inter} (debido a un incremento en el número de usuarios que transmiten en la célula considerada y/o en el resto de células), el factor de carga se incrementará a su vez. Por consiguiente, el factor de carga es un indicador de la cantidad de interferencia multiusuario existente en una célula, en un momento dado.

Con objeto de poner de manifiesto, de forma explícita, la dependencia entre el factor de carga y el número de usuarios que están transmitiendo simultáneamente, basta con efectuar algunas manipulaciones matemáticas partiendo de las expresiones (5.49) a (5.53). En concreto, la potencia recibida del usuario i-ésimo puede obtenerse a partir de (5.50) como:

$$P_i = \frac{P_{TOT}}{\dfrac{W/R_{b,i}}{\left(\dfrac{E_b}{N_o}\right)_{d,i}} + 1} \tag{5.54}$$

de modo que la potencia total P_{intra} de los n usuarios conectados a la célula se obtiene a partir de (5.49) y (5.54) como:

$$P_{\text{intra}} = \sum_{i=1}^{n} P_i = \sum_{i=1}^{n} \frac{P_{TOT}}{\dfrac{W/R_{b,i}}{\left(\dfrac{E_b}{N_o}\right)_{d,i}} + 1} \tag{5.55}$$

Finalmente, combinando la expresión (5.55) con (5.53), se llega a:

$$\eta_{UL} = \left(1 + \frac{P_{\text{inter}}}{P_{\text{intra}}}\right) \sum_{i=1}^{n} \frac{1}{\dfrac{W/R_{b,i}}{\left(\dfrac{E_b}{N_o}\right)_{d,i}} + 1} \tag{5.56}$$

Esta última expresión pone de manifiesto la relación entre el factor de carga UL de una célula, el número de usuarios n que están transmitiendo simultáneamente en dicha célula, la velocidad de transmisión $R_{b,i}$ y $(E_b/N_o)_{d,i}$ de cada usuario y la interferencia intercelular existente en la célula P_{inter}, que dependerá de los usuarios que estén transmitiendo en las demás células. Por tanto, el factor de carga UL es el parámetro que consideraremos para caracterizar el tráfico ofrecido a una célula en el proceso de dimensionado de sistemas celulares CDMA.

Sin embargo, debido a la aleatoriedad de los elementos que influyen sobre el factor de carga UL, de cara al proceso de dimensionado es preciso efectuar una caracterización estadística de este parámetro. Para ello, se suele efectuar una estimación del factor de carga medio, teniendo en cuenta los aspectos siguientes:

- Número de usuarios que están transmitiendo simultáneamente (n). Es una variable aleatoria, que depende del número de usuarios con una sesión en curso (que, a su vez, es otra variable aleatoria de valor medio N_{SES}) y de la actividad de cada uno, según el tipo de servicio considerado.

- Para caracterizar la actividad de los diferentes usuarios con sesión en curso, se emplea el denominado *factor de actividad* v_i, que es un valor entre 0 y 1 que representa la fracción de tiempo en que el usuario i asociado a un determinado servicio está activo, es decir, genera tráfico, durante una sesión. En los servicios de voz, es habitual que el usuario hable aproximadamente la mitad del tiempo y la otra mitad esté escuchando, por lo que $v_i = 0{,}5$. Por su parte, en los servicios de datos, a lo largo de una sesión se producen transmisiones de paquetes a ráfagas (p. ej., transmisiones de segmentos TCP/IP, etc.), lo que reduce el factor de actividad. Suponiendo, a modo de ejemplo, que todos los usuarios son de un único servicio con factor de actividad v, el valor medio del número medio de usuarios que están transmitiendo simultáneamente $E[n]$ se puede expresar en función del número medio de usuarios con una sesión en curso N_{SES} y del factor de actividad como:

$$E[n] = N_{SES} v \tag{5.57}$$

- El número medio de usuarios N_{SES} con una sesión en curso se obtiene a partir del número de usuarios en la célula N_u, de la tasa de generación de sesiones Q (sesiones/h/usuario) y de la duración media de las sesiones T_m (s). Por ejemplo, en el caso de que todos los usuarios de la célula N_u fueran de un único servicio, el número medio de usuarios con sesión en curso vendría dado por:

$$N_{SES} = \frac{N_u \cdot Q \cdot T_m}{3600} \tag{5.58}$$

- Como se ha comentado en el capítulo 4 (v. sección 4.4.2), los sistemas CDMA trabajan con control de potencia instantáneo para intentar asegurar que cada usuario perciba exactamente el nivel de objetivo de $(E_b/N_o)_{d,min}$. Por consiguiente, si el control de potencia funciona correctamente, se puede estimar que cada usuario contribuirá al factor de carga de la célula con su $(E_b/N_o)_d$ objetivo, esto es:

$$\left(\frac{E_b}{N_o}\right)_{d,i} = \left(\frac{E_b}{N_o}\right)_{d,\min,i} \tag{5.59}$$

- La relación entre la interferencia intercelular y la intracelular (P_{inter}/P_{intra}) es una variable aleatoria que depende de las posiciones de los usuarios que están transmitiendo simultáneamente en cada célula, así como de las diferentes condiciones de propagación. En [18], se pueden encontrar estudios detallados para la caracterización de esta relación en entornos celulares. A efectos de la estimación del factor de carga, es habitual estimar el cociente P_{inter}/P_{intra} mediante un valor promedio f_{UL}, que típicamente suele ser del orden de 0,6:

$$f_{UL} = \frac{P_{\text{inter}}}{P_{\text{intra}}} \approx 0{,}6 \tag{5.60}$$

Sobre la base de estos elementos, la estimación estadística del factor de carga medio que se observará en una célula durante un período de tiempo en que no se produzcan entradas ni salidas de nuevos usuarios en la célula se obtiene a partir de (5.56), mediante la consideración de (5.59) y (5.60), del factor de actividad y del número medio de usuarios con sesión en curso N_{SES}. En concreto, el sumatorio de (5.56) para los n usuarios simultáneos puede formularse, en términos medios, como un sumatorio para los N_{SES} usuarios con sesión en curso, donde cada uno contribuye al factor de carga solamente como una fracción v_i del factor de carga que requeriría si estuviera transmitiendo continuamente, por lo que se llega a:

$$\overline{\eta_{UL}} = (1 + f_{UL}) \sum_{i=1}^{N_{SES}} \frac{v_i}{\dfrac{W/R_{b,i}}{\left(\dfrac{E_b}{N_o}\right)_{d,\min,i}} + 1} \tag{5.61}$$

Obsérvese que, en un servicio dado, al incrementar el radio de la célula, esta dará servicio a un mayor número de usuarios N_u, de manera que, según (5.58), se incrementará el número de usuarios N_{SES} con una sesión en curso y, por consiguiente, el factor de carga aumentará.

5.5.3 Proceso de dimensionado

Tras la caracterización del despliegue de recursos y del tráfico ofrecido en un sistema celular CDMA, el proceso de dimensionado consiste en determinar el tamaño y el número de células que han de desplegarse para asegurar que se puede soportar el tráfico ofrecido. A continuación, se desarrolla un modelo simplificado conforme a las consideraciones siguientes:

- Únicamente se considera el enlace ascendente.
- Se considera, por simplicidad, un despliegue con células omnidireccionales. En cualquier caso, y más allá de esta caracterización de la interferencia entre sectores, a nivel conceptual no existirían diferencias importantes entre la consideración de sectorización o no sobre el modelo que se plantea.
- El operador dispone de $N_R = 1$ radiocanal asignado a todas las células. Esta situación de reutilización completa del radiocanal es suficiente para poner de manifiesto los aspectos diferenciales en el dimensionado de los sistemas CDMA respecto de los sistemas FDMA/TDMA.
- Como criterio de diseño, se persigue que cualquier usuario ubicado en el extremo de la célula sea capaz de conseguir su velocidad de transmisión R_b y $(E_b/N_o)_{d,min}$ en condiciones de factor de carga medio.

5.5.3.1 *Variables de entrada al proceso de dimensionado*

Las variables de entrada al proceso de dimensionado de sistemas CDMA se pueden categorizar de la misma manera que se hizo para los sistemas FDMA/TDMA en la sección 5.4.3.1. A continuación, se detalla la categorización haciendo hincapié en aquellos aspectos diferenciales de los sistemas CDMA multiservicio con respecto a los ya comentados en la sección 5.4.3.1 para el caso FDMA/TDMA:

5.5.3.1.1 Mapa de tráfico y caracterización de servicios

Esta categoría incluye las variables que reflejan el tráfico ofrecido por los usuarios en el sistema, dentro de la zona geográfica donde se efectúa la planificación. Considerando un sistema multiservicio con S servicios diferentes, para cada servicio s se requieren los parámetros siguientes:

- Densidad de usuarios – β_s (usuarios//km^2). Indica la cantidad de usuarios por unidad de superficie a los cuales ha de ofrecerse el servicio s.
- Número medio de sesiones o llamadas por usuario en la hora cargada para el servicio s – Q_s (sesiones/usuario/hora).
- Duración media de la llamada o sesión del servicio s – $T_{m,s}$ (segundos/llamada).
- Factor de actividad del servicio s – v_s. Como se ha definido en la sección 5.5.2, es un valor entre 0 y 1, que representa la fracción de tiempo en que un usuario del servicio s con una sesión en curso se halla transmitiendo información.
- Velocidad de transmisión del servicio s – $R_{b,s}$ (bits/s).

5.5.3.1.2 Requisitos del servicio

Aquí se incluyen los requisitos de calidad del servicio a considerar en el proceso del dimensionado. En el modelo de dimensionado que nos ocupa, consideraremos el parámetro siguiente:

- Energía de bit a densidad espectral de potencia de ruido e interferente requerida para el servicio s – $(E_b/N_o)_{d,min,s}$. Es el nivel de $(E_b/N_o)_d$ mínimo requerido a la salida del detector tras el proceso de *despreading* para asegurar que la tasa de error de bit no excede el valor máximo $P_{b,max}$ permitido.

5.5.3.1.3 Características de la tecnología de acceso por radio

Los parámetros asociados a la tecnología CDMA empleada incluidos dentro de esta categoría son los siguientes:

- *Chip rate* – W (*chips*/s). Tasa de *chips* por segundo del acceso CDMA. Se corresponde, aproximadamente, con el ancho de banda de la señal transmitida. En caso de considerarse el sistema UMTS, este parámetro toma el valor W = 3,84 *Mchips*/s.
- Potencia de transmisión máxima disponible en los terminales móviles – $P_{T,max}$ (dBm).
- Ganancia de la antena de la estación de base – G_b (dB).
- Ganancia de la antena del terminal móvil – G_m (dB).

- Potencia de ruido equivalente a la entrada en el receptor de la estación de base – P_N (dBm)

5.5.3.1.4 Contexto regulador

El parámetro asociado al contexto regulador que se contempla en el proceso de dimensionado que nos ocupa es:

- Banda total disponible por el operador – B_T (Hz). Establece la porción total de espectro radioeléctrico que se ha asignado al operador para proveer el servicio de comunicaciones móviles, lo cual determina el número de radiocanales disponible. Para el modelo presentado, consideramos un único radiocanal, por lo que $B_T = W$ o, equivalentemente, $N_R = 1$ radiocanal.

5.5.3.1.5 Entorno de operación

Los parámetros asociados al entorno de operación que tenemos en cuenta en el modelo de dimensionado considerado son los siguientes:

- Coeficiente de pérdidas de propagación con la distancia – α.
- Término del modelo de propagación independiente de la distancia – k. Tal como se ha visto en la expresión (2.1) del capítulo 2, este parámetro define, conjuntamente con α, el modelo de propagación con la distancia.
- Margen de *fading* para los desvanecimientos lentos – MF (dB). Se determina a partir de la desviación típica de los desvanecimientos lentos σ (dB) según el entorno, para asegurar el objetivo de probabilidad de cobertura deseado según la ecuación (3.24).
- Margen de *fading* para los desvanecimientos rápidos – FF (dB). Como se ha comentado en el capítulo 4, los sistemas CDMA emplean control de potencia instantáneo en lazo cerrado para compensar los desvanecimientos rápidos. Por este motivo, en el balance del enlace hay que dejar un margen de potencia FF, también denominado *power control headroom*, con respecto a la potencia máxima disponible por el terminal, para poder compensar estos desvanecimientos. Los valores típicos de este margen oscilan entre 2 y 5 dB [2]. Nótese que en CDMA, puesto que se emplea el receptor *rake* que introduce un efecto de diversidad y que el ancho de banda de la señal es mucho mayor que el de coherencia, los desvanecimientos rápidos no presentan una estadística de Rayleigh, sino que su margen dinámico de variación es más reducido, lo cual justifica el orden de magnitud de los valores típicos de FF.
- Estimador del cociente de interferencia intercelular a intracelular – f_{UL}. Refleja el valor del cociente (P_{inter}/P_{intra}) empleado en la estimación del factor de carga. Como se ha comentado en la sección 5.5.2, un valor habitual de este parámetro es 0,6.

5.5.3.2 Pasos del proceso de dimensionado

A partir de las variables de entrada anteriores, el proceso de dimensionado para determinar el radio de las células consta de tres pasos: el cálculo del factor de carga asociado a la densidad de tráfico ofrecido, el balance del enlace y, finalmente, la combinación de ambos para determinar el radio. A continuación, se detallan los cálculos asociados a dichos procesos.

5.5.3.2.1 Cálculo del factor de carga

A partir de la densidad de usuarios β_s, de la tasa de generación de sesiones Q_s y de la duración media de las mismas $T_{m,s}$ se determina la densidad de tráfico ofrecido al servicio s como:

$$\delta_s = \beta_s \cdot Q_s \cdot \frac{T_{m,s}}{3600} \text{ (sesiones/km}^2\text{)} \tag{5.62}$$

Por tanto, suponiendo células omnidireccionales de radio R, el número de usuarios con una sesión en curso del servicio s en la célula viene dado por:

$$N_{SES,s} = \delta_s \pi R^2 \tag{5.63}$$

De este modo, la estimación del factor de carga medio dada por (5.61) puede expresarse, agrupando los usuarios de cada uno de los S servicios, como:

$$\overline{\eta_{UL}} = (1+f_{UL})\sum_{i=1}^{N_{SES}} \frac{v_i}{\dfrac{W/R_{b,i}}{\left(\dfrac{E_b}{N_o}\right)_{d,\min,i}}+1} = (1+f_{UL})\sum_{s=1}^{S} \frac{N_{SES,s}v_s}{\dfrac{W/R_{b,s}}{\left(\dfrac{E_b}{N_o}\right)_{d,\min,s}}+1} \tag{5.64}$$

Así, sustituyendo el valor de $N_{SES,s}$ de (5.63) en (5.64), se llega a que el factor de carga medio en función del radio de las células R viene dado por:

$$\overline{\eta_{UL}} = (1+f_{UL})\pi R^2 \sum_{s=1}^{S} \frac{v_s \cdot \delta_s}{\dfrac{W}{\left(\dfrac{E_b}{N_0}\right)_{d,\min,s} R_{b,s}}+1} \tag{5.65}$$

5.5.3.2.2 Cálculo del balance del enlace

Los sistemas CDMA emplean el control de potencia, que ha de tener en cuenta no solo las variaciones debidas a los usuarios de la propia célula, sino también las interferencias de las demás células, para determinar la potencia necesaria de cada usuario i ($P_i = P'_{S,i}$), para que todos los usuarios perciban su $(E_b/N_o)_{d,min}$ objetivo. Por tanto, utilizando la expresión (5.50), la condición para asegurar los requisitos de servicio del usuario i-ésimo es:

$$\left(\frac{E_b}{N_o}\right)_{d,i} = \frac{W}{R_{b,i}} \frac{P'_{S,i}}{P_N + \left[P_{\text{intra}} - P'_{S,i}\right] + P_{\text{inter}}} = \left(\frac{E_b}{N_o}\right)_{d,\min,i} \tag{5.66}$$

A partir de esta expresión, utilizando la potencia total recibida en la base P_{TOT} definida en (5.51) y la definición del factor de carga UL en (5.52), se llega a que la potencia recibida requerida para el usuario i-ésimo es:

$$P'_{S,i} = \frac{P_{TOT}}{\dfrac{W/R_{b,i}}{\left(\dfrac{E_b}{N_o}\right)_{d,\min,i}}+1} = \frac{P_N}{\dfrac{W/R_{b,i}}{\left(\dfrac{E_b}{N_o}\right)_{d,\min,i}}+1}\frac{1}{1-\eta_{UL}} \tag{5.67}$$

Esta última expresión pone de manifiesto que la potencia recibida necesaria para el usuario i-ésimo se incrementa con la velocidad de transmisión $R_{b,i}$, con el requerimiento de $(E_b/N_o)_{d,min,i}$ y también con el factor de carga existente en la célula η_{UL}.

Para conseguir la potencia recibida necesaria $P'_{S,i}$, la potencia transmitida por el usuario i-ésimo ha de ser:

$$P_{T,i} = P'_{S,i}\,L_{tot,i} = \frac{L_{tot,i}P_N}{\dfrac{W/R_{b,i}}{\left(\dfrac{E_b}{N_o}\right)_{d,\min,i}}+1}\frac{1}{1-\eta_{UL}} \tag{5.68}$$

donde se han definido como $L_{tot,i}$ las pérdidas totales del usuario i que incluyen las pérdidas de propagación en función de la distancia L_i, el valor del desvanecimiento lento $A_{f,i}$, el valor del desvanecimiento rápido $\alpha_{f,i}$ y las ganancias de las antenas de la base y el móvil G_b, G_m, esto es:

$$L_{tot,i} = \frac{L_i A_{f,i}}{G_b G_m \alpha_{f,i}} \tag{5.69}$$

De este modo, el control de potencia ha de ir modificando la potencia transmitida en cada momento según (5.68), lo cual pone de manifiesto que, cuanto mayor sea el factor de carga UL, mayor será la potencia transmitida necesaria. Así, teniendo en cuenta que la potencia por usuario está limitada a $P_{T,max}$, dado un factor de carga η_{UL}, se establece a partir de (5.68) un límite de las pérdidas de propagación máximas (y, en definitiva, del radio de la célula) como:

$$L_{tot,\max} = \frac{P_{T,\max}}{P_N}\left(\frac{W/R_{b,i}}{\left(\dfrac{E_b}{N_o}\right)_{d,\min,i}}+1\right)(1-\eta_{UL}) \tag{5.70}$$

Con objeto de ilustrar este efecto, la Fig. 5.30 muestra las pérdidas totales máximas que pueden soportarse en función del factor de carga para tres tipos de servicio asociados a diferentes velocidades de transmisión. Como puede apreciarse, cuanto mayor es la velocidad de transmisión de un servicio, menores son las pérdidas de propagación que pueden soportarse o, de forma equivalente, menor podrá ser el radio de las células para soportar dicho servicio. Por otra parte, también se observa en la figura que las pérdidas máximas se reducen para todos los servicios al incrementar el factor de carga UL, presentando una reducción particularmente abrupta cuando el factor de carga se aproxima a 1. Esto pone de manifiesto que, en un sistema CDMA, cuanto mayor sea la carga de una célula, menor podrá ser el radio de la misma para poder soportar los servicios adecuadamente.

Así pues, a diferencia de lo que ocurre en los sistemas FDMA/TDMA, el balance de enlace en sistemas CDMA ha de tener en cuenta no únicamente los efectos de la propagación, sino también la carga existente en el sistema. En concreto, el radio máximo R que garantiza que un usuario del servicio s pueda alcanzar sus requerimientos de $R_{b,s}$ y $(E_b/N_o)_{d,min,s}$ en el extremo de la célula se obtiene a partir de la condición siguiente, que hace uso de (5.68) aplicando el modelo de propagación a distancia R de la base y los márgenes de *fading* para los desvanecimientos lentos (MF) y rápidos (FF):

$$P_{T\max} = \frac{kR^{\alpha} \cdot MF \cdot FF}{G_b G_m} \cdot \frac{P_N}{\dfrac{W / R_{b,s}}{\left(\dfrac{E_b}{N_o}\right)_{d,\min,s}} + 1} \cdot \frac{1}{1-\eta_{UL}} \qquad (5.71)$$

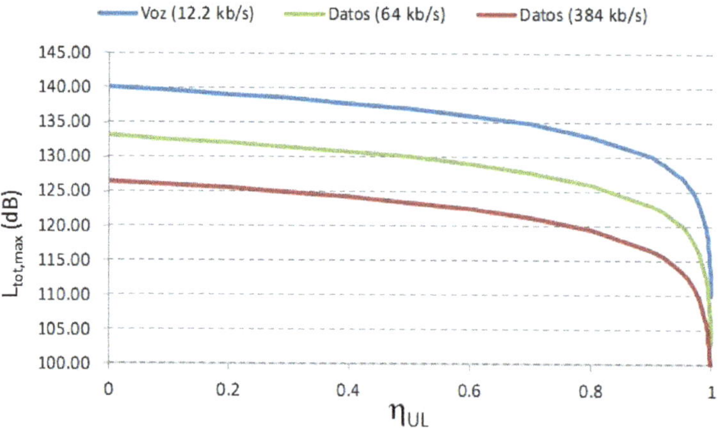

Fig. 5.30 Pérdidas máximas totales en función del factor de carga UL para diferentes tipos de servicio. El ejemplo asume $(E_b/N_o)_{d,min}$ = 6 dB, P_{Tmax} = 21 dBm, W = 3,84 Mc/s, P_N = -100 dBm

5.5.3.2.3 *Cálculo del radio de la célula*

Para determinar el radio de la célula que permite soportar el tráfico ofrecido, hay que tener en cuenta el factor de carga asociado a dicho tráfico y su relación con el balance del enlace. En concreto, como criterio de dimensionado, y a efectos ilustrativos para poder disponer de una formulación cerrada, consideramos el requisito de que un terminal ubicado en el extremo de la célula ha de ser capaz de alcanzar la estación de base con las condiciones de calidad de servicio establecidas en términos de velocidad de transmisión R_b y $(E_b/N_o)_{d,min}$, en las condiciones de carga medias de la célula. Por consiguiente, sustituimos el factor de carga η_{UL} por su valor medio estimado en la condición del balance de enlace dada por (5.71) y se obtiene la ecuación siguiente:

$$P_{T\max} = \frac{kR^{\alpha} \cdot MF \cdot FF}{G_b G_m} \cdot \frac{P_N}{\dfrac{W / R_{b,s}}{\left(\dfrac{E_b}{N_o}\right)_{d,\min,s}} + 1} \cdot \frac{1}{1 - \overline{\overline{\eta_{UL}}}(R)} \tag{5.72}$$

Sustituyendo en esta última expresión el factor de carga estimado en (5.65), se obtiene la igualdad siguiente para el servicio s:

$$P_{T\max} = \frac{kR^{\alpha} \cdot MF \cdot FF}{G_b G_m} \cdot \frac{P_N}{\dfrac{W / R_{b,s}}{\left(\dfrac{E_b}{N_o}\right)_{d,\min,s}} + 1} \cdot \frac{1}{\left[1 - (1 + f_{UL}) \pi R^2 \displaystyle\sum_{s=1}^{S} \frac{v_s \cdot \delta_s}{\dfrac{W}{\left(\dfrac{E_b}{N_0}\right)_{d,\min,s} R_{b,s}} + 1}\right]} \tag{5.73}$$

Así, resolviendo esta última ecuación en términos de la incógnita R, se puede obtener el radio asociado al servicio s. Para determinar el radio de la célula, se efectuaría el cálculo para todos los servicios y se tomaría el radio más pequeño obtenido, que correspondería al servicio más restrictivo.

5.6 Estructuras celulares multicapa

El proceso de dimensionado de los sistemas celulares presentado en las secciones anteriores para los sistemas FDMA/TDMA y para los sistemas CDMA ha permitido determinar el radio de célula apropiado para poder soportar el tráfico ofrecido en cada caso. Para ello, se han efectuado los cálculos suponiendo una cierta densidad de β usuarios/km^2 uniforme, lo que ha permitido obtener un único radio para todas las células.

Sin embargo, en la práctica, el mapa de tráfico no presenta una distribución homogénea en el espacio, de manera que a distintas densidades de tráfico corresponderían distintos valores de R. En particular, cuanto mayor sea la densidad de usuarios, menor será el radio de las células para que los recursos desplegados en cada célula sean suficientes para poder soportar el tráfico ofrecido, como se ha discutido en la sección 5.3.2.3 y como se observa, por ejemplo, en la relación (5.38) en el caso de los sistemas FDMA/TDMA, o en la expresión (5.70) en el caso de los sistemas CDMA, que refleja que, cuanto mayor sea la carga, menores podrán ser las pérdidas máximas de propagación en una célula.

Así pues, en escenarios prácticos con distribuciones de tráfico no homogéneas, es habitual que coexistan células con tamaños diferentes, que darán lugar, en última instancia, a las denominadas *estructuras celulares multicapa*. Este concepto refleja que, en los despliegues celulares, coexisten diferentes tipos de célula (capas), asociados a diferentes tamaños y áreas de cobertura, tal como se ilustra en la Fig. 5.31.

En concreto, las células de mayor tamaño, con radios de cobertura que pueden ser del orden de varios centenares de metros en las zonas urbanas o de algunos kilómetros en las zonas rurales, se denominan *macrocélulas* y habitualmente se encuentran ubicadas en mástiles elevados, por encima de los edificios existentes.

Por su parte, en zonas con densidades de tráfico elevadas, normalmente correspondientes a determinadas áreas urbanas, como las zonas comerciales o de negocios, es habitual que los operadores desplieguen otras células de menor tamaño, denominadas *microcélulas*, como se muestra en la Fig. 5.31. Usualmente, estas se ubican por debajo de los edificios, por ejemplo adosadas a las paredes de los edificios o en el mobiliario urbano, como los semáforos, las farolas, etc., y suelen tener radios de cobertura de algún centenar de metros, que normalmente proporcionan servicio únicamente a las calles más próximas. Al disponer de un radio de cobertura reducido, las microcélulas son apropiadas particularmente para usuarios de baja movilidad, como peatones o usuarios de interiores. Por el contrario, las microcélulas no suelen ser adecuadas para proporcionar servicio a usuarios de alta movilidad, como los ubicados en vehículos, ya que el tiempo de tránsito en las microcélulas de dichos usuarios sería reducido y esto daría lugar a muchos procesos de *handover*, con el riesgo consiguiente de caída de las llamadas. Así pues, es habitual que en las zonas de elevada densidad de tráfico existan despliegues que incluyan tanto macrocélulas como microcélulas, que proporcionen cobertura simultáneamente, tal como ilustra la Fig. 5.31.

Fig. 5.31
Estructuras celulares multi-capa

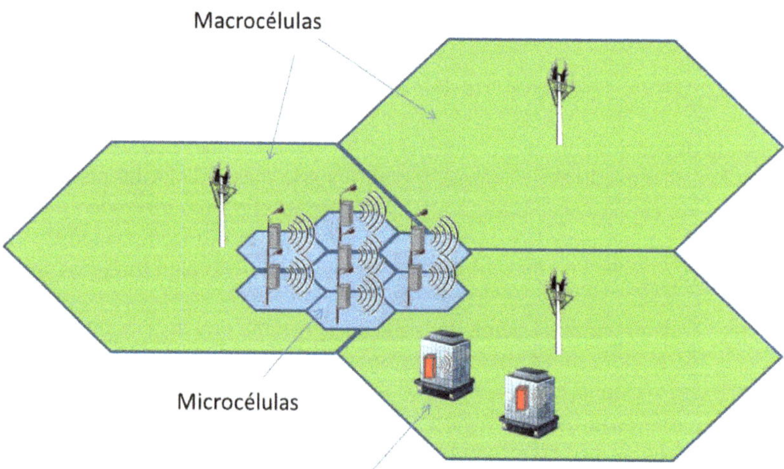

Otro tipo de células que también suelen utilizar los operadores para incrementar la capacidad disponible en las zonas de tráfico elevado son las denominadas picocélulas. Habitualmente, estas se encuentran en los interiores de determinados edificios, como son los edificios de oficinas de ciertas empresas o centros comerciales, y dan servicio a los usuarios ubicados en su interior, como se muestra en la Fig. 5.31. En este caso, el radio de cobertura se limita a algunas decenas de metros en unas pocas plantas del edificio.

5.7 Gestión de los recursos de radio en los sistemas celulares

Tras el proceso de dimensionado, en que el operador determina el conjunto de recursos de radio necesarios en las diferentes estaciones de base para poder absorber el tráfico ofrecido estimado, hay que proceder al despliegue real de dichos recursos y a su puesta en servicio. Durante la fase de operación en la práctica, hay que gestionar estos recursos para asignarlos de forma dinámica a los diferentes usuarios, en función del tráfico real que exista en cada momento. Esta gestión dinámica se lleva a cabo mediante las estrategias de gestión de los recursos de radio (*radio resource management* o RRM), que pretenden utilizar con la máxima eficiencia los recursos de radio desplegados para hacer frente a la dinámica de las condiciones de tráfico existentes en cada momento. Este concepto se ilustra en la Fig. 5.32.

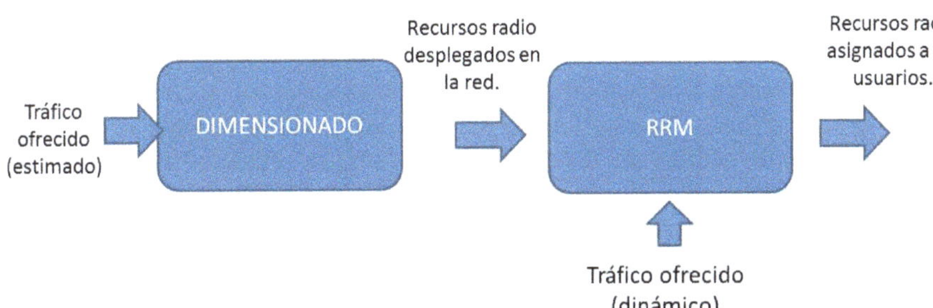

Fig. 5.32
Dimensionado y gestión de los recursos de radio

Las estrategias de RRM son diferentes en función de la técnica de acceso múltiple empleada en cada caso, tal como se analiza en las subsecciones siguientes.

5.7.1 Sistemas FDMA/TDMA

Tomando como referencia los sistemas 2G (GSM/GPRS/EDGE) como sistemas representativos de la técnica de acceso FDMA/TDMA, a continuación se detallan las principales estrategias de gestión de recursos consideradas.

Para los servicios de voz, considerando el sistema GSM, las estrategias de RRM consisten en gestionar los *slots* de cada trama conforme a la premisa que un usuario en llamada únicamente requiere un *slot* por trama a lo largo de toda la comunicación. Así, se consideran las estrategias siguientes:

- Control de admisión. Determina la aceptación o no de una nueva llamada (o *handover*), en función de la disponibilidad de recursos (*slots*) para cursar la llamada. En caso de que no existan recursos disponibles, la llamada se bloquea (o se produce un *dropping*, si se trata de un *handover*).
- Asignación de canal. Determina el recurso (*slot* / radiocanal) en que se cursa cada nueva llamada (o *handover*) en una célula.
- Control de potencia medio. Determina la potencia de transmisión necesaria para hacer frente a las pérdidas de propagación y a los desvanecimientos lentos.
- *Handover*. Establece el instante en que es preciso transferir una llamada en curso de una célula a otra.

Al incorporar servicios de datos con la evolución de GSM hacia GPRS y EDGE, los *slots* disponibles se subdividen entre los destinados a la voz y los destinados a los datos, que son compartidos por múltiples usuarios. En este caso, surgen las estrategias adicionales siguientes:

- *Scheduling* de paquetes. Determina qué usuario tiene permiso para transmitir sobre cada *slot* compartido de datos de cada trama, en función de la cantidad de información que tiene cada usuario y de los requisitos de QoS de cada uno.
- Adaptación de enlace. Determina el esquema de modulación y codificación a emplear para cada transmisión en función de las condiciones de canal.

En cuanto a la arquitectura, las estrategias de RRM se ejecutan en la red de acceso (v. sección 1) y, en concreto, para los sistemas 2G, en el nodo BSC (*base station controller*), que gestiona los recursos de un conjunto de estaciones de base (*base transceiver station* o BTS), tal como se muestra en la Fig. 5.33. La ejecución de las estrategias de RRM se basa en reportes de medidas (*measurement reports*) efectuados por las estaciones de base y por los móviles. A modo de ejemplo, en GSM, un móvil con una llamada en curso toma medidas de la potencia recibida de su estación base y de las seis estaciones de base vecinas y las reporta cada 480 ms a través de un canal de señalización dedicado. A partir de estas medidas, el nodo BSC puede decidir, por ejemplo, cuándo es conveniente efectuar el *handover* de un usuario a alguna de las estaciones de base vecinas.

El lector que desee profundizar más sobre los algoritmos de RRM en sistemas GSM, GPRS y EDGE hallará información más detallada en [9].

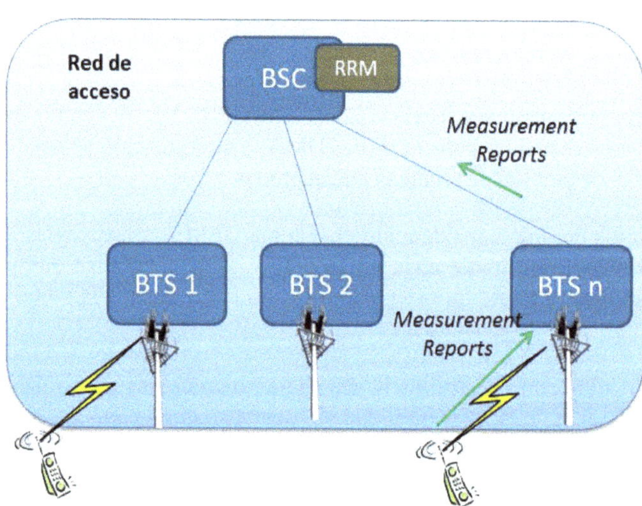

Fig. 5.33
Ubicación de las estrategias de RRM en la arquitectura de los sistemas 2G

5.7.2 Sistemas CDMA

Tomando como referencia los sistemas 3G (UMTS) como representativos de la técnica de acceso CDMA, las principales estrategias de RRM son las siguientes:

- Control de admisión. Determina la aceptación o no de nuevas llamadas o sesiones de datos en función de las condiciones de carga existentes en la célula.

- Asignación de códigos. Determina las secuencias de código a utilizar por cada usuario en los enlaces ascendente y descendente al efectuar la activación de un servicio.

- Control de congestión. Monitoriza la evolución dinámica de la carga en una célula y, en caso de superar cierto umbral que pueda poner en riesgo las garantías de QoS de los servicios en curso, se emprenden acciones para reducir dicha carga (p. ej., reduciendo la velocidad de los usuarios de datos, bloqueando nuevas llamadas, etc.).

- Control de potencia instantáneo. Determina la potencia de transmisión de cada usuario en UL y DL para asegurar los requisitos de calidad de $(E_b/N_o)_{d,min}$ fijados a por el lazo externo del control de potencia – *outer loop* (v. sección 3.4.1.4).

- *Handover.* Establece el instante en que es preciso transferir una llamada o sesión de datos en curso de una célula a otra. Como se ha comentado en la sección 5.2.2.4, en los sistemas CDMA se utiliza el denominado *soft handover* mediante el cual la transferencia de la llamada se efectúa de forma progresiva, de modo que el móvil puede estar conectado a múltiples células simultáneamente. Así, se define el concepto de *conjunto activo* (*active set*) como el conjunto de células a las cuales un terminal móvil está conectado en un momento dado [2][4]. El algoritmo de *handover* se encarga, pues, de determinar cuándo es preciso añadir o quitar células de dicho *active set.*

- *Scheduling* de paquetes. Se emplea en el caso de los servicios de datos a través de HSPA. En el enlace descendente, se encarga de determinar, dinámicamente y en intervalos de 2 ms, qué usuarios de datos transmiten en cada una de las secuencias de código disponibles, así como la velocidad de transmisión correspondiente, teniendo en cuenta los requisitos de calidad de servicio de cada usuario y sus condiciones de canal. A su vez, en el caso del enlace ascendente, el algoritmo de *scheduling* se encarga de determinar la máxima velocidad a la cual puede transmitir cada usuario, en intervalos que pueden ser de 2 ms o de 10 ms (en este caso, la secuencia de código empleada por cada usuario se mantiene durante todos los intervalos mientras dura la comunicación).

En cuanto a la arquitectura, las estrategias de RRM en los sistemas 3G se ubican en la red de acceso. En concreto, tal como se muestra en la Fig. 5.34, las estrategias de RRM se reparten entre el nodo controlador RNC (*radio network controller*) y las estaciones de base, denominadas *nodos B*. Las estrategias de admisión, congestión y *handover* se llevan a cabo en el RNC, mientras que las estrategias que trabajan en una escala temporal más baja, tomando decisiones en ms, se ejecutan en los nodos B, puesto que así es posible una ejecución más rápida, al evitar el retardo asociado a la señalización con el nodo RNC. Todas las estrategias se alimentan según las medidas efectuadas por las bases y por los móviles.

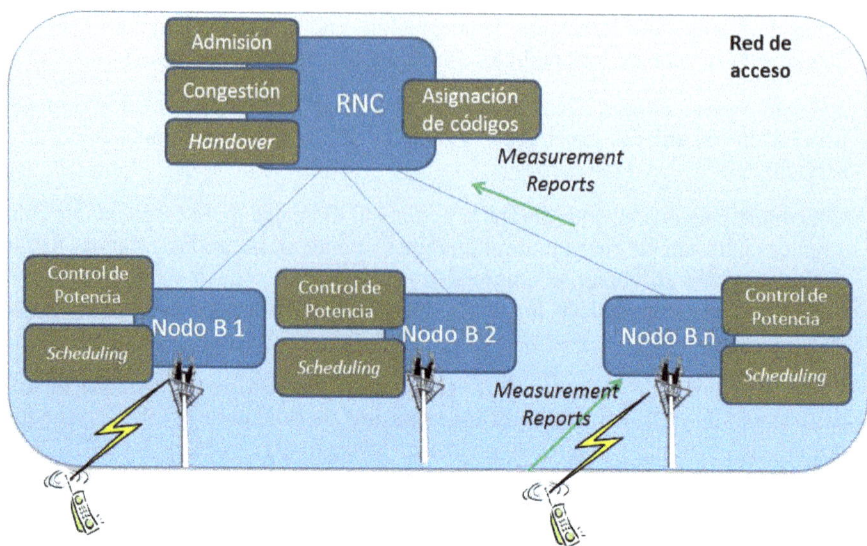

Fig. 5.34
Ubicación de las estrategias de RRM en la arquitectura de los sistemas 3G

Teniendo en cuenta las características de la técnica de acceso CDMA, las estrategias de RRM, en conjunto, han de controlar las variaciones dinámicas de la carga para asegurar que se pueden cumplir los requisitos de QoS de los usuarios. A continuación, se detallan los aspectos más relevantes dependiendo de si se considera el enlace ascendente o el descendente.

5.7.2.1 Enlace ascendente

En este caso, el parámetro principal a controlar es el factor de carga UL descrito en la sección 5.5.2. En concreto, el factor de carga UL varía temporalmente en función del número de usuarios que transmiten en cada momento y de las condiciones de interferencia intercelular. Utilizando las definiciones (5.52) y (5.56), la variación temporal del factor de carga se expresa como:

$$\eta_{UL}(t) = 1 - \frac{P_N}{P_{TOT}(t)} = \left(1 + \frac{P_{\text{inter}}(t)}{P_{\text{intra}}(t)}\right) \sum_{i=1}^{n(t)} \frac{1}{\frac{W/R_{b,i}(t)}{\left(\frac{E_b}{N_o}\right)_{d,i}(t)} + 1} \tag{5.74}$$

lo que refleja que la variación temporal puede ser debida a la variación del número de usuarios $n(t)$ que están transmitiendo simultáneamente en la célula, las características de dichos usuarios en términos de la velocidad de transmisión $R_{b,i}(t)$ y $(E_b/N_o)_{d,i}$, o la interferencia intercelular $P_{inter}(t)$.

Al variar el factor de carga $\eta_{UL}(t)$, el control de potencia irá modificando la potencia transmitida por los diferentes usuarios para conseguir su $(E_b/N_o)_{d,min,i}$ según la relación (5.68), esto es:

$$P_{T,i}(t)=\frac{L_{tot,i}(t)P_N}{\dfrac{W/R_{b,i}(t)}{\left(\dfrac{E_b}{N_o}\right)_{d,\min,i}(t)}+1}\frac{1}{1-\eta_{UL}(t)} \tag{5.75}$$

De esta última relación, se desprende que, como la potencia de transmisión está limitada, las estrategias de RRM han de controlar $\eta_{UL}(t)$ para mantenerlo por debajo de ciertos límites que aseguren que los móviles disponen de suficiente potencia para conseguir su $(E_b/N_o)_{d,min,i}$. La Fig. 5.35 muestra un ejemplo de evolución dinámica del factor de carga UL y del control del mismo, efectuado mediante los mecanismos de control de admisión y congestión. En el ejemplo, cuando la carga supera un cierto umbral $\eta_{UL,adm}$, el control de admisión bloquea nuevas peticiones de servicio para evitar que el factor de carga siga creciendo. Sin embargo, debido a la actividad de los usuarios ya admitidos que tienen la sesión en curso o a la interferencia intercelular, es posible que esporádicamente el factor de carga UL llegue a tomar valores superiores al umbral considerado por el control de admisión. Así, cuando la carga supera un segundo umbral $\eta_{UL,cong}$, circunstancia que ocasionaría limitaciones de potencia en ciertos usuarios, el control de congestión actúa para reducir la carga (p. ej., reduciendo la velocidad R_b de los usuarios, etc.). El lector interesado en los mecanismos de control de admisión o de congestión en los sistemas CDMA hallará más información en [2][4][19]-[22].

Fig. 5.35
Ilustración del control de admisión y del control de congestión para regular el factor de carga UL

5.7.2.2 Enlace descendente

En el caso del enlace descendente del sistema UMTS, existen algunos aspectos diferenciales con respecto al enlace ascendente a considerar, como se enumera a continuación:

– La interferencia intercelular es específica para cada usuario, ya que depende de la posición de cada usuario con respecto a las diferentes bases. Este concepto se ilustra en la Fig. 5.36, que presenta dos estaciones de base A y B con diferentes usuarios conectados a cada una. Como se aprecia, el usuario 1 de la base B recibe menos interferencia intercelular proveniente de la señal transmitida de la base A (marcada en línea discontinua) que el usuario 2, al estar este último más próximo a la estación de base interferente. Por el contrario, en el enlace ascendente, la interferencia intercelular es la misma para todos los usuarios conectados a una célula, puesto que los receptores que captan dicha interferencia se encuentran en la estación de base.

- La potencia transmitida por la estación de base es compartida entre todos los usuarios y cada usuario tiene una potencia asignada que depende de su posición. Como se muestra en el ejemplo de la Fig. 5.36, la potencia total $P_{T,DL}$ transmitida por la base B es la suma de las potencias destinadas al usuario 1, P_{T1}, y al usuario 2, P_{T2}. Por tanto, la limitación de potencia máxima disponible en la base afecta todos los usuarios conectados a dicha base, a diferencia del enlace ascendente, en que cada usuario dispone de su propio transmisor y, por tanto, la limitación de potencia máxima disponible afecta cada usuario por separado.

- Aprovechando la sincronización natural en el enlace descendente, se emplean secuencias de código ortogonales para separar usuarios de una misma base. En concreto, el código $c_{i,b}(t) = c_{ch,i}(t) \cdot c_{sc,b}(t)$ empleado para el usuario i de una base b es el producto de dos secuencias [2]:

  - $c_{ch,i}(t)$, denominado código de canalización, es un código ortogonal de la familia de los códigos OVSF (*orthogonal variable spreading factor*), que sirve para separar usuarios dentro de la misma base.

  - $c_{sc,b}(t)$, denominado código de *scrambling*, es un código no ortogonal, idéntico para todos los usuarios de una misma base, que sirve para distinguir las señales de las diferentes bases.

En la Fig. 5.36, se muestra un ejemplo del empleo de las secuencias de código en el enlace descendente. Los usuarios 1 y 2, conectados a la base B, emplean el mismo código de *scrambling* (el utilizado por la base B) y diferente código de canalización. Por el contrario, el usuario i, conectado a la base A, emplea un código de *scrambling* diferente (el utilizado por la base A), mientras que su código de canalización puede coincidir o no con el de los usuarios 1 y 2.

Una consecuencia importante del tipo de códigos empleados en el enlace descendente es que, puesto que el número de secuencias de código ortogonales es limitado, las estrategias de RRM han de gestionar adecuadamente la asignación de códigos a usuarios dentro de una misma base. Así, por ejemplo, el control de admisión ha de verificar que existen códigos ortogonales disponibles para poder admitir una nueva petición de servicio.

Fig. 5.36
Enlace descendente de CDMA

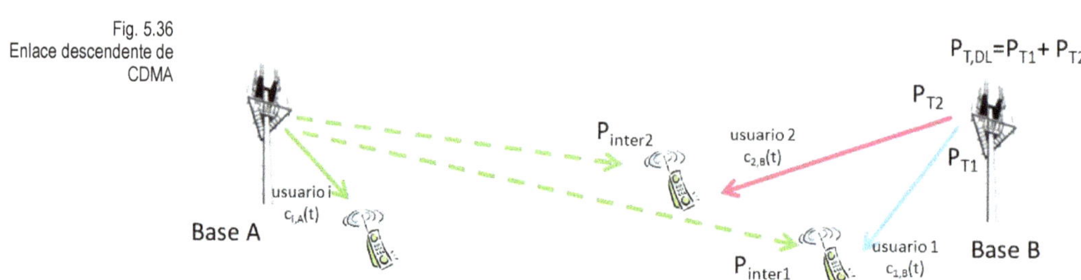

Teniendo en cuenta las características anteriores, el control de potencia en el enlace descendente de una base que ha de transmitir a n usuarios se formula a partir del siguiente sistema de n ecuaciones:

$$\frac{W}{R_{b,i}} \frac{\dfrac{P_{T,i}}{L_{tot,i}}}{P_N + \rho \dfrac{P_{T,DL} - P_{T,i}}{L_{tot,i}} + P_{\text{inter},i}} = \left(\frac{E_b}{N_o}\right)_{d,\min,i} \quad i=1,\dots,n \tag{5.76}$$

donde, para el usuario i-ésimo, los requerimientos vienen dados por $(E_b/N_o)_{d,min,i}$ y $R_{b,i}$; $P_{T,i}$ es la potencia transmitida; $P_{inter,i}$ es la interferencia intercelular observada por dicho usuario; $L_{tot,i}$ son las pérdidas totales de propagación, incluyendo los desvanecimientos rápidos y lentos y las ganancias de antena, y P_N es la potencia de ruido. Al emplearse códigos ortogonales para separar a los usuarios de una misma base, idealmente no existiría interferencia intracelular. Sin embargo, debido al multicamino, en la práctica existe una cierta interferencia residual, que se modela como una fracción ρ de la potencia del resto de usuarios. Esta fracción ρ se denomina *factor de ortogonalidad* y presenta valores típicos entre 0,4 y 0,6 [23].

La potencia total transmitida por la base será la suma de las potencias transmitidas a cada uno de los n usuarios, más la potencia de los canales comunes de control, P_p, es decir:

$$P_{T,DL} = P_p + \sum_{i=1}^{n} P_{T,i} \tag{5.77}$$

Resolviendo el sistema de ecuaciones y considerando la variación temporal de las variables involucradas, se llega a que la potencia que ha de transmitir la base en cada instante t es:

$$P_{T,DL}(t) = \frac{P_p + \displaystyle\sum_{i-1}^{n(t)} \frac{\left(P_N + P_{\text{inter},i}(t)\right) L_{tot,i}(t)}{\dfrac{W/R_{b,i}(t)}{\left(\dfrac{E_b}{N_o}\right)_{d,\min,i}(t)} + \rho}}{1 - \displaystyle\sum_{i=1}^{n(t)} \frac{\rho}{\dfrac{W/R_{b,i}(t)}{\left(\dfrac{E_b}{N_o}\right)_{d,\min,i}(t)} + \rho}} \tag{5.78}$$

Como se aprecia, la potencia transmitida depende del número de usuarios $n(t)$ a los que la base transmite en cada momento, de las características de servicio de cada uno y de las condiciones de propagación e interferencia experimentadas por cada uno. Así, las estrategias de RRM en DL, en conjunto, han de controlar la evolución dinámica de la potencia transmitida por la estación de base $P_{T,DL}(t)$, para asegurarse de que no supera un determinado umbral que garantice que existirá potencia disponible para satisfacer los requisitos de calidad de todos los usuarios en dicha base. Igualmente, en el caso de que un usuario requiera una potencia excesiva, por ejemplo porque está afectado por una interferencia intercelular excesiva, y pueda poner en riesgo la disponibilidad de potencia para el resto de usuarios, sería posible limitar la potencia a dicho usuario, degradando sus prestaciones en cierta medida, para no perjudicar al resto.

5.7.3 Sistemas OFDMA

En el caso de los sistemas basados en OFDMA, si tomamos como referencia el sistema LTE (4G), orientado a los servicios de datos, las principales funcionalidades de RRM son [24]:

- Control de admisión. Determina la aceptación o no de una nueva petición de servicio por parte de un usuario, en función de la calidad de servicio requerida y de las condiciones de ocupación de los recursos de radio disponibles.
- *Handover*. Determina el instante en que se debe transferir la comunicación de un usuario de una célula a otra.
- Control de potencia. Se encarga de determinar la potencia de transmisión necesaria en cada momento, en las diferentes subportadoras asignadas a los diferentes usuarios. Se utiliza principalmente en el enlace ascendente para compensar las pérdidas de propagación de cada usuario, empleando una combinación de control en lazo abierto y en lazo cerrado, y efectuando ajustes con una periodicidad mínima de 5 ms [25]. En el caso del enlace descendente, no se utiliza propiamente un control de potencia tan dinámico sino que la estación de base efectúa un ajuste de la potencia de las subportadoras destinadas a un usuario en función del número de antenas empleadas, así como de un parámetro dependiente del tipo de terminal que este indica al establecer la comunicación [26].
- *Scheduling* de paquetes. Se encarga de determinar la asignación de subportadoras a usuarios en función de los requerimientos de transmisión de cada uno de ellos y de las condiciones de canal existentes. También desempeña funciones de adaptación de enlace, determinando el esquema de modulación y codificación a emplear para las transmisiones en las diferentes subportadoras.
- Coordinación de interferencias intercelulares (*intercell interference coordination* o ICIC). Se trata de mecanismos que permiten coordinar las transmisiones efectuadas por células vecinas, con objeto de mitigar las interferencias mutuas entre dichas células.

En cuanto a la arquitectura, como ilustra la Fig. 5.37, las estrategias de RRM en los sistemas 4G se ejecutan de forma distribuida en las estaciones de base, denominadas e-*NodoB* (*evolved* Nodo B o eNB), ya que no existe nodo controlador de estaciones de base en la red de acceso. En relación con una implementación centralizada como la de los sistemas 2G y 3G, la ejecución de las funciones de RRM de forma distribuida permite reducir los retardos asociados a los diferentes procesos de señalización, con lo cual la asignación de recursos puede efectuarse de forma más ágil. Por otro lado, y tal como muestra la Fig. 5.37, para ejecutar las estrategias de RRM es preciso que los diferentes eNB recojan reportes de medidas efectuados por los terminales móviles y que exista un intercambio de señalización entre eNB para coordinar las diferentes funciones de RRM, como por ejemplo indicaciones de carga o interferencia, o señalización asociada al proceso de *handover*.

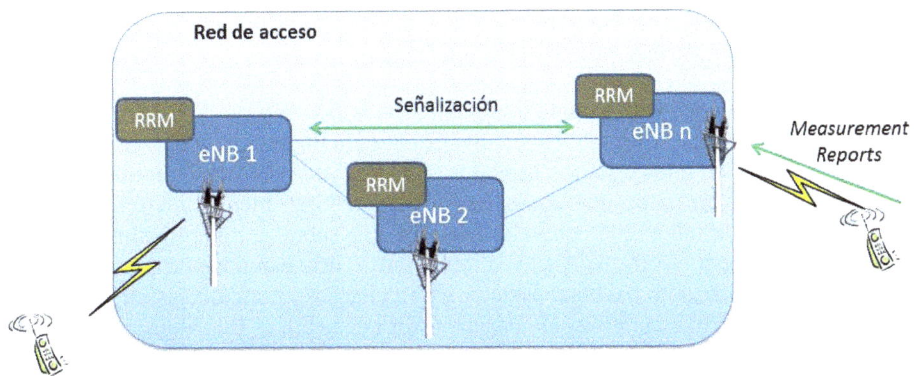

Fig. 5.37
Ubicación de las estrategias de RRM en la arquitectura de los sistemas 4G

El recurso de radio en LTE considera la dimensión temporal y frecuencial. En concreto, cada bloque de recursos (*resource block* o RB) está compuesto por 12 subportadoras contiguas, separadas 15 kHz, lo que corresponde a un total de 180 kHz, y tiene una duración de 0,5 ms [25], como se muestra en la Fig. 5.38.

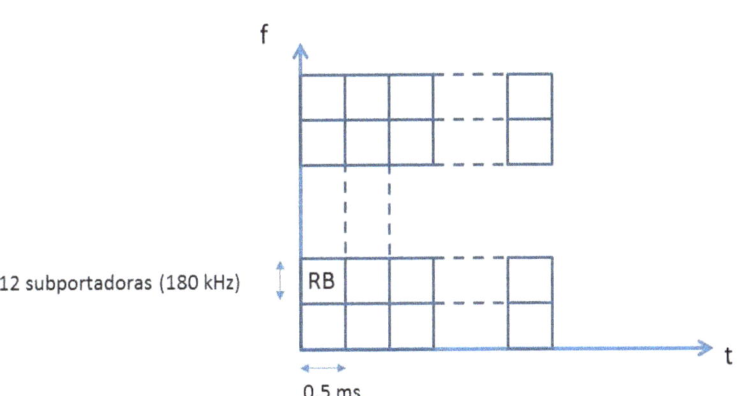

Fig. 5.38
Bloques de recursos en LTE

A diferencia de los sistemas CDMA, en los cuales existe una ganancia de procesado proporcionada por el proceso de ensanchamiento espectral, en OFDMA no se emplea transmisión de espectro ensanchado, de modo que, en principio, no es posible reutilizar totalmente las frecuencias en células distintas (a no ser que se empleen esquemas de codificación de muy baja tasa que permitan reducir los requisitos de CIR_{min}) y hay que operar con un clúster de un cierto tamaño $J > 1$. Sin embargo, la flexibilidad que ofrece OFDMA para variar dinámicamente la asignación de RB a usuarios permite el uso de técnicas de reutilización de frecuencias más sofisticadas que en el caso de FDMA/TDMA, aprovechando las estrategias de coordinación de interferencias intercelulares (ICIC).

Las estrategias ICIC pretenden coordinar, de forma dinámica, el uso de los RB entre células adyacentes. Se basan en limitar, para cada célula, el conjunto de RB sobre los cuales puede actuar el algoritmo de *scheduling*, para así controlar las interferencias intercelulares. Para ello, las células se intercambian información, como los RB en que se ha detectado una interferencia superior a un umbral o los RB en que se va a transmitir con una potencia superior a un nivel determinado. De este modo, el algoritmo de *scheduling* de una célula dispone de esta información para efectuar una asignación de RB a usuarios que mitigue la interferencia intercelular.

Un ejemplo de estrategia ICIC es la denominada *reutilización parcial de frecuencias*, ilustrada en la Fig. 5.39. Consiste en subdividir el conjunto de RB en varias porciones. Unos RB se destinan a los usuarios cercanos a la base y se reutilizan simultáneamente en todas las bases, en tanto que dichos usuarios percibirán menos interferencias del resto de células. Por tanto, ello equivaldría a decir que sobre el área próxima a la estación de base se opera con $J = 1$. A su vez, otros RB se destinan a los usuarios más alejados y no se reutilizan en bases adyacentes para evitar las interferencias intercelulares a estos usuarios. En el ejemplo, equivaldría a decir que sobre el área alejada de la estación de base se opera con $J = 3$. El lector interesado en profundizar sobre el concepto de reutilización parcial de frecuencias hallará más información en las referencias [27]-[30].

Fig. 5.39
Reutilización parcial de frecuencias

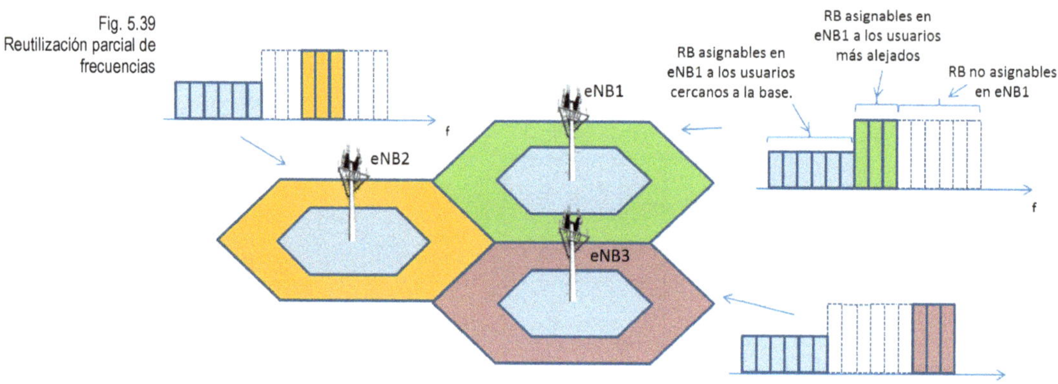

Teniendo en cuenta las restricciones en cuanto a RB disponibles en cada célula que impone el mecanismo de ICIC, el algoritmo de *scheduling* de paquetes se encarga de repartir los RB entre los usuarios, teniendo en cuenta los requerimientos de cada usuario. En LTE, la asignación de RB a usuarios puede cambiarse cada 1 ms. La Fig. 5.40 ilustra un ejemplo de estrategia de *scheduling* efectuada a partir de un ICIC con reutilización parcial de frecuencias como el de la Fig. 5.39. En concreto, se centra en el *scheduling* efectuado por la base eNB1 sobre un conjunto de cuatro usuarios. Los terminales UE1 y UE2 se encuentran próximos a la célula y, por tanto, se les puede asignar el conjunto de RB que se reutilizan en el resto de células. Por el contrario, los terminales UE3 y UE4 se encuentran en el extremo de la célula y, por tanto, únicamente se les pueden asignar los RB que no son empleados por el resto de células. Para llevar a cabo este tipo de estrategia, es preciso clasificar a los usuarios en función de si se encuentran en la parte más cercana de la base (usuarios *inner*) o en la parte más alejada (usuarios *outer*). Esta clasificación puede efectuarse de diferentes formas. Por ejemplo, en [30] se plantea utilizando medidas de la relación de señal a ruido e interferente: si dicha relación está por debajo de un umbral determinado, el usuario es de tipo *outer*, mientras que, si está por encima, el usuario es de tipo *inner*. De forma análoga, en [28] se plantea una clasificación similar, pero teniendo en cuenta el cociente entre la potencia recibida de la propia célula y la potencia recibida del resto de células.

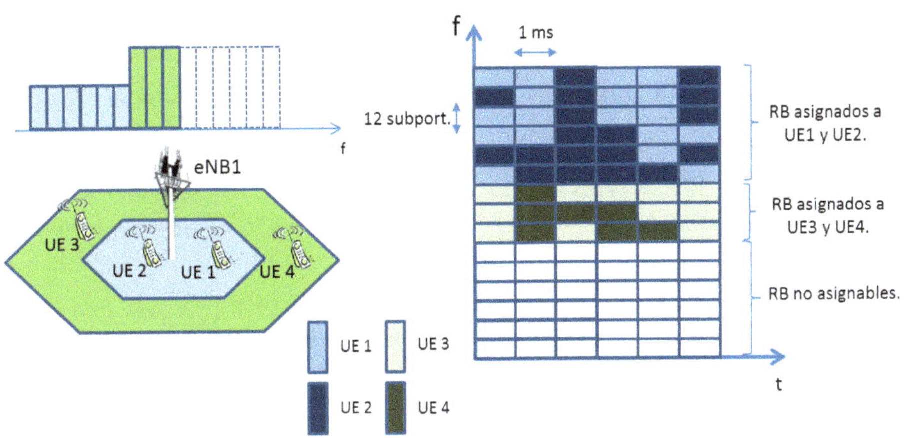

Fig. 5.40
Proceso de *scheduling* a partir de los RB permitidos por la función ICIC

5.8 Referencias

[1] MOULY, M.; PAUTET, M. B. (1992): *The GSM System for Mobile Communications*. Editado por los autores.

[2] HOLMA, H.; TOSKALA, A. (2000): *WCDMA for UMTS*. 2ª ed. John Wiley and Sons.

[3] KAARANEN, H.; AHTIAINEN, A.; LAITINEN, L.; NAGHIAN, S.; NIEMI, V. (2005): *UMTS Networks: Architecture, Mobility and Services*. 2ª ed. John Wiley and Sons.

[4] PÉREZ-ROMERO, J.; SALLENT, O.; AGUSTÍ, R.; DÍAZ-GUERRA, M.A. (2005): *Radio Resource Management Strategies in UMTS*. John Wiley and Sons.

[5] AGUSTÍ, R.; BERNARDO, F.; CASADEVALL, F.; FERRÚS, R., PÉREZ-ROMERO, J.; SALLENT, O. (2010): *LTE: Nuevas tendencias en comunicaciones móviles*. Fundación Vodafone España.

[6] HOLMA, H.; TOSKALA, A. (2009): *LTE for UMTS: OFDMA and SC-FDMA based Radio Access*. John Wiley and Sons.

[7] DAHLMAN, E.; PARKVALL, S.; SKÖLD, J.; BEMING, P. (2007): *3G Evolution. HSPA and LTE for Mobile Broadband*. Academic Press, Elsevier.

[8] ABRAMSON, N. (1997): "The Throughput of Packet Broadcasting Channels", *IEEE Transactions on Communications*, vol. COM-25, n. 1 (enero), pp. 117-128.

[9] HALONEN, T.; ROMERO, J.; MELERO, J. (2002): *GSM, GPRS and EDGE Performance*. John Wiley and Sons.

[10] IVERSEN, V. B. (2001): *Teletraffic Engineering Handbook*. ITU-D SG 2/16 & ITC, junio.

[11] KLEINROCK, L. (1975): *Queueing Systems. Volume I: Theory*. John Wiley & Sons.

[12] HERNANDO, J. M. (2004): *Comunicaciones móviles*. 2ª ed. Centro de Estudios Ramón Areces.

[13] AGRAWAL, P.; ANVEKAR, D. K.; NARENDRAN, B. (1996): "Channel Management Policies for Handovers in Cellular Networks", *Bell Labs Technical Journal*, Lucent Technologies, vol. 1, n. 2, pp. 97-110.

[14] BEYLOT, A-L.; BOUMERDASSI, S.; PUJOLLE, G. (1998): "A New Prioritized Handoff Strategy Using Channel Reservation in Wireless PCN", *Proceedings of the GLOBECOM Conference*, vol. 3, noviembre, pp. 1390-1395.

[15] FORSK (2011): *Atoll. Radio Planning and Optimisation Software – Technical Reference Guide v3.1.0*.

[16] Directiva 87/372/CEE (1987): "Directiva del Consejo, de 25 de junio de 1987, relativa a las bandas de frecuencia a reservar para la introducción coordinada de comunicaciones móviles terrestres digitales celulares públicas paneuropeas en la Comunidad", *Diario Oficial de las Comunidades Europeas*, julio.

[17] Directiva 2009/372/CE (2009): "Directiva 2009/114/CE del Parlamento Europeo y del Consejo, de 16 de septiembre de 2009, por la que se modifica la Directiva 87/372/CEE del Consejo, relativa a las bandas de frecuencia a reservar para la introducción coordinada de comunicaciones móviles terrestres digitales celulares públicas paneuropeas en la Comunidad", *Diario Oficial de la Unión Europea*, octubre.

[18] VITERBI, A. J.; VITERBI, A. M.; ZEHAVI, E. (1994): "Other-Cell Interference in Cellular Power-Controlled CDMA", *IEEE Transactions on Communications*, vol. 42, n. 2, 3 y 4, febrero, marzo y abril, pp. 1501-1504.

[19] LUI, Z.; EL ZARKI, M. (1994): "SIR Based Call Admission Control for DS-CDMA Cellular Systems", *IEEE Journal on Selected Areas in Communications*, vol. 12, n. 4, mayo, pp. 638-644.

[20] BADIA, L.; ZORZI, M.; GAZZINI, A. (2002): "On the Impact of User Mobility on Call Admission Control in WCDMA Systems", *56th IEEE VTC Fall Conference Proceedings*, Vancouver, vol. 1, septiembre, pp. 121-126.

[21] REDANA, S.; CAPONE, A. (2002): "Received Power-Based Call Admission Control Techniques for UMTS Uplink", *56th IEEE VTC Fall Conference Proceedings*, Vancouver, vol. 4, septiembre, pp. 2206-2210.

[22] GUNNARSSON, F.; GEIJER LUNDIN, E.; BARK, G.; WIBERG, N. (2002): "Uplink Admission Control in WCDMA Based on Relative Load Estimates," *IEEE International Conference on Communications, ICC-2002*, Nueva York, vol. 5, abril, pp. 3091-3095.

[23] 3GPP TR 25.942 v5.3.0 (2004): "Radio Frequency (RF) System Scenarios", junio.

[24] 3GPP TS 36.300 v11.8.0 (2013): "Evolved Universal Terrestrial Radio Access (E-UTRA) and Evolved Universal Terrestrial Radio Access Network (E-UTRAN). Overall description. Stage 2 (Release 11)", diciembre.

[25] SESIA, S.; TOUFIK, I.; BAKER, M. (2009): *The UMTS Long Term Evolution: From theory to practice*. John Wiley & Sons.

[26] 3GPP TS 36.213 v12.0.0 (2013): "Evolved Universal Terrestrial Radio Access (E-UTRA). Physical layer procedures (Release 12)", diciembre.

[27] 3GPP, TSG-RAN R1-050507 (2005): "Soft Frequency Reuse Scheme for UTRAN LTE", mayo.

[28] 3GPP, TSG-RAN R1-050738 (2005): "Interference Mitigation Considerations and Results on Frequency Reuse", Siemens, septiembre.

[29] STERNAD, M.; OTTOSON, T.; AHLEN, A.; SVENSSON, A. (2003): "Attaining Both Coverage and High Spectral Efficiency with Adaptive OFDM Downlinks", *Proceedings of the IEEE Vehicular Technology Fall Conference*, Orlando, vol. 4, octubre, pp. 2486-2490.

[30] NOVLAN, T.; GANTI, R.; GHOSH, A.; ANDREWS, J. (2011): "Analytical Evaluation of Fractional Frequency Reuse for OFDMA Cellular Networks", *IEEE Transactions on Wireless Communications*, vol. 10, n. 12, diciembre, pp. 4294-4305.

Apéndice 5.1. Probabilidad de bloqueo en un sistema con pérdidas (Erlang-B)

Consideremos una población, supuesta infinita, que genera llamadas según un proceso de Poisson, con una tasa total de λ llamadas/s, tal como se ilustra gráficamente en la Fig. 5.41. La duración de las llamadas sigue una estadística exponencial de T_m segundos de media. Se considera que la célula encargada de dar servicio a dicha población dispone de m_s recursos y que cada llamada necesita un recurso para poder ser servida correctamente. Se considera el denominado *sistema con pérdidas* en que, cuando se intenta establecer una llamada, si no existen recursos disponibles para servirla, esta se pierde, es decir, se produce un bloqueo sin que el usuario que llama se espere a que se libere algún recurso. La probabilidad de bloqueo P_B es la probabilidad de que esta situación ocurra.

Teniendo en cuenta estas consideraciones, la dinámica temporal de ocupación de los recursos en la célula admite un modelado conforme a una cadena de Markov de m_s estados, donde el estado i refleja que existen i recursos ocupados en un momento dado, tal como se muestra en la Fig. 5.42. Cuando la célula está en estado i ($<m_s$) con una tasa de generación λ (llamadas/s), se pasa al estado i+1. Por su parte, la tasa de finalización de un recurso ocupado es $\mu = 1/T_m$ (llamadas/s), puesto que la duración media de la llamada T_m coincide con el tiempo medio de ocupación de un recurso. Por tanto, si la célula está en estado i (> 0), con una tasa $i \cdot \mu$ finaliza la llamada de alguno de los i recursos ocupados y se pasa al estado i-1.

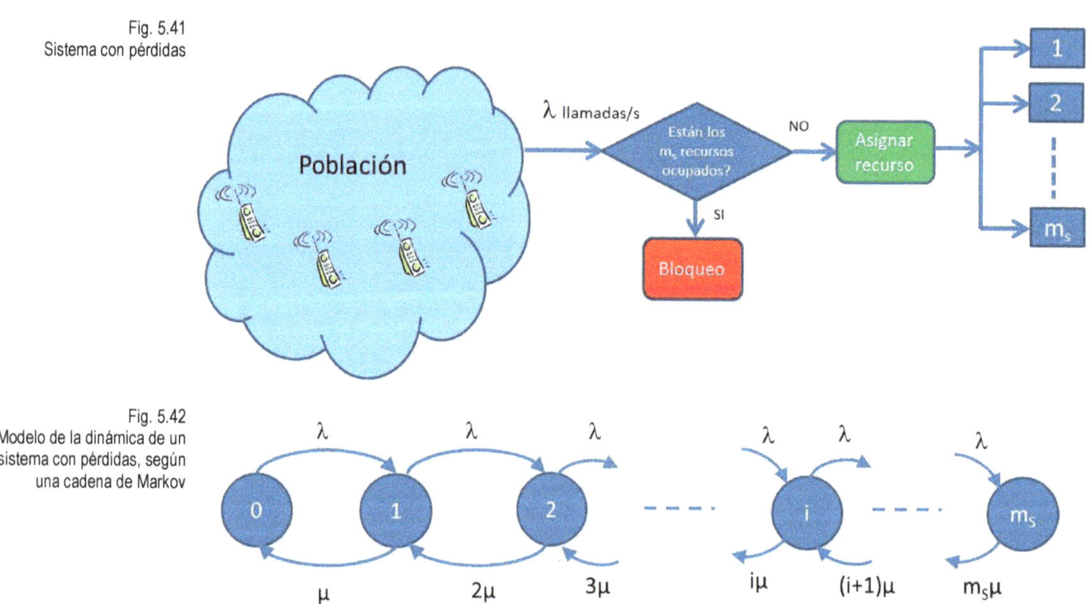

Fig. 5.41
Sistema con pérdidas

Fig. 5.42
Modelo de la dinámica de un sistema con pérdidas, según una cadena de Markov

Cuando el sistema se encuentra en régimen permanente, se define la probabilidad π_i como la probabilidad de que la célula se encuentre en estado i. Para que la célula en régimen permanente se encuentre en equilibrio, es preciso que la tasa de llegadas a un estado coincida con la tasa de salidas. Aplicando esta condición para todos los estados, se obtiene el siguiente sistema de m_s ecuaciones, con m_s+1 incógnitas, que son los valores de las probabilidades de estado π_i:

$$\begin{cases} \lambda\pi_0 = \mu\pi_1 \\ \lambda\pi_1 = 2\mu\pi_2 \\ \vdots \\ \lambda\pi_{m_S-1} = m_S\mu\pi_{m_S} \end{cases} \tag{5.79}$$

Combinando las m_s ecuaciones y expresándolas en términos de π_0, se llega a:

$$\pi_i = \frac{1}{i!}\left(\frac{\lambda}{\mu}\right)^i \pi_0 \tag{5.80}$$

Por otro lado, la ecuación que falta para resolver el sistema se obtiene de que la suma de todas las probabilidades π_i ha de ser 1, es decir:

$$\sum_{i=0}^{m_S} \pi_i = 1 \quad \Rightarrow \quad \sum_{i=0}^{m_S} \frac{1}{i!}\left(\frac{\lambda}{\mu}\right)^i \pi_0 = 1 \tag{5.81}$$

de donde:

$$\pi_0 = \frac{1}{\sum_{i=0}^{m_S} \frac{1}{i!}\left(\frac{\lambda}{\mu}\right)^i} \tag{5.82}$$

Combinando esta última expresión con (5.82), se obtiene finalmente la probabilidad de estado π_i como:

$$\pi_i = \frac{\frac{1}{i!}\left(\frac{\lambda}{\mu}\right)^i}{\sum_{k=0}^{m_S} \frac{1}{k!}\left(\frac{\lambda}{\mu}\right)^k} = \frac{\frac{(\lambda T_m)^i}{i!}}{\sum_{k=0}^{m_S} \frac{(\lambda T_m)^k}{k!}} = \frac{\frac{\theta^i}{i!}}{\sum_{k=0}^{m_S} \frac{\theta^k}{k!}} \tag{5.83}$$

donde se ha definido el tráfico ofrecido, medido en Erlangs, como:

$$\theta = \lambda T_m \tag{5.84}$$

El Erlang (E) es una unidad adimensional de tráfico que refleja el grado de ocupación medio de los recursos de un sistema, en que 1 E se corresponde con un recurso ocupado el 100 % del tiempo. A modo de ejemplo, la Fig. 5.43 ilustra la evolución de la ocupación de un recurso a lo largo del tiempo en una situación en que puede afirmarse que el recurso cursa un tráfico de 0,5 E. De modo genérico, puede considerarse que un tráfico de x E significa que en el sistema existe una media de x recursos ocupados, es decir, x usuarios simultáneamente con una llamada en curso.

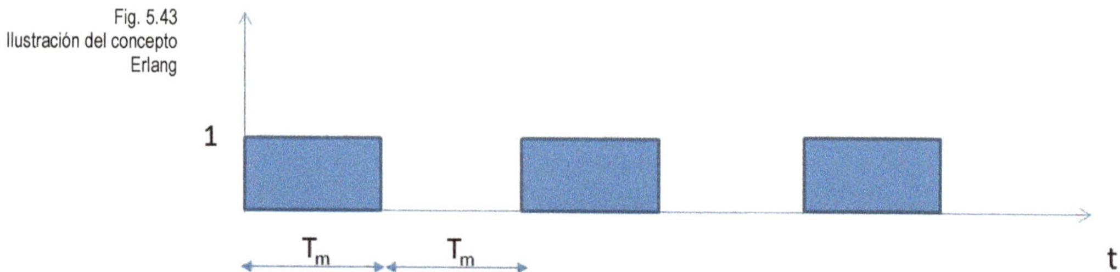

Fig. 5.43
Ilustración del concepto Erlang

Una vez conocidas las probabilidades de estado en régimen permanente, la probabilidad de bloqueo, entendida como la probabilidad de que no se pueda establecer una conexión porque no existen recursos disponibles, se puede calcular simplemente como la probabilidad de que la célula se encuentre en el estado m_s, es decir:

$$P_B = \pi_{m_S} = \frac{\frac{\theta^{m_S}}{m_S!}}{\sum_{k=0}^{m_S} \frac{\theta^k}{k!}} = Erlang_B(\theta, m_S) \tag{5.85}$$

Esta expresión es la que se conoce como fórmula de Erlang-B. La relación entre sus parámetros se encuentra tabulada tal como muestra la tabla 5.2, que proporciona el tráfico máximo que se puede soportar θ_{max} con un número de recursos m_s para poder asegurar una probabilidad de bloqueo inferior a P_B.

Tabla 5.2
Tabla de Erlang-B que proporciona el tráfico soportable θ_{max} (E) con un número de recursos m_s para asegurar una probabilidad de bloqueo máxima de P_B

Recursos (m_s)	Probabilidad de bloqueo (P_B)							
	0,001	**0,002**	**0,005**	**0,01**	**0,02**	**0,05**	**0,1**	**0,2**
1	0,001	0,002	0,005	0,010	0,020	0,052	0,111	0,250
2	0,045	0,065	0,105	0,152	0,223	0,381	0,595	1,00
3	0,193	0,248	0,349	0,455	0,602	0,899	1,27	1,93
4	0,439	0,535	0,701	0,869	1,09	1,52	2,05	2,95
5	0,762	0,899	1,13	1,36	1,66	2,22	2,88	4,01
6	1,15	1,33	1,62	1,91	2,28	2,96	3,76	5,11
7	1,58	1,80	2,16	2,50	2,94	3,74	4,67	6,23
8	2,05	2,31	2,73	3,13	3,63	4,54	5,60	7,37
9	2,56	2,85	3,33	3,78	4,34	5,37	6,55	8,52
10	3,09	3,43	3,96	4,46	5,08	6,22	7,51	9,68
11	3,65	4,02	4,61	5,16	5,84	7,08	8,49	10,86
12	4,23	4,64	5,28	5,88	6,61	7,95	9,47	12,04
13	4,83	5,27	5,96	6,61	7,40	8,83	10,47	13,22
14	5,45	5,92	6,66	7,35	8,20	9,73	11,47	14,41
15	6,08	6,58	7,38	8,11	9,01	10,63	12,48	15,61
16	6,72	7,26	8,10	8,88	9,83	11,54	13,50	16,81
17	7,38	7,95	8,83	9,65	10,66	12,46	14,52	18,01
18	8,05	8,64	9,58	10,44	11,49	13,39	15,55	19,22
19	8,72	9,35	10,33	11,23	12,33	14,31	16,58	20,42
20	9,41	10,07	11,09	12,03	13,18	15,25	17,61	21,64
21	10,11	10,79	11,86	12,84	14,04	16,19	18,65	22,85
22	10,81	11,53	12,63	13,65	14,90	17,13	19,69	24,06
23	11,52	12,26	13,42	14,47	15,76	18,08	20,74	25,28
24	12,24	13,01	14,20	15,30	16,63	19,03	21,78	26,50
25	12,97	13,76	15,00	16,12	17,50	19,99	22,83	27,72
26	13,70	14,52	15,79	16,96	18,38	20,94	23,88	28,94
27	14,44	15,29	16,60	17,80	19,26	21,90	24,94	30,16
28	15,18	16,05	17,41	18,64	20,15	22,87	25,99	31,39
29	15,93	16,83	18,22	19,49	21,04	23,83	27,05	32,61
30	16,68	17,61	19,03	20,34	21,93	24,80	28,11	33,84
31	17,44	18,39	19,85	21,19	22,83	25,77	29,17	35,07
32	18,20	19,18	20,68	22,05	23,72	26,75	30,24	36,30
33	18,97	19,97	21,50	22,91	24,63	27,72	31,30	37,52
34	19,74	20,76	22,34	23,77	25,53	28,70	32,37	38,75
35	20,52	21,56	23,17	24,64	26,43	29,68	33,43	39,98
36	21,30	22,36	24,01	25,51	27,34	30,66	34,50	41,22
37	22,08	23,17	24,85	26,38	28,25	31,64	35,57	42,45
38	22,86	23,97	25,69	27,25	29,17	32,62	36,64	43,68
39	23,65	24,78	26,53	28,13	30,08	33,61	37,71	44,91
40	24,44	25,60	27,38	29,01	31,00	34,60	38,79	46,15

Apéndice 5.2. Modelo celular hexagonal: relación entre el tamaño del clúster y el patrón de reutilización

A continuación, se establecen las relaciones geométricas que gobiernan el despliegue celular en un escenario homogéneo con células hexagonales. Para ello, se considera una superficie subdividida en células hexagonales de radio *R*, agrupadas en clústeres de tamaño *J*. En la Fig. 5.44, se muestra el ejemplo correspondiente al caso con clúster de tamaño $J = 7$ células, mientras que en la Fig. 5.45 se muestra el caso $J = 12$ células. Se considera que células de un mismo color utilizan las mismas frecuencias. En ambas figuras, se dibuja a la derecha la estructura del clúster, que se repite espacialmente hasta cubrir todo el territorio.

Como puede observarse en ambos ejemplos, la posición de las 6 células cocanal más cercanas (1ª corona) a una célula dada puede obtenerse geométricamente a partir de un sistema de dos ejes de coordenadas con un ángulo de 120°, definidos en cada una de las seis direcciones perpendiculares a los lados del hexágono. En el primer eje (el perpendicular al lado del hexágono), recorremos *u* veces la distancia *d* entre dos células adyacentes y, en el segundo eje, recorremos *v* veces la distancia *d*. Los enteros (*u*,*v*), que han de ser mayores o iguales a 0, definen el patrón de reutilización. Obsérvese en la Fig. 5.44 que el patrón de reutilización para $J = 7$ se corresponde con $u = 1$, $v = 2$, mientras que el caso $J = 12$ de la Fig. 5.45 se corresponde con $u = 2$, $v = 2$.

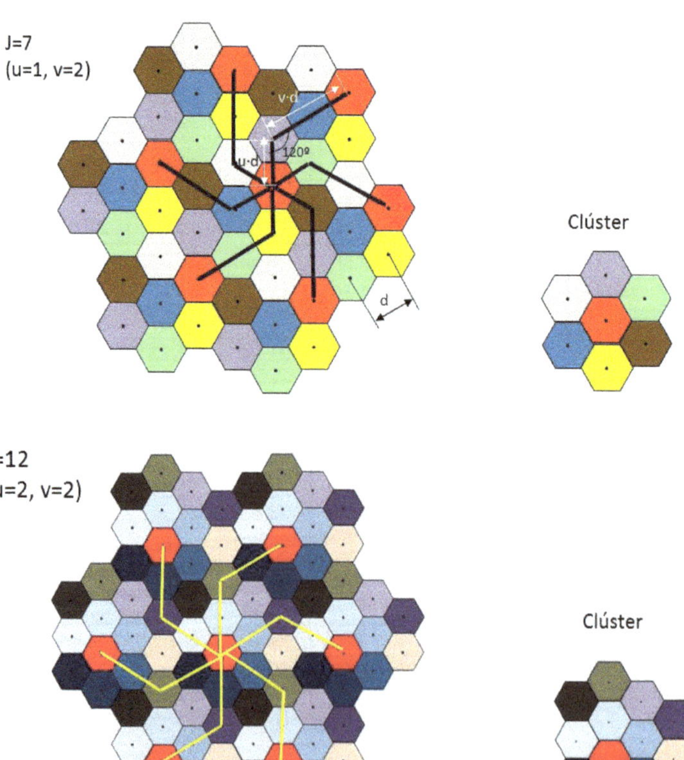

Fig. 5.44
Patrón de reutilización de frecuencias en un despliegue hexagonal con clúster de tamaño $J = 7$

Fig. 5.45
Patrón de reutilización de frecuencias en un despliegue hexagonal con clúster de tamaño $J = 12$

Sobre la base de las consideraciones efectuadas, la Fig. 5.46 muestra las relaciones geométricas para determinar, dado un patrón de reutilización definido por los enteros (u,v), la distancia entre células cocanal D, considerando células hexagonales de radio R. En concreto, a partir del triángulo de lados $v{\cdot}d$, $u{\cdot}d$, D, y del ángulo de 120° opuesto a este último lado, se puede utilizar el teorema del coseno para determinar el valor de D como:

$$D^2 = u^2d^2 + v^2d^2 - 2u{\cdot}v{\cdot}d^2\cos 120 = u^2d^2 + v^2d^2 + u{\cdot}v{\cdot}d^2 \qquad (5.86)$$

Por otra parte, a partir de las propiedades geométricas de un hexágono, se obtiene la relación entre la distancia d entre centros de células adyacentes y el radio del hexágono R como:

$$d = \sqrt{3}R \qquad (5.87)$$

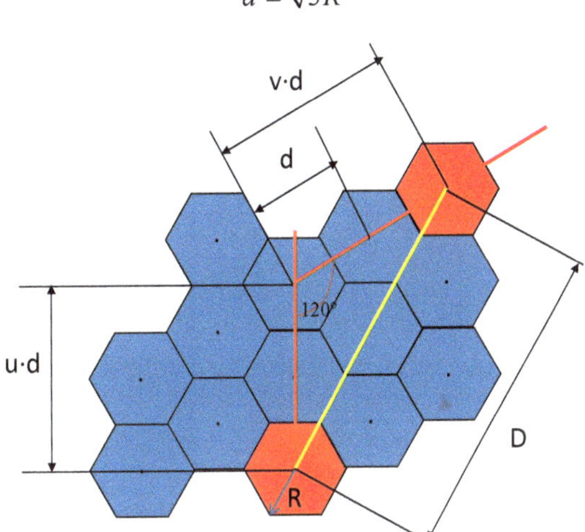

Fig. 5.46
Relaciones geométricas para el cálculo de la distancia de reutilización D

Combinando las dos expresiones (5.86) y (5.87), se obtiene:

$$\left(\frac{D}{R}\right)^2 = 3\left(u^2 + v^2 + uv\right) \qquad (5.88)$$

Por otra parte, dado un patrón de reutilización, la forma de cubrir toda la superficie considerada con células consiste en repetir espacialmente el clúster de J células, tal como se observa en los dibujos de la Fig. 5.44 y la Fig. 5.45. Teniendo esto en cuenta, y considerando que la distancia entre dos células cocanal pertenecientes a clústeres adyacentes será D, se deduce que el espacio también puede subdividirse completamente en hexágonos regulares H de apotema $D/2$, centrados en cada una de las células cocanal, tal como se ilustra en el ejemplo de la Fig. 5.47 para el caso del clúster de tamaño $J = 12$. A efectos de la posición de las células cocanal, la subdivisión del espacio efectuada de esta forma es equivalente a la que se consigue replicando espacialmente el clúster de J células, de lo que se deduce que el área de un hexágono H ha de ser necesariamente igual al área del clúster de J células. Esto se puede apreciar fácilmente en la Fig. 5.47, puesto que aparecen superpuestas ambas subdivisiones del espacio, de modo que se observa que todas las células y fragmentos de célula que se encuentran dentro de un hexágono H suman exactamente $J = 12$ células.

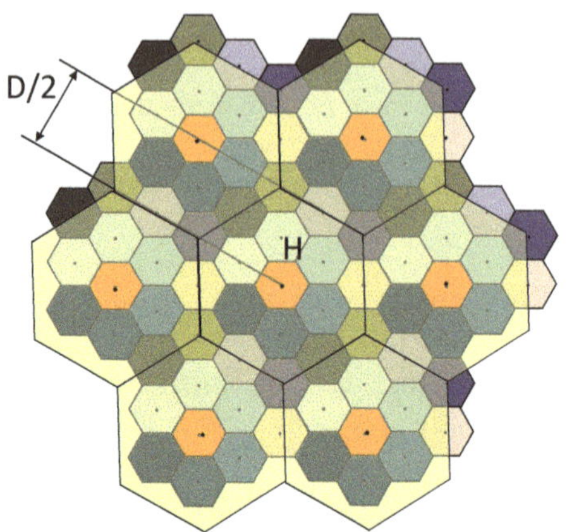

Fig. 5.47
Subdivisión del espacio en hexágonos regulares de apotema $D/2$ para el ejemplo con clúster de tamaño J = 12

Por consiguiente, siendo S_H la superficie de un hexágono H y $S_{cluster} = J \cdot S_{cell}$ la superficie del clúster expresada en función de la superficie de una célula S_{cell}, se llega a:

$$J = \frac{S_H}{S_{cell}} = \frac{2\sqrt{3}\left(D/2\right)^2}{2\sqrt{3}\left(d/2\right)^2} = \left(\frac{D}{d}\right)^2 \tag{5.89}$$

Combinando las expresiones (5.86) y (5.89), se llega a la relación entre el tamaño del clúster J y los enteros u,v, que definen el patrón de reutilización:

$$J = u^2 + v^2 + u \cdot v \qquad u,v \geq 0 \tag{5.90}$$

Puesto que u,v solo pueden tomar valores enteros mayores o iguales a 0, se deduce que el tamaño del clúster J no puede tomar cualquier valor. A modo de ejemplo, la tabla 5.3 muestra los primeros valores válidos de J, así como los enteros u,v asociados.

Tabla 5.3
Ejemplos de los primeros valores válidos del tamaño del clúster J en un despliegue celular hexagonal

u	v	J
1	0	1
1	1	3
2	0	4
2	1	7
3	0	9
2	2	12
3	1	13
4	0	16
3	2	19

Por último, combinando las expresiones (5.88) y (5.90), se llega a la relación entre el tamaño del clúster J y el cociente entre la distancia de reutilización D y el radio de célula R:

$$\frac{D}{R} = \sqrt{3J} \tag{5.91}$$

www.ingramcontent.com/pod-product-compliance
Ingram Content Group UK Ltd.
Pitfield, Milton Keynes, MK11 3LW, UK
UKHW050137280726
14058UKWH00006B/697

9 788498 804812